EUL VERLAG

EINZELSCHRIFTEN

Nils Schlag
Validierung der Conjoint-Analyse zur Prognose von Preisreaktionen mithilfe realer Zahlungsbereitschaften
Lohmar – Köln 2008 ♦ 292 S. ♦ € 59,- (D) ♦ ISBN 978-3-89936-721-8

Carsten Schmidt-Jochmann
Strategische Erfolgsfaktoren von Versicherungsvermittlern – Eine empirische Untersuchung mit PLS-Strukturgleichungsmodellen
Lohmar – Köln 2008 ♦ 234 S. ♦ € 56,- (D) ♦ ISBN 978-3-89936-724-9

Ulrich Kalk
Fair Value Accounting von Finanzinstrumenten in der internationalen Rechnungslegung – Bilanztheoretische Zielsetzung und deren Umsetzung in der regulatorischen Praxis nach IAS/IFRS
Lohmar – Köln 2008 ♦ 328 S. ♦ € 52,- (D) ♦ ISBN 978-3-89936-730-0

Harald Glander
Anlagevorschriften für Wertpapierfonds und ökonomische Portfoliotheorie – Anlagebeschränkungen im Investmentrecht über Value-at-Risk und/oder Ausnahmen für qualifizierte Anleger?
Lohmar – Köln 2008 ♦ 296 S. ♦ € 59,- (D) ♦ ISBN 978-3-89936-731-7

Holger-Ludwig Riemer
Rechtliche Bewertung von Geruchsimmissionen
Lohmar – Köln 2008 ♦ ISBN 978-3-89936-732-4
172 S., Hardcover mit Fadenheftung ♦ € 58,- (D)

Christoph Siepermann
Logistikkostenrechnung auf Basis von Prozeßteilkosten – Konzeption und Fallbeispiel
Lohmar – Köln 2008 ♦ 64 S. ♦ € 37,- (D) ♦ ISBN 978-3-89936-739-3

Oliver Schlüter
Qualitätsmanagement für Outsourcing-Vorhaben in der Logistik – Strategisches Vorgehensmodell
Lohmar – Köln 2008 ♦ 272 S. ♦ € 58,- (D) ♦ ISBN 978-3-89936-744-7

JOSEF EUL VERLAG

Qualitätsmanagement für Outsourcing-Vorhaben in der Logistik

– Strategisches Vorgehensmodell –

Von der Fakultät Maschinenbau
der Technischen Universität Dortmund
zur Erlangung des akademischen Grades eines

DOKTORS DER INGENIEURWISSENSCHAFTEN

genehmigte

DISSERTATION

von

Dipl.-Logist. Oliver Schlüter

aus Dortmund

Berichter: Professor Dr.-Ing. Uwe Clausen
Mitberichter: Professor Dr.-Ing. Horst-Artur Crostack

Tag der mündlichen Prüfung: 17. Oktober 2008

Oliver Schlüter

Qualitätsmanagement für Outsourcing-Vorhaben in der Logistik

Strategisches Vorgehensmodell

EUL VERLAG

Bibliographische Information der Deutschen Bibliothek

Die Deutsche Bibliothek verzeichnet diese Publikation in der Deutschen Nationalbibliothek; detaillierte bibliographische Daten sind im Internet über <http://dnb.ddb.de> abrufbar.

Dissertation, Technische Universität Dortmund, 2008

ISBN 978-3-89936-744-7
1. Auflage November 2008

JOSEF EUL VERLAG GmbH
Brandsberg 6
D-53797 Lohmar
Tel.: +49 (0) 22 05 / 90 10 6-6
Fax: +49 (0) 22 05 / 90 10 6-88
http://www.eul-verlag.de
info@eul-verlag.de

Bei der Herstellung unserer Bücher möchten wir die Umwelt schonen. Dieses Buch ist daher auf säurefreiem, 100% chlorfrei gebleichtem, alterungsbeständigem Papier nach DIN 6738 gedruckt.

Vorwort

Die vorliegende Arbeit entstand während meiner Tätigkeit am Lehrstuhl für Verkehrssysteme und -logistik an der TU Dortmund.

Die Betreuung der Arbeit hat Herr Professor Dr.-Ing. Uwe Clausen, Inhaber des Lehrstuhls für Verkehrssysteme und -logistik der TU Dortmund, Leiter des Fraunhofer-Instituts für Materialfluss und Logistik IML, übernommen, wofür ich mich bedanke. Das Koreferat der Arbeit hat Herr Professor Dr.-Ing. Horst-Artur Crostack, Inhaber des Lehrstuhls für Qualitätswesen der TU Dortmund, übernommen, wofür ich mich ebenfalls bedanke.

Für die ausführlichen und fachlich äußerst wertvollen Diskussionen danke ich den nicht namentlich genannten Teilnehmern der durchgeführten Expertenbefragung zur Verifizierung des Modulbaukastens für Outsourcing-Vorhaben in der Logistik sehr. Ebenfalls danke ich den Teilnehmern des VDI-Richtlinienarbeitskreises VDI 4494 „Outsourcing am Beispiel Kontraktlogistik“ sehr für die wertvollen Diskussionen zum Themenkomplex. Mein Dank gilt gleichfalls meinen beiden studentischen Hilfskräften, Frau Stephanie Schneider und Frau Melanie Linnemann, für die hervorragende Zusammenarbeit während meiner Tätigkeit am Lehrstuhl für Verkehrssysteme und -logistik.

Vor allem danke ich Frau Isabel Löckenhoff, Frau Sabine Kozianka, Herrn Jean B. Christ und Herrn Dr.-Ing. Arnt P. Hein persönlich sehr für Ihre stete Unterstützung, für die kritische und konstruktive Durchsicht von Manuskriptentwürfen sowie für Ihre fortwährende Motivation. Sie haben über diese Unterstützung hinaus mehr zum Gelingen dieser Arbeit beigetragen, als Ihnen vermutlich persönlich bewusst sein wird.

Dortmund, im Oktober des Jahres 2008

Oliver Schlüter

Inhaltsverzeichnis

Abbildungsverzeichnis

Tabellenverzeichnis

Abkürzungsverzeichnis

A	Auftretenswahrscheinlichkeit eines Fehlers
AG	Auftraggeber
AN	Auftragnehmer
B	Bedeutung (Schwere) eines Fehlers
BPR	business (process) reengineering
B2C	business-to-consumer - Belieferung von Endkunden bzw. Privatkunden
B2B	business-to-business - Belieferung von Geschäftskunden
CAGR	compound annual growth rate - durchschnittliche jährliche Wachstumsrate
CKD	completely knocked down - vollständig zerlegt
DIN	Deutsches Institut für Normung e. V.
DGQ	Deutsche Gesellschaft für Qualität e. V.
E	Entdeckungswahrscheinlichkeit eines Fehlers
EDV	elektronische Datenverarbeitung
EN	Europäische Norm
e. V.	eingetragener Verein
et al.	et alii - und andere
etc.	et cetera - und so weiter
f (ff)	folgender (folgende)
FAST	futrue automobile industry structure
FMEA	failure mode and effect analysis - Fehler-Möglichkeiten- und Einfluss- Analyse bzw. gemäß DIN EN 60812:2006 Fehlzustandsart- und -auswirkungsanalyse
FMECA	Fehlzustandsart-, -auswirkungs- und -kritizitätsanalyse
FTA	fault tree analysis - Fehlzustandsbaumanalyse ggf. auch als Fehlerbaumanalyse bezeichnet
HAWK	Herausforderung Automobile Wertschöpfung
HGB	Handelsgesetzbuch
IATF	International Automotive Task Force

Inc.	Incorporated - eingetragene Kapitalgesellschaft im amerikanischen Handelsregister
ISO	International Organization for Standardization
IT	Informationstechnologie
i. V. m.	in Verbindung mit
JAMA	Japan Automobile Manufacturers Association Inc.
JIS	just-in-sequence
JIT	just-in-time
KN	Kundennutzen
KPI	key performance indicator - Schlüsselkennzahl(en)
KVP	Kontinuierlicher Verbesserungsprozess
LLP	lead logistics service provider
3PL	third party logistics service provider
4PL	fourth party logistics service provider
LOI	letter of intent - Absichtserklärung zum Abschluss eines Vertrages
MFU	Maschinenfähigkeitsuntersuchung
Org.	Organisation
o/uEG	obere bzw. untere Eingriffsgrenze
o/uGW	oberer bzw. unterer Grenzwert (Toleranzwert)
o/uWG	obere bzw. untere Warngrenze
PDCA	plan, do, check, act
PFU	Prozessfähigkeitsuntersuchung
präv.	präventiv
QFD	quality function deployment
QRK	Qualitätsregelkarte
RFID	radio frequency identification
RFQ	request for quotation - Ausschreibung
RPZ (RPN)	Risikoprioritätszahl (RPN gemäß DIN EN 60812:2006)
RV	Ressourcenverbrauch
SOP	start of production

SPC	statistical process control - Statistische Prozess Kontrolle
TS	Technische Spezifikation
TQM	total quality management
TUL	Transport, Umschlag, Lagerung
VAS	value added services - wertschöpfende Mehrwert- / Zusatz-(Dienst-)leistungen
VDA	Verband der Automobilindustrie e. V.
VDI	Verein Deutscher Ingenieure e. V.
VMI	vendor managed inventory - herstellergesteuertes Bestandsmanagement
WMS	warehouse managemenet system - Lagerverwaltungssystem
zw.	zwischen

Formelverzeichnis

Formel 1 Standardabweichung

$$s = \sqrt{\frac{\sum (\bar{x} - x_i)^2}{n-1}} \quad \text{mit} \quad \bar{x} = \frac{\sum x_i}{n}$$

i = 1 … n

Formel 2 Spannweite

$$R = x_{max} - x_{min}$$

Formel 3 Maschinenfähigkeit

$$cm = \frac{T}{6s} \quad \text{mit} \quad T = oGW - uGW$$

Formel 4 Maschinenfähigkeitskennwert

$$cm_k = \frac{Z_{krit}}{3s} \quad \text{mit} \quad Z_{krit} = \min \left| oGW - \bar{x}; \bar{x} - uGW \right|$$

Formel 5 arithmetischer Mittelwert aller arithmetischen Mittelwerte

$$\bar{\bar{x}} = \frac{\sum \bar{x}_j}{m} \quad \text{mit} \quad \bar{x} = \frac{\sum x_i}{n}$$

j = 1 … m i = 1 … n

Formel 6 arithmetischer Mittelwert aller Spannweiten

$$\bar{R} = \frac{\sum R_j}{m}$$

j = 1 … m

Formel 7 arithmetischer Mittelwert aller Standardabweichungen

$$\bar{s} = \frac{\sum s_j}{m}$$

j = 1 … m

Formel 8 Schätzwert der Standardabweichung der Momentanstreuung

$$\hat{\sigma} = \frac{a_n}{d_n} \cdot \overline{R} \quad \text{mit} \quad \overline{s} = \frac{a_n}{d_n} \cdot \overline{R} \quad \text{und} \quad \hat{\sigma} = \sqrt{\overline{s}^2}$$

Formel 9 Prozessfähigkeit

$$cp = \frac{T}{6\hat{\sigma}} \quad \text{mit} \quad T = oGW - uGW$$

Formel 10 Prozessfähigkeitskennwert

$$cp_k = \frac{Z_{krit}}{3\hat{\sigma}} \quad \text{mit} \quad Z_{krit} = \min \left| oGW - \overline{\overline{x}}; \overline{\overline{x}} - uGW \right|$$

1 Einleitung – Motivation

Weltweit ist in Unternehmen eine Fokussierung auf Kernkompetenzen erfolgt, um langfristig den Unternehmenserfolg durch eine wirtschaftlich effiziente sowie marktgerechte Produktion zu gewährleisten (vgl. [Jodl07]). Zu Beginn wurden durch Produktions-Outsourcing Aufgaben extern an spezialisierte Zulieferer vergeben, um Kostensenkungspotentiale durch die Verringerung der unternehmensinternen Fertigungstiefe auszuschöpfen (vgl. [Kümm07]). Der anhaltende Trend zur Rationalisierung sowie ein kontinuierlich ansteigender Kostendruck führen nachfolgend dazu, dass zunehmend Bereiche, welche nicht unmittelbar mit der Herstellung von Produkten zusammenhängen, wie u. a. die Logistik, hinsichtlich bestehender Potentiale zur ganzheitlichen Optimierung analysiert werden (vgl. [Wimm08]).

„Zunehmender Kostendruck, aber auch ständig wachsende Qualitätsanforderungen, insbesondere in den Bereichen Kundenservice und Liefertermintreue, führen zu einer vermehrten Vergabe von immer komplexer werdenden Logistikdienstleistungen in nahezu allen Branchen" (vgl. S. 126 [Stol07]). Dies bedeutet, dass Outsourcing-Bestrebungen über die alleinige Vergabe von Fertigungsschritten hinaus auf unterstützende Dienstleistungen erweitert wurden und dort fortwährend an Bedeutung gewinnen (vgl. u. a. [Koha07], [Sche07]).

Durch Outsourcing – oftmals, wenn auch nicht offenkundig, zur Erschließung von Personalkostenvorteilen – werden vielfach in der betrieblichen Praxis auch wesentliche Nachteile hervorgerufen, welche nachhaltig den langfristigen Geschäftserfolg sowie die Unternehmenskultur schwächen. Outsourcing-Vorhaben werden oft mit sinkender Qualität, steigenden Ausschuss- und Nacharbeitsquoten sowie zunehmenden Koordinationskosten assoziiert. Insbesondere werden zum Management der involvierten Outsourcing-Auftragnehmer in vergebenden Unternehmen Funktionen notwendig, welche zuvor nicht etabliert und erforderlich waren. Hierzu zählt u. a. der Lieferanten- bzw. Dienstleistermanager, welcher als Querschnittsfunktion Tätigkeiten des Qualitätsmanagements, der Logistik etc. vereint. Aufgrund der notwendigen hohen Qualifikation werden Kostenvorteile durch zusätzliche Personalkosten partiell aufgezehrt. Zu diesen nicht in der erwarteten Höhe realisierten Kostensenkungspotentialen treten fortwährend Qualitätsdefizite bei den extern erbrachten Leistungen hinzu.

Diese durchaus erst durch den Konsumenten erkannten Defizite stellen wesentliche Gefahren in Outsourcing-Vorhaben aufgrund des Ansehensverlustes der Unternehmen dar. Derartige, nicht den Unternehmenszielen entsprechende Outsourcing-Vorhaben bewirken verringerte Kundenbindungen und gefährden unmittelbar den Unternehmenserfolg (vgl. [Lesc05]). Diese Charakteristika von Outsourcing-Vorhaben bedingen aktuell eine Verringerung der oft als „Outsourcing-Welle“ bezeichneten Tendenz und bewirken in Einzelfällen Unternehmen, Insourcing-Vorhaben zu initiieren (vgl. u. a. [Wild07], [Salj07]). In der Logistik sind Outsourcing-Bestrebungen im Vergleich zur Produktion zeitversetzt initiiert worden, jedoch vielfach eingeleitet durch äquivalente Motive, die bereits zu Outsourcing-Vorhaben in diesem Bereich veranlassten. Hingegen erschweren die kennzeichnenden Eigenschaften der Logistik Outsourcing-Vorhaben im Vergleich zur Produktion von materiellen Gütern. Eine vermehrte Nachfrage zur Integration von Zusatz-Leistungen in den Logistiknetzwerken impliziert in Logistikunternehmen zunehmend wertschöpfende Funktionen, welche nicht ausschließlich ablauforganisatorische Auswirkungen, sondern vielfach weitere, u. a. rechtliche Auswirkungen (vgl. S. 152 f [Pipe07]), einschließen. Beispielsweise sind dies unterschiedliche Haftungssysteme zwischen Produktion und Logistik, welche insbesondere bei Zusatz-Leistungen zu berücksichtigen sind. Dies bedingt gleichfalls bei Logistikdienstleistern steigende bzw. neue Anforderungen an die Personalqualifikation sowie an die Gestaltung von Outsourcing-Vorhaben bzw. die erforderlichen Outsourcing-Systeme.

„Im Wettbewerb wächst (…) die Bedeutung der Qualität der Gesamtleistungen von der Auftragsannahme bis zum After-Sales-Service (…). Diese Entwicklung (…) führt i. w. dazu, dass zunehmend die Gestaltung neuer Logistikprozesse, Logistiksystemdienstleistungen und internationale Dienstleistungsnetze nachgefragt werden“ (vgl. S. 2 [Port95]). Dies bedingt für Querschnittsfunktionen, wie die des Qualitätsmanagements, eine steigende Bedeutung in der Logistik, um ausführenden Unternehmen eine stabile Struktur als Betriebsgrundlage zu offerieren. Jenes ist eine notwendige Bedingung für langfristig am Markt erfolgreiche Unternehmen. Vielfach wird für die Logistik eine strikte Kundenorientierung als Unternehmensziel definiert, um eine höchstmögliche Bindung dieser zu erzielen. Aussagen wie „am wichtigsten ist es (…), den Kundenwunsch als Input für das Qualitätsmanagement zu betrachten und (…) den Kunden zu begeistern“ (vgl. [Kaer06]), kennzeichnen die Bedeutung des Qualitätsmanagements. Zudem ist in der betrieblichen Praxis die ressourcenoptimale Bearbeitung von Ausschreibungen zu komplexen Logistikleistungen ein wesentliches Differenzierungsmerkmal (vgl. [Prec07]).

1.1 Zielsetzung

In dieser Arbeit wird die externe Vergabe von Logistikleistungen aus der Perspektive von vergebenden und von ausführenden Unternehmen analysiert, um ein umfassendes Systemabbild zu erlangen. Betrachtet werden komplexe und hochwertige Leistungen mit langfristigen Bindungen der Outsourcing-Partner, welche für die involvierten Unternehmen eine hohe strategische und wirtschaftliche Bedeutung aufweisen. Derartige Leistungen sind vielfach durch erhebliche Investitionen von ausführenden Unternehmen gekennzeichnet.

Durch diesen Zusammenhang und den hohen Wettbewerb unter den etablierten Unternehmen, besteht die Notwendigkeit zur langfristigen Sicherung von Geschäftsbeziehungen durch die Erbringung qualitativ hochwertiger, anforderungsgerechter und nachhaltiger Leistungen über den gesamten Zeitraum einer vertraglichen Bindung, um beiderseitig einen wirtschaftlichen Erfolg zu generieren. Zudem ist mit einer externen Vergabe ein wesentliches Risiko für die Nachhaltigkeit des Geschäftserfolgs von vergebenden Unternehmen verbunden, da durch eine Schlechtleistung beim Outsourcing-Partner unmittelbar die Wahrnehmung beim Endkunden und damit verbunden dessen Kundenzufriedenheit und Kundenbindung zum vergebenden Unternehmen gefährdet ist. Beim Aufbau der Arbeit werden etablierte Verfahren des Qualitätsmanagements aus der produzierenden Industrie hinsichtlich gegebener Übertragungsmöglichkeiten auf die vorliegende Aufgabenstellung untersucht. Bei der Auswahl von Methoden und weiteren Hilfsmitteln ist darauf zu achten, dass für diese bereits eine Effizienz aus verschiedenen Blickwinkeln – qualitativ, wirtschaftlich, organisatorisch etc. – in der Anwendung ausgewiesen wurde, damit die originäre Funktion einer Methode nicht nachzuweisen ist. Dies minimiert u. a. den Aufwand während einer Implementierung, da auf vorhandenes Methodenwissen von Experten in den Unternehmen aufgebaut werden kann. Insbesondere in der Verifizierung der Ergebnisse der Arbeit werden bestehende Erfahrungen der betrieblichen Praxis einbezogen.

Das Ziel der Arbeit ist entsprechend der Aufbau eines Modulbaukastens für Outsourcing-Vorhaben in der Logistik einschließlich eines Vorgehensmodells sowie der erforderlichen Gestaltungsmittel. Ausgangspunkt hierfür ist die allgemeingültige Strukturierung von Outsourcing-Vorhaben, wozu die Definition und Abgrenzung von unterschiedlichen Phasen erforderlich ist. Zur Gewährleistung der Allgemeingültigkeit der Ergebnisse der Arbeit erfolgt keine Fokussierung auf die Belange einer einzelnen Unternehmensgruppe.

1.2 Aufbau der Arbeit

Die Arbeit ist in sechs Kapitel gegliedert. Im Rahmen einer kurzen Einleitung im Kapitel 1 wird der Hintergrund zur vorliegenden Arbeit und der behandelten Aufgabenstellung dargelegt sowie die übergeordnete Zielsetzung aufgezeigt.

Grundlegende Definitionen und Abgrenzungen von Begriffen werden in Kapitel 2 vorgenommen. Hierbei wird die definierende Passage aus einer den jeweils relevanten Stand der Wissenschaft und Forschung darstellenden Passage abgeleitet. Weiterhin folgt ein darstellender Teil zum Qualitätsmanagement in der Logistik. Dieser ist untergliedert in die verschiedenen zeitlichen Anwendungsgebiete von Maßnahmen, welche hinsichtlich der jeweiligen Relevanz für diese Arbeit bewertet werden.

Das Kapitel 3 beinhaltet eine Systemabgrenzung, welche auf den Ergebnissen von Studien zum Themenkomplex aufgebaut ist. Hierbei wird durch die Verwendung von verschiedenen Studien darauf geachtet, dass keine einseitige Darstellung, sondern ein zweckmäßiges Systemabbild aufgebaut wird. Outsourcing in der Logistik wird vor dem Hintergrund der zeitlichen Entwicklung sowie aus heutiger Sicht erörtert.

In Kapitel 4 wird gemäß der Zielformulierung der Arbeit ein Modulbaukasten für Outsourcing-Vorhaben in der Logistik erarbeitet. Dieser ist mit den inhärenten Teilzielen Modularisierung und Standardisierung darauf ausgerichtet, die Analyse, Stabilisierung und Verbesserung von Outsourcing-Vorhaben kooperativ zwischen den Partnern zu verwirklichen. Grundlage für die Modularisierung von Leistungen haben etablierte Gestaltungswerkzeuge der betrieblichen Praxis sowie für die Standardisierung des Vorgehens haben anerkannte Methoden des technischen Qualitätsmanagements zu sein. Hierdurch wird eine Minimierung des Aufwands zur Implementierung des Modulbaukastens und für erforderliche Schulungen bewirkt sowie die Nutzenstiftung maximiert.

Abschließend werden der Modulbaukasten sowie dessen Inhalte in Kapitel 5 in Experteninterviews in der betrieblichen Praxis hinsichtlich des zu erwartenden Nutzens sowohl für ausführende als auch für vergebende Unternehmen qualitativ verifiziert.

In Kapitel 6 wird eine Zusammenfassung der gewonnenen Erkenntnisse gegeben. Im Ausblick werden festgestellte Forschungs- und Entwicklungspotentiale dargelegt. Weiterhin wird auf Restriktionen der getroffenen Systemabgrenzung eingegangen, welche erst durch wesentliche Änderungen in den vorherrschenden Geschäftsbeziehungen der betrieblichen Praxis zu verändern sind, um verbleibende Potentiale aufzuzeigen.

2 Wissenschaftlicher Hintergrund – Stand der Technik

Das Kapitel 2 enthält eine Analyse des in Wissenschaft und Forschung vorhandenen Kenntnisstands sowie der etablierten Methoden hinsichtlich der Relevanz für den Themenkomplex Qualität der Leistung im Logistik-Outsourcing. Jeweilig zu identifizierten Methoden und Vorgehen werden Aufbau, Ablauf und Ergebnis bezogen auf die zu erwartende Eignung für die vorliegende Aufgabe eruiert. Erkenntnisse der Wissenschaft und Forschung werden, um eine auf die betriebliche Praxis bezogene und umfassende Analyse zu erhalten, durch den Einbezug von relevanten Normen und Richtlinien einerseits branchenunabhängiger, anderseits jedoch auch -spezifischer Vereinigungen und Institutionen vervollständigt.

2.1 Definitionen – Einordnung in den fachlichen Kontext

Das Unterkapitel 2.1 beinhaltet zu den Themenkomplexen Outsourcing sowie Qualität die ggf. voneinander abweichenden wie auch die für diese Arbeit verwendeten Festlegungen zum Verständnis der Begrifflichkeiten wie auch zu den mit ihnen verbundenen Inhalten. Dabei werden jeweils zuerst allgemein Grundlagen zum Themengebiet aufgezeigt sowie nachfolgend eine Detaillierung für den Bereich der Logistik vorgenommen. Hierzu wird für Outsourcing aufgezeigt, welche Entwicklung Outsourcing-Vorhaben in verschiedenen Bereichen von Unternehmen sowie in unterschiedlichen Branchen erfahren haben. Die Ausführungen sind derart gestaltet, dass nicht eine abschließende Abhandlung zum allgemeingültigen Thema Outsourcing gegeben wird, sondern berücksichtigen den Fokus Logistik-Outsourcing. Hierfür werden nur die Bereiche der industriellen Produktion dargestellt, welche im Zusammenhang mit komplexen Outsourcing-Vorhaben in der Logistik stehen. Ein vergleichbarer Aufbau wird zum Themenkomplex Qualität gewählt. Insbesondere wird darauf verzichtet, die zum Teil sehr komplexen Qualitätsmanagement-Systeme detailliert zu erarbeiten, wenn diese keinen unmittelbaren Bezug zur Aufgabenstellung haben. Im Bereich Qualität wird auf die Definition der Qualität im Vergleich von Produkten zur Logistik eingegangen. Zudem werden die zur Messung, Analyse und Verbesserung der erzielten Qualität etablierten Werkzeuge und Methoden des modernen Qualitätsmanagements mit Bezug auf die Logistik erörtert.

2.1.1 Outsourcing – Externe Vergabe von Leistungen

Mit Outsourcing wird klassisch die externe Vergabe von Leistungen bezeichnet und ist eine Form des Fremdbezugs von vormals unternehmensintern erstellten Erzeugnissen verbunden. Das Deutsche Institut für Normung e. V. gibt hierzu an, Outsourcing ist ein „Prozess, bei dem Waren und Dienstleistungen, die vorher intern bereitgestellt wurden, durch Lieferanten bereitgestellt werden“ (vgl. S. 84 [DIN14943]). Das Wort Outsourcing ist ein Anglizismus, welcher im Englischen aus den drei Wörtern, „outside“, zu deutsch außerhalb, „resource“, zu deutsch Ressource und „using“, zu deutsch verwendend, gebildet wird und dessen Inhalte hiervon gekennzeichnet sind. In der industriellen Produktion sind Outsourcing-Bestrebungen ab dem Ende des 20. Jahrhunderts innerhalb aller Bereiche von Unternehmen feststellbar. Ausgangspunkt dieser Entwicklung ist die Fertigung, um in den Unternehmen auftretenden Anforderungen aufgrund von Veränderungen bei den marktbeschreibenden Kennzeichen, wie beispielsweise der Wandlung vom Verkäufer- zum Käufermarkt, der anhaltenden Globalisierung und dem zunehmenden Wettbewerb, respektive dem steigenden Kostendruck und der Konzentration auf Kernkompetenzen (vgl. S. 49 f [Clau05]), durch die Erschließung von Kostenvorteilen begegnen zu können.

Zudem zeichnete sich im Markt eine Veränderung innerhalb der von Unternehmen angebotenen Produktpaletten ab. Sortimente, welche langjährig auf die Belange einer industriellen Massenproduktion ausgelegt waren, wurden um vielfältige Nischenprodukte mit zum Teil sehr spezifischen Kundenanforderungen erweitert. Aufgaben mit einfachen Bearbeitungsschritten, welche nicht wesentlich zur Markenbildung eines Unternehmens beitrugen und damit nicht unmittelbar zu den Kernkompetenzen zu zählen waren, wurden an Zulieferer vergeben. Dies ermöglichte Unternehmen eine Konzentration auf die Kernkompetenzen des Unternehmens, zu welchen in der Automobilindustrie u. a. der Motoren- und Karosseriebau zählen (vgl. [Drzi04]). Unter Kernkompetenzen werden Fähigkeiten eines Unternehmens subsumiert, welche maßgeblich die kennzeichnenden Merkmale eines Produktes prägen und demnach die Einzigartigkeit sowie die Unterscheidung von Marktbegleitern festlegen. Durch diese Entwicklung wurde der Eigenfertigungsanteil in der Fertigung reduziert und Produktionslinien an kosten-, insbesondere lohnkostenintensiven Standorten, wie beispielsweise in Deutschland, wandelten sich zunehmend von Produktionslinien mit allen zur Herstellung erforderlichen Prozessschritten, zu spezialisierten Montagelinien (vgl. S. 45 f [Klug03]). Die Auslagerung von Arbeitsinhalten aus Herstellungsprozessen führte dazu, dass bislang angebotene Produktportfolio hinsichtlich der Relevanz einer Eigenfertigung ganzer Produkte oder einzelner Bauteile für die Akzeptanz beim Kunden analysiert wurden. Hierdurch wurde es möglich, Elemente zu identifizieren, welche im Sinne einer „verlängerten Werkbank" hergestellt bzw. bearbeitet werden konnten. Dies führte zu einer unternehmensinternen Neuordnung der Kostenverteilung. Kosten für eine Eigenfertigung, wie beispielsweise Personalkosten für Mitarbeiter in der Produktion, wurden reduziert bzw. wurde es möglich, diese Personalressourcen mit anderweitigen Aufgaben im Unternehmen zu betrauen, hingegen stiegen Kosten für administrative Tätigkeiten, wie diese zur Koordination der Outsourcing-Auftragnehmer, durch externe Vergaben jedoch an.

Zudem konnten teilweise bei externen Vergaben Einsparungen erzielt werden, da die Produktion beim Outsourcing-Auftragnehmer aufgrund der Produktionsspezialisierung des -Auftragnehmers kostengünstiger als beim -Auftraggeber erfolgte, wobei der -Auftraggeber zum Teil an diesen Kostenvorteilen partizipierte. Zu beachten bei dieser Entwicklung bleibt jedoch, dass durch externe Vergaben Abhängigkeitsverhältnisse aufgebaut wurden. Einerseits entstehen diese für den Outsourcing-Auftraggeber, da durch die Vergabe eine unmittelbare Einflussnahme auf Fertigungs- und Prozessabläufe nicht mehr vorausgesetzt werden konnte und dementsprechend die Fähigkeit zur Reaktion auf bzw. die Flexibilität gegenüber Marktveränderungen und Käuferverhalten eingeschränkt wurde. Andererseits entstehen diese für Outsourcing-Auftragnehmer, da durch eine starke Konzentration auf die Belange einer einzelnen Branche oder eines einzelnen -Auftraggebers eine Monostrukturierung im Produktportfolio sowie später in anderen Branchen im Dienstleistungsportfolio des ausführenden Unternehmens erfolgte, wodurch diese eine hohe Beeinflussung seitens des Outsourcing-Auftraggebers erfahren. Prägend für die Ausgestaltung von Outsourcing-Vorhaben war vielfach die Automobilindustrie, die „versucht durch das konsequente Outsourcing beträchtlicher Produktions- und Dienstleistungsumfänge Kostenvorteile zu erzielen" (vgl. S. 85 [Clau98]).

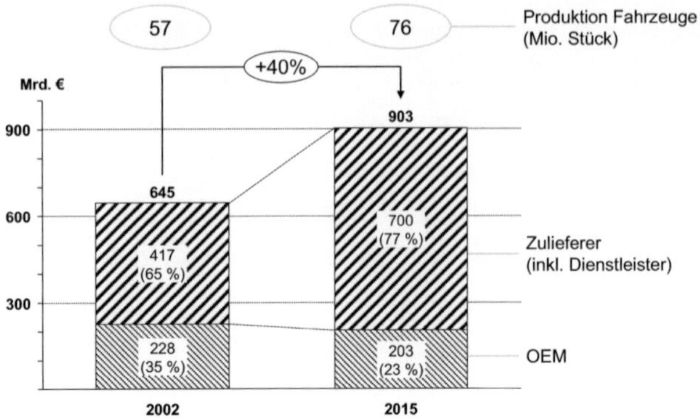

Abbildung 2-1: Wertschöpfung der Automobilhersteller (vgl. [Drzi04])

Kennzeichnend ist ein nach aktuellen Studien stetiger Trend zur Senkung des Wertschöpfungsanteils der Automobilhersteller, wie dieser beispielsweise in einer Studie zur Automobilindustrie der Mercer Management Consulting sowie der Fraunhofer-Gesellschaft aufgezeigt wurde, vgl. Abbildung 2-1. Zudem ist in der Automobil- sowie deren Zulieferindustrie in der frühen Vergangenheit eine Konsolidierungsbestrebung erkennbar. Der steigende Wertschöpfungsanteil der Zulieferindustrie wird von einer kontinuierlich sinkenden, u. a. im Zeitraum zwischen dem Jahr 1988 und dem Jahr 1998 von ca. 30.000 auf ca. 8.000 Zulieferer, welches einer Reduzierung von ca. 73 % entspricht, Anzahl an Zulieferer erbracht. (vgl. [Drzi04])

Externe Vergaben von Fertigungsumfängen führten dazu, dass für die Produktion komplexe und vielfach weltweite Netzwerke aufgebaut wurden und fortwährend noch werden, um alle für ein Produkt erforderlichen Komponenten herzustellen. Diese Netzwerke erfordern jedoch einen hohen Koordinationsaufwand, um die Ver- und Entsorgungssicherheit der Produktionsstätten mit Halbfertig- sowie Fertigprodukten gewährleisten zu können, wodurch ein Teil der erzielten Fertigungskostenvorteile zur Wahrnehmung der Koordinationsfunktion wieder einzusetzen war. Innerhalb der Automobilindustrie begegneten die Automobilhersteller diesem durch externe Vergaben entstehenden Nachteil dadurch, dass in unmittelbarer Nähe zum Automobilwerk Zulieferparks für die Produktions- und / oder Montagestätten der Zulieferer aufgebaut wurden.

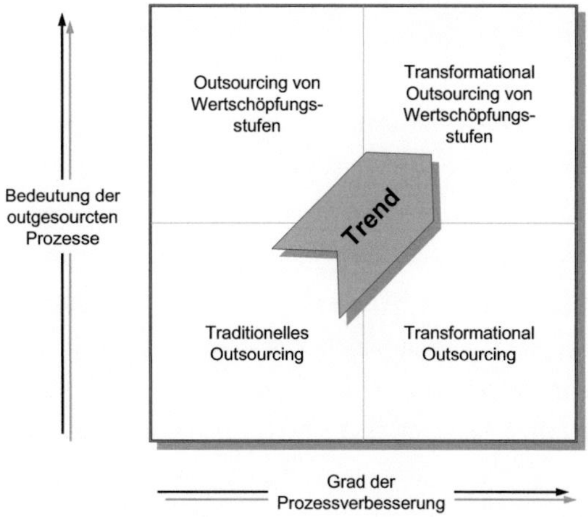

Abbildung 2-2: Aktuelle Trends im Outsourcing (vgl. S. 14 [Schr02])

Die Nähe der Fertigungsstätten der Zulieferer zum endgültigen Verbauort des jeweiligen Bauteils reduzierte einen Teil der durch die weitläufigen Zulieferernetzwerke entstandenen Probleme, da die auf den physischen Materialfluss einwirkenden Umgebungseinflüsse und damit direkt die Anzahl potentieller Störstellen auf dem Transportweg zwischen Zulieferer und Automobilhersteller minimiert wurde.

Zur Optimierung des Materialflusses wurden die Fertigungsstätten der Zulieferer zum Teil mit stationärer Fördertechnik an die getakteten Montagelinien der Automobilhersteller angebunden, um Störeinflüsse von personengeführter mobiler Förder- bzw. Transporttechnik zu minimieren. Die Komplexität der zur Koordination erforderlichen Informations- und Kommunikationsnetzwerke wurde durch die physische Nähe des Zulieferers zum Automobilhersteller nur geringfügig minimiert.

Zudem ist in aktuellen externen Vergaben eine Entwicklung zu erkennen, dass vermehrt ein Outsourcing von gesamten Wertschöpfungsstufen und damit gleichsam hochwertigerer und für das Endprodukt bedeutenderer Umfänge erfolgt, vgl. Abbildung 2-2.

2.1.2 Outsourcing – Allgemeingültige Strukturierung

In Outsourcing-Vorhaben ist der Ablauf, bezogen auf die anfallenden Aufgaben und die an der Erfüllung dieser Beteiligten sowie hinsichtlich der zeitlichen Abfolge, in drei aufeinanderfolgende Phasen zu differenzieren. Die zu bearbeitenden Aufgaben und die dabei erzielten Ergebnisse können ggf. phasenübergreifend sein, dabei wird durch das jeweilige Phasenende und den damit verbundenen Meilenstein jeweils ein Teilergebnis gekennzeichnet. Ausgangspunkt eines jeden Outsourcing-Vorhabens ist – bewusst oder unbewusst – die Phase der Outsourcing-Konzeption, welche bereits in der wissenschaftlichen Untersuchung mehrfach hinsichtlich aktueller Anforderungen an diese des spezifischen Falls der Outsourcing-Entscheidung für Logistikleistungen erörtert wurde (vgl. u. a. S.85 ff [Stei97], S. 155 ff [Beer97]).

Hierbei wird im Unternehmen, welches eine externe Vergabe von bislang intern erbrachten Leistungen beabsichtigt, ergründet, ob diese aus unterschiedlichen Perspektiven – organisatorisch, wirtschaftlich etc. – für das Unternehmen voraussichtlich vorteilhaft ist. Der Detaillierungsgrad ist in dieser Phase an einem Grobkonzept bzw. an einer Machbarkeitsstudie zu orientieren und die anfallenden Aufgaben können einerseits mit nur unternehmensinternen Personalressourcen, andererseits in Unterstützung durch externe Ressourcen wie Beratungsunternehmen durchgeführt werden. Die Möglichkeit der Ressourcenunterstützung bietet insbesondere in zweierlei Hinsicht Vorteile, da Überlastungen der zumeist im täglichen operativen Arbeitsalltag erschöpfend eingebundenen Mitarbeiter vorgebeugt wird und suboptimale Lösungen aufgrund von in langjähriger Betriebszugehörigkeit eingeengten Betrachtungsräumen der internen Personalressourcen durch unvoreingenommene Gestaltungsvorschläge vermindert werden. In der Outsourcing-Konzeption ist zu ermitteln,

- welcher Bereich für eine externe Vergabe in Betracht kommen kann,
- welche Leistungen – quantitativ und qualitativ detailliert – im jeweiligen Unternehmensbereich erbracht werden und
- welche Auswirkungen eine externe Vergabe des betrachteten Bereichs für das gesamte Unternehmen – für die Aufbau- und Ablauforganisation – bewirken wird.

Erst bei einer fundierten Betrachtung dieser Punkte sowie einer für alle Unternehmensbereiche nachvollziehbaren Gewinnung der erforderlichen Kennzahlen und deren Interpretation, kann eine positive oder negative Outsourcing-Entscheidung getroffen werden. In der Phase der Outsourcing-Konzeption ist durchaus für einen als potentiell extern zu vergebenden identifizierten Bereich ein internes Projekt zur Prozessanalyse und -verbesserung zu initiieren, um zu einer objektiven Beurteilung in der Outsourcing-Konzeption gelangen zu können. Erfolgt dieser Schritt nicht, besteht für das Outsourcing-Vorhaben die Gefahr, dass aufgrund der intern unerschlossenen Potentiale nicht das Gesamtpotential des Outsourcing-Vorhabens erschlossen und damit der beabsichtigte Outsourcing-Erfolg erzielt werden kann. Zudem wird zumeist erst mit einer detaillierten Betrachtung des extern zu vergebenden Bereichs die für diese sowie die möglicherweise nachfolgenden Phasen erforderliche Prozesskenntnis erlangt. Vielfach existieren unternehmensinterne Abläufe, welche aufgrund von Optimierungen der ausführenden Mitarbeiter im laufenden Arbeitsalltag nicht mehr den bestehenden Handbüchern, Prozessbeschreibungen und Arbeitsanweisungen entsprechen, welche erst bei einer durchgehenden Sichtung der Abläufe identifiziert und bei der zu treffenden Entscheidung berücksichtig werden können. Bei einer positiven Outsourcing-Entscheidung folgt die Phase des Outsourcing-Projektes, für welches, wenn dieses nicht bereits in der Phase der Outsourcing-Konzeption zusammengestellt wurde, ein Team zur Projektbearbeitung, unter Beachtung der notwendigen Interdisziplinarität, zu formieren ist.

Eine zweckmäßige Zusammensetzung eines Projektteams berücksichtigt alle innerhalb des zu betrachtenden Bereichs agierenden Unternehmensabteilungen aufgrund dessen, dass aktuell vermehrt für eine effiziente Vergabeentscheidung eine rein quantitative bzw. monetäre Outsourcing-Entscheidung nicht mehr hinreichend ist, sondern hierfür eine qualitative wie auch einheitlich strukturierte Beurteilung der Angebote sowie der inbegriffenen Outsourcing-Systeme durch alle relevanten Fachabteilungen (vgl. S. 580 [Bind06]) erforderlich wird. Hierzu können beispielsweise die Fertigung und Montage, die Logistik, der Einkauf, das Qualitätsmanagement sowie verschiedene weitere Unternehmensabteilungen zählen, wobei bei der Besetzung der Projektteamstellen darauf zu achten ist, dass ein Team nicht unnötig groß gestaltet wird, um die anfallenden Personalkosten im Projekt wirtschaftlich vertretbar zu gestalten.

Dies kann durch eine Abwägung der Relevanz einer durchgehenden oder ggf. temporären Präsenz einer jeden Abteilung für die Projektdauer oder eines für eine Teilaufgabe erforderlichen Experten durch die Projektleitung erfolgen. Für eine erfolgreiche Bearbeitung der Phase Outsourcing-Projekt, womit nicht zwangsläufig als Projektergebnis die externe Vergabe als Projektabschluss verbunden ist, sondern als Projektergebnis aufgrund der Fein- und Detailplanung eine Widerlegung des in der Phase Outsourcing-Konzeption gefundenen Ergebnisses liegen kann, ist es erforderlich, ein durchgehendes Projektmanagement, welches erforderlich wird, um „ein Projekt einer bestimmten Art, in einer bestimmten Zeit, mit bestimmten Ressourcen zu einem bestimmten Ergebnis zu bringen" (vgl. S.10 [Kess02]), einzuführen. In Outsourcing-Vorhaben ist darauf zu achten, dass das Vorhaben nicht mit zunehmender Bearbeitungsdauer zu einem Selbstzweck wird, sondern, dass vorzusehende Meilensteine jeweils zu einer Rekursion und damit zu einem Rücksprung zu vorhergehenden Phasen bzw. ggf. zur Einstellung der Outsourcing-Aktivitäten führen können. Der Projektcharakter wird durch die kennzeichnenden Merkmale dieser Phase, der Einmaligkeit der Aufgabe bzw. sehr lange zeitliche Abstände zwischen einem erneuten Projekt sowie der zeitlichen Determiniertheit des Vorhabens, begründet. Insbesondere wird durch ein durchgehendes Projektmanagement die Aufstellung und Einhaltung von Terminplänen und der hierin enthaltenen Meilensteine gewährleistet, was elementar für eine qualitativ hochwertige Projektdurchführung ist (vgl. S.147 ff [Prei06]).

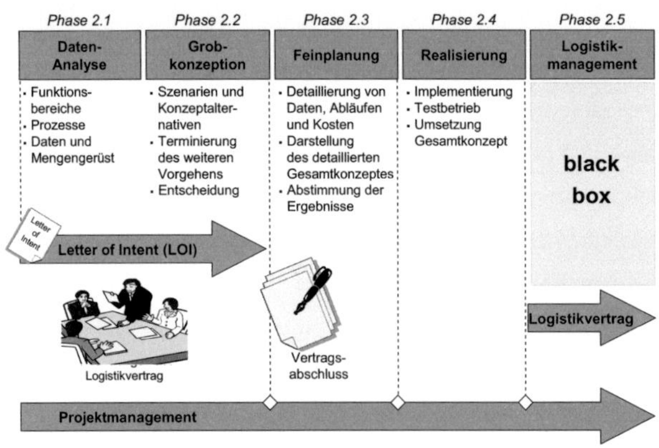

Abbildung 2-3: Teilaufgaben im Outsourcing-Projekt (in Anlehnung an [N.N.05])

Die Meilensteine in der Phase Outsourcing-Projekt werden zumeist von den definierbaren Teilaufgaben, wie diese in Abbildung 2-3 dargestellt sind, zum Anfang oder Ende einer Teilaufgabe bestimmt. Der Abschluss der zweiten Phase in einem Outsourcing-Vorhaben ist, im Falle einer Realisierung, dadurch gekennzeichnet, dass nach einem erfolgreichen Anlaufmanagement die vertraglich zwischen Outsourcing-Auftragnehmer und Outsourcing-Auftraggeber vereinbarte Leistung im Gesamtsystem, die Kammlinie, erreicht wird. Dem Anlaufmanagement kommt neben dem Projektmanagement eine wesentliche Bedeutung für die einwandfreie Bearbeitung des Outsourcing-Projektes und zur Erlangung der Zufriedenheit beider Outsourcing-Partner, am Ende dieser Phase zu. Insbesondere ist ein Anlaufmanagement zu priorisieren, wenn innerhalb des Outsourcing-Vorhabens Prozesse, welche bereits fest in bestehende Produktions- und Montageabläufe eingebunden sind, extern vergeben werden, damit ein Übergang der Leistungserstellung vom Outsourcing-Auftraggeber auf den -Auftragnehmer ohne einen Qualitätsverlust für die Prozessabläufe des Outsourcing-Auftraggebers sowie für dessen Endkunden durchgeführt werden. In der dritten Phase eines Outsourcing-Vorhabens, dem Outsourcing-Prozess, die sich direkt an den Abschluss des Outsourcing-Projektes bei einer externen Vergabe anschließt, ist das Gesamtsystem in den Regelbetrieb überführt.

Der Regelbetrieb ist dadurch gekennzeichnet, dass Prozesse aus statistischer Sicht beherrscht sind und in den vertraglich vereinbarten Toleranzen ausgeführt werden. Im Regelbetrieb werden durch den Outsourcing-Auftragnehmer die vertraglich vereinbarten Leistungen entsprechend den Aufträgen / Abrufen des -Auftraggebers ausgeführt, in regelmäßigen Abständen hierzu definierte Berichte ausgefertigt und damit die Leistungserstellung überwacht. Wesentlicher Bestandteil der Zusammenarbeit der Outsourcing-Partner ist die gemeinschaftliche Optimierung der ablaufenden Prozesse, um eine aus qualitativer Sicht möglichst hochwertige und aus quantitativer Sicht möglichst effiziente Leistung zu erbringen. Die Optimierung des Gesamtsystems ist nach Möglichkeit unmittelbar nach Abschluss des Anlaufmanagements anzustreben, da in diesem Zeitraum die potentiell nicht optimalen Prozesse nicht zu stark von den ausführenden Mitarbeitern verinnerlicht sind und dementsprechend eine Änderung der Prozesse vereinfacht durchführbar ist.

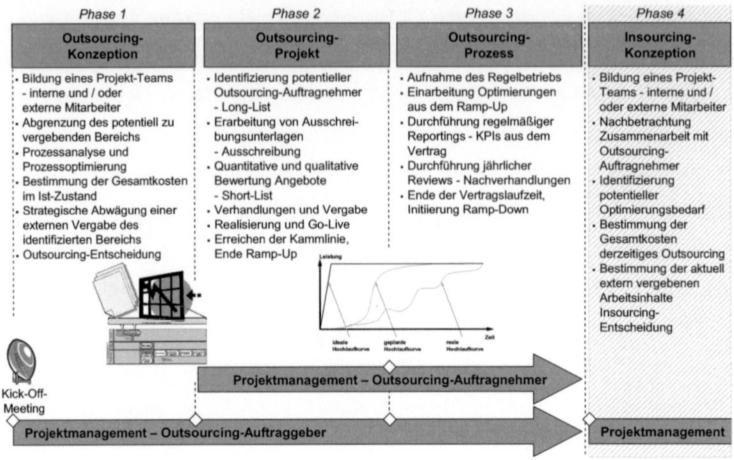

Abbildung 2-4: Phaseneinteilung im Outsourcing-Vorhaben

Vergleichbar bedeutend wie ein professionelles, strukturiertes Anlaufmanagement, Ramp-Up, ist am Ende der jeweiligen Vertragslaufzeit oder bei vorzeitiger Vertragsauflösung eine bewusste und professionelle Betriebseinstellung, Ramp-Down, welche den letzten Arbeitspunkt in der Phase -Prozess darstellt. Eine allgemeingültige Strukturierung von Outsourcing-Vorhaben, welche als Grundlage entscheidend für eine hochwertige, effektive Projektarbeit, entsprechend der anerkannten Bedeutung der Projektstrukturierung für den Projekterfolg (vgl. u. a. S. 117 ff [Sche04]), ist zu den Phasen – Outsourcing-Konzeption, Outsourcing-Projekt, Outsourcing-Prozess – in der Abbildung 2-4 dargestellt. Ergänzend ist in der Abbildung die Phase Insourcing-Konzeption enthalten, deren Arbeitsinhalte bestmöglich durch die Anwendung des zu erarbeitenden Konzeptes zur langfristigen Verbesserung und Etablierung von Outsourcing-Partnerschaften zu verhindern sind sowie die in den nachfolgenden Ausführungen aufgrund dessen nicht vertiefend thematisiert werden.

2.1.3 Outsourcing – Externe Vergabe in der Logistik

Zur Charakterisierung von externen Vergaben in der Logistik ist zu unterscheiden, ob die Logistik das Kerngeschäftsfeld oder ein Teil des originären Kerngeschäftes einer Unternehmung ist, es sich dementsprechend um ein Logistikdienstleistungsunternehmen handelt, oder ob die Logistik in Form von Stütz- und Nebenprozessen in die Hauptprozesse der Unternehmung eingebunden ist.

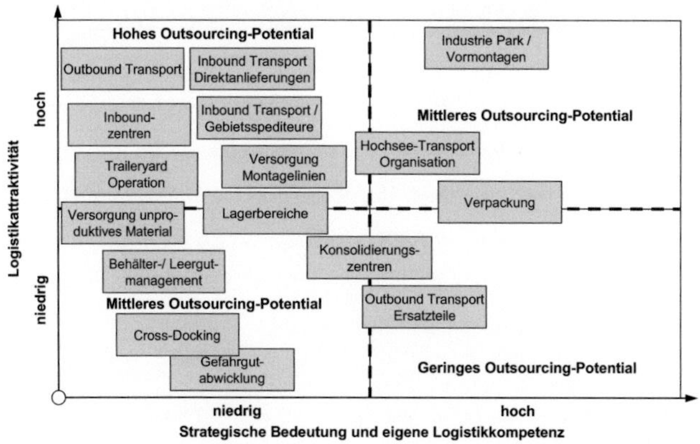

Abbildung 2-5: Outsourcing-Potentiale in der Logistik (vgl. S. 13 [Müll06])

In der Erscheinungsform von Stütz- oder Nebenprozessen handelt es sich bei der Unternehmung beispielsweise um ein Unternehmen der produzierenden Industrie. Insbesondere diese Erscheinungsform der Logistik eignet sich zunehmend, neben den klassischen TUL-Leistungen, für eine externe Vergabe von inner- wie auch außerbetrieblichen Zusatz-Leistungen, wie dies aus der Abbildung 2-5 ersichtlich wird.

Die Logistik übernimmt in und zwischen den Produktions- und Montagestätten sowohl im Material- als auch im Informationsfluss eine verknüpfende Funktion. Kennzeichnend für die Logistik und die zuzuordnenden Aufgaben sind die 6'r der Logistik, demzufolge der Logistik primär die Aufgabe zukommt, die richtigen Güter, zur richtigen Zeit, in der richtigen Menge und der richtigen Qualität, zu den richtigen Kosten, zum richtigen Ort zu bringen (vgl. S. 259 [Homp08]). Demnach ist es für die zu erfüllende Aufgabe gleich, ob die Leistung eine inner- oder außer-(über-)betriebliche logistische Leistung ist. Durch die einwandfreie Erfüllung der Dienstleistung ist die Ver- und / oder die Entsorgung von betrieblichen Einrichtungen mit den erforderlichen Gütern und / oder Informationen zu gewährleisten.

Anhand dieser vergleichsweise einfachen Aufgaben- bzw. Inhaltsbeschreibung der logistischen Leistung wird ersichtlich, welche Bedeutung eine externe Vergabe durchgehend über alle Wertschöpfungsstufen für den wirtschaftlichen

Erfolg oder ggf. bei einer mangelhaften Dienstleistungserbringung, jene entsprechend der DIN 55350 Blatt 11 „Tätigkeiten oder Prozesse (sind), um ein Dienstleistungsergebnis zu erzielen“ (vgl. S. 10 [DIN55350|11]), für den wirtschaftlichen Misserfolg eines Unternehmens haben kann. Daher gewinnen die Aufgaben der Vorbereitung, Planung und des Managements der Vergabe sowie deren Operationalisierung wie auch der Betreuung und Optimierung sowohl für den Outsourcing-Auftraggeber als auch für den -Auftragnehmer an Bedeutung. Zu beachten bei der erlangten Bedeutung von -Vorhaben sind die aktuell und vielfach lang anhaltenden Beweggründe, welche in Unternehmen zu einer externen Vergabe führen bzw. geführt haben. Hierbei ist festzustellen, dass nach aktuellen Studien, wie dies in Abbildung 2-6 ersichtlich ist, sowohl für die Verlader, übergeordnet für Outsourcing-Auftraggeber, als auch für den Dienstleister, allgemein für Outsourcing-Auftragnehmer, erwartete Kostenreduktionen einer der Hauptgründe für externe Vergaben sind. Dies steht jedoch konträr, wie mit Hilfe des im Qualitätsmanagement anerkannten Zielkonflikts zwischen Qualität, Kosten und Zeit (vgl. u. a. [Wien99]) darstellbar, zur erzielbaren Qualität der logistischen Leistung. In einer regionalen Untersuchung in Baden-Württemberg wird in einer Unternehmensbefragung zum Thema „Outsourcing von Dienstleistungen“ u. a. festgestellt, dass einerseits die „Kostenreduktion“ der dominierende Faktor für eine Outsourcing-Entscheidung ist – 83 % der Befragten messen diesem eine „hohe Bedeutung“ sowie 17 % eine „mittlere Bedeutung“ zu –, andererseits ist in dieser Differenzierung jedoch der Faktor „Qualitätsverbesserung“ zu berücksichtigen – 51 % der Befragten messen dieser eine „hohe Bedeutung“ sowie 27 % eine „mittlere Bedeutung“ zu – (vgl. S. 14 [Lein07]).

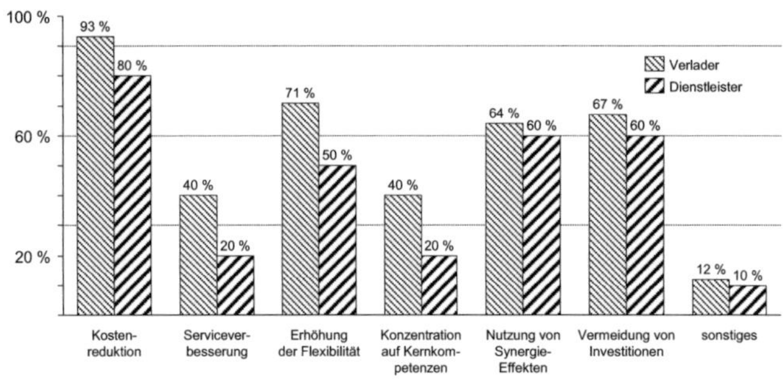

Abbildung 2-6: Gründe für externe Vergaben von Leistungen (vgl. S. 18 [Jung04])

Ist die Logistik Kerngeschäft einer Unternehmung, so ist eine externe Vergabe vielfach nicht möglich und zugleich mit einem unternehmerisch hohen Risiko verbunden. Externe Vergaben an Unterauftragnehmer werden nur in einzelnen Teilbereichen durchgeführt, welche durch das Logistikdienstleistungsunternehmen nicht wirtschaftlich erbracht werden können. Hierbei kann für die klassischen Transport-, Umschlag- oder Lagerdienstleistungen eine Fremdvergabe eines gesamten Segments, wie der vollständigen Fremdvergabe der Umschlagleistung in einem logistischen Knoten eines Speditionsnetzwerkes bis hin zur Einzelvergabe von Kurierfahrten im KEP-Bereich erfolgen. Zudem ist in der Logistik beim Outsourcing die Unterscheidung in vier Ausprägungsarten der externen Vergabe entsprechend Städtler-Schumann und Britsch möglich (vgl. S. 43 [Wißk99]):

- Klassisches Outsourcing
- Ausgründung / Ausgliederung
- Mitarbeiter-„Source-out"
- Outside-resourcing

Städtler-Schumann und Britsch definieren, dass bei einem klassischen Outsourcing üblicherweise „die Vergabe einer kompletten, eigenen Logistikabteilung an einen Dienstleister" vorgenommen wird (vgl. S. 43 [Wißk99]). Sämtliche durch diese Abteilung bislang unternehmensintern erbrachten Leistungen werden nach einer externen Vergabe in zumeist gleicher Art und Weise durch das die Logistikabteilung übernehmende Logistikdienstleistungsunternehmen ausgeführt. Der Vorteil einer derartigen externen Vergabe besteht darin, dass mit der Logistikabteilung auch die die Dienstleistung bislang ausführenden Mitarbeiter an das Logistikdienstleistungsunternehmen übergehen und demnach mit einer voraussichtlich geringen Prozessbeeinträchtigung durch das Outsourcing-Vorhaben aufgrund der bestehen bleibenden Prozesskenntnis zu rechnen ist.

Dieser Vorteil kann jedoch ggf. auch als potentieller Nachteil interpretiert werden, da mit dem Personalübergang auch alle bislang etablierten unter Umständen suboptimalen Strukturen und Hierarchien mit in das neue Unternehmen übertragen werden, wodurch ein Teil der Dynamik der Entscheidung aufgewogen wird. Unter einer Ausgründung / Ausgliederung subsumieren Städtler-Schumann und Britsch Vorhaben, zur „Gründung einer eigenständigen Logistik-Tochter mit einer anschließenden kapitalmäßigen Beteiligung eines Dienstleisters“ (vgl. S. 43 [Wißk99]).

Diese Vorgehensweise ist in der Industrie etabliert und anhand des Geschäftserfolgs bestehender externer Vergaben kann die unternehmerische Relevanz bestätigt werden, wie u. a. exemplarisch anhand der CS Parts Logistics GmbH, einem Joint-Venture der Claas KGaA mbH sowie des Logistikdienstleisters Stute-Verkehrs GmbH, einem Unternehmen der Kühne & Nagel-Gruppe oder auch der TechnoCargo Logistik GmbH & Co. KG, einem Joint-Venture der Vaillant-Gruppe und des Logistikdienstleisters Fiege Holding Stiftung & Co. KG abzuleiten ist. Synergieeffekte unterschiedlicher Unternehmungen – einerseits produzierendes Unternehmen, andererseits logistischer Dienstleister – werden erschlossen und die Spezialkompetenzen des einzelnen Partners effizient in die gemeinschaftlichen Geschäftsprozesse integriert.

In einer externen Vergabe in der Form eines Mitarbeiter-„Source-out“ wird durch „Übernahme und Verselbständigung einer Logistikabteilung durch ehemalige Führungskräfte bzw. Mitarbeiter (...)“ (vgl. S. 43 [Wißk99]) eine eigenständige Einheit geschaffen, welche in der Form eines Outsourcing-Auftragnehmers die vormals intern erbrachten Dienstleistungen für das vergebende Unternehmen erbringt. Final zeigen Städtler-Schumann und Britsch in der vierten Ausprägungsart auf, dass von Vorhaben zu einer externen Vergabe nicht unumgänglich bereits intern bestehende Ressourcen tangiert werden müssen. In der Form des Outside-resourcing werden „logistische Funktionen, die zuvor nicht im Unternehmen vorhanden waren, (...) direkt und erstmalig von einem Dienstleister bezogen“ (vgl. S. 43 [Wißk99]). Jene Form des Fremdbezugs ist sowohl für zusätzliche, die bestehende logistische Leistung ergänzende Dienstleistungen, als auch für zu realisierende Geschäftszuwächse und damit einem verbundenen Ressourcenbedarf, welche mit internen Ressourcen nicht zu realisieren sind, wie beispielsweise der Erschließung neuer Absatzmärkte, möglich.

In der produzierenden Industrie ist zudem eine Unterscheidung in Outsourcing- und Offshoring-Vorhaben möglich. Mit Offshoring werden Verlagerungsbestrebungen einer Unternehmung charakterisiert, bei denen Funktionen, Teilbereiche oder Prozesse eines Unternehmens aus dem bisherigen Standort ausgegliedert werden. Charakteristischer Unterschied des Offshorings zum Outsourcing ist der potentielle Zielort der Verlagerung und zumeist der Grund der Verlagerung. Beim Offshoring wird die Verlagerung in ein anderes Land auf einen anderen Kontinent vorgenommen, um u. a. dortige Standortvorteile, wie ein im Vergleich niedrigeres Lohnkostenniveau, erschließen zu können. Bei Offshoring-Verlagerungen besteht die Möglichkeit die Leistung weiterhin unternehmensintern zu erbringen, eine Vergabe an einen externen Zulieferer oder ein Dienstleistungsunternehmen ist nicht zwingend erforderlich.

Diese Möglichkeit der Verlagerung besteht in der Logistik nur unter Umständen, da hier aufgrund der Eigenschaften der Logistik als Dienstleistung,

- Immaterialität, Intangibilität, Unteilbarkeit, Vergänglichkeit, Standortgebundenheit, Individualität sowie der Integration des externen Faktors (vgl. u. a. [Cors85])

eine Trennung der Orte der Leistungserstellung und des -konsums nicht möglich ist, wie auch die Leistungserbringung zumeist unmittelbar an den Produktions- und Montagestätten der produzierenden Industrie erforderlich wird. Eine Leistungserbringung in Ländern mit günstigeren Standortvorteilen ist nur möglich, wenn ein Offshoring-Vorhaben bereits in einem Unternehmen der produzierenden Industrie stattgefunden hat und die logistische Dienstleistung nunmehr am neuen Standort zu erbringen ist. Lediglich die traditionellen Transport-, Umschlag- und Lagerdienstleistungen ergänzende Dienstleistungen, wie Callcenter zur Auftragsannahme, können im Bereich der Logistik – sowohl bei einem Unternehmen der produzierenden Industrie als auch bei einem logistischen Dienstleistungsunternehmen unabhängig vom Ort des Bedarfs – von Offshoring-Vorhaben betroffen sein.

2.1.4 Qualitätsmerkmale von Produkt und Dienstleistung

Die Qualität eines Produktes bzw. einer Dienstleistung ist stark vom subjektiven Empfinden des Konsumenten, dem Kunden, abhängig. Entsprechend ist die Kunden-Lieferanten-Beziehung in aktuellen Qualitätsmanagementansätzen essentieller Bestandteil (vgl. S. 17 ff [Rein97]). Für den Begriff Qualität sowie dessen Bedeutung sind unterschiedliche Definitionen wie auch inhaltliche Interpretationen und unterschiedliche Verwendungen in der Literatur vorhanden.

Aufbauend auf dem Ursprung der Qualitätsüberwachung und -sicherung in der fertigenden Industrie sind viele Definitionen für Qualität produkt-, das heißt, merkmalsorientiert. Hier ist die Definition von Qualität aufgrund der direkten Quantifizier- und Nachvollziehbarkeit der für den Kunden relevanten Merksmalsausprägungen einfach. Einen für das Qualitätsmanagement sehr bedeutenden Ansatz zur Definition von Qualität liefert der Japaner Taguchi, der eine sehr umfassende Definition von Qualität vornimmt und der von der bislang vorherrschenden Meinung, Qualität sei digital beschreibbar, abweicht. In dem Modell vertritt Taguchi die Vorstellung, dass die Qualität von Produkten anhand einer allgemeinen Verlustfunktion beschrieben werden kann (vgl. S. 1012 [Zoll01]). Für jede Leistung, gleich ob es sich um die Produktion materieller Güter oder um die Erbringung immaterieller Dienstleistungen handelt, wird ein exakt zu erreichender Vorgabewert festgelegt. Hierfür ist weiterhin eine digitale Unterscheidung in ‚einwandfrei' und ‚mangelhaft' möglich. Im Prozess der Leistungserstellung treten jedoch durchweg Abweichungen von dem jeweiligen Vorgabewert, auch für Produkte und Dienstleistungen, welche aufgrund der Erreichung von festgelegten Vorgabewerten als ‚einwandfrei' definiert sind, auf. Jegliche Abweichung von dem jeweiligen Vorgabewert stellt für Taguchi einen Verlust in Form von Einbußen für die gesamte Volkswirtschaft dar. Verlust tritt für ihn bereits auf, wenn ein Wert positiv oder negativ vom Vorgabewert abweicht, jedoch innerhalb der vorgegebenen Toleranzen liegt.

Verlust wird in diesem Bereich, der nach herkömmlichen Definitionen akzeptabel für den Herstellungs- sowie späteren Verwendungsprozess ist, dadurch verursacht, dass u. a. Bauteile nicht die geplante Lebensdauer aufgrund dessen Erreichen, dass sie durch Maßabweichungen nicht die in der Konstruktion bestimmten Eigenschaften aufweisen. Diese Annahme kann direkt auf den immateriellen Dienstleistungsbereich übertragen werden. Hier werden bei Vertragsabschlüssen Vorgabewerte für die zu erbringende Leistung festgeschrieben und zulässige, für den Kunden zu tolerierende Abweichungen vereinbart (vgl. u. a. S. 169 [Pipe07]). Im Falle von Abweichungen, welche nach der jeweiligen Vereinbarung akzeptabel sind, wird jedoch in jedem Fall gesonderter Aufwand für den Ausgleich der Abweichung im gesamten Leistungserstellungsprozess, zumeist in den folgenden Prozessstufen oder durch die Erbringung von Sonderleistungen noch in der Prozessstufe mit mangelhafter Dienstleistungsqualität, des betrachteten Systems notwendig. Diese Vorstellung verdeutlicht die Wichtigkeit einer einwandfreien und hochwertigen Leistungserstellung im gesamten Betrachtungssystem.

International sind allgemeingültige Regelwerke durch Normungsinstitutionen wie der International Organization for Standardization (ISO) zum Themenkomplex Qualitätsmanagement sowie zur einheitlichen Definition von Qualität erschienen. In der Normenreihe DIN EN ISO 9000 wird Qualität wie folgt definiert: „Grad, in dem ein Satz inhärenter Merkmale Anforderungen erfüllt“ (vgl. S. 18 [DIN9000]). Ergänzend ist anzuführen, dass in der Norm eine Anforderung als „Erfordernis oder Erwartung, das oder die festgelegt, üblicherweise vorausgesetzt oder verpflichtend ist“ definiert wird. Hierbei ist zu beachten, dass die Kundenorientierung in der Definition an Bedeutung zu vorherigen Normen gewinnt. Damit wird der Entwicklung von einem Verkäufer- zu einem Käufermarkt Rechnung getragen. In der Definition wird zudem festgelegt, dass „(...) „Inhärent“ bedeutet im Gegensatz zu „zugeordnet“ „einer Einheit innewohnend“, insbesondere als ständiges Merkmal“ (vgl. S. 18 [DIN9000]). Dies definiert explizit die Untrennbarkeit der kennzeichnenden Merkmale vom Produkt oder von der Dienstleistung.

Die Normenreihe DIN EN ISO 9000 besteht aus vier Normen, „gemeinsam bilden diese Normen einen zusammenhängenden Satz von Qualitätsmanagementsystemnormen, (...)“ (vgl. S. 4 [DIN9000]). In der DIN EN ISO 9000 wird die Aufbau- und Ablauforganisation von Qualitätsmanagementsystemen beschrieben sowie die erforderlichen Begriffsdefinitionen gegeben. In der DIN EN ISO 9001 werden die Anforderungen an Qualitätsmanagementsysteme definiert, welche zur Bereitstellung von kundenanforderungsgerechten Produkten einzuhalten sind.

Zur Überprüfung der Wirksamkeit wird in der DIN EN ISO 9004 ein Leitfaden zur Kontrolle eines Qualitätsmanagementsystems gemäß den Anforderungen der Normenreihe DIN EN ISO 9000 abgeleitet. Vervollständigt werden diese durch die DIN EN ISO 19011, welche eine Anleitung zur Auditierung und Zertifizierung durch sachkundige Dritte des spezifischen Qualitäts- und Umweltmanagementsystems enthält. (vgl. [DIN9000], [DIN9001], [DIN9004], [DIN19011])

Die allgemeingültige Definition von Qualität hat in der modernen industriellen Produktion aufgrund der Vielfältigkeit der Branchen sowie der in den Branchen divergierenden Produkte, zu branchenspezifischen Festlegungen geführt, welche zum Teil die branchenunabhängigen Definitionen und Vereinbarungen, wie u. a. diese des Deutschen Instituts für Normung e. V. (DIN), als Grundlage für die jeweiligen Spezifikationen nutzen. Beachtenswert, einerseits vor dem Hintergrund der vorliegenden Aufgabenstellung, anderseits aber auch vor dem Hintergrund der Branchengröße sowie der hiermit verbundenen Bedeutung für das gesamte Wirtschaftssystem in Deutschland, sind die Ausführungen und Festlegungen des Verbands der Automobilindustrie e. V. (VDA). Innerhalb dieses Verbandes haben die Mitglieder, sowohl die angeschlossenen Automobilhersteller als auch die in die Produktionsver- und -entsorgungsnetzwerke involvierten Zulieferer, für die jeweiligen Geschäftsbeziehungen Vereinbarungen zur Interpretation von Qualität getroffen.

Übergeordnet sind Grundsätze „zur Sicherung der Qualität in der deutschen Automobilindustrie" zu den Inhalten

- gemeinsame Verantwortung,
- Engagement und Verantwortung,
- Sicherung der Qualität im Produkt-Lebenszyklus,
- Information und Transparenz,
- rasches Handeln,
- Qualitätskosten sowie
- Kommunikation festgehalten (vgl. S. 2 [VDA2005]).

Die Anforderungen an die zu erstellende bzw. erbringende Qualität von Produkten und Dienstleistungen sowie die hierzu getroffenen Vereinbarungen des VDA sind im Branchenvergleich umfassend. Vergleichbare Regelwerke, wie die QS 9000, welche gleich den Festlegungen des VDA ein Branchenstandard der Automobilindustrie sind, setzen für die eigenen Festlegungen engere Systemgrenzen und schließen Teilbereiche der Ver- und Entsorgungssysteme aus. Die Definition des VDA stellt einen ganzheitlichen Prozessoptimierungsansatz dar, da sie „nicht nur auf den direkten Anwendungsbereich der Produktionswerke und deren Zulieferer fokussiert, sondern darüber hinaus die gesamte Wertschöpfungskette einbezieht“ (vgl. S. 49 [Schw02]). Normung und Standardisierung hat allgemeingültig den Zweck, eine Vielzahl von zumeist individuellen Vereinbarungen, welche in detaillierter Betrachtung oftmals marginale Unterschiede aufweisen, jedoch in der individuellen Abrede wesentlichen Aufwand und in Fällen von Uneinigkeit über die Erfüllung bzw. die Nichterfüllung einer Abrede eine objektive Beurteilung durch einen unabhängigen sachverständigen Dritten erfordern, in eine der jeweiligen Bestimmung zweckmäßigen Verallgemeinerung darzustellen sowie kennzeichnende quanti- und qualitative Merkmale zu definieren.

Dieser Rationalisierungs- und Optimierungszweck von Normen wird durch untereinander unabhängige Aktivitäten von Normungsinstitutionen zu vergleichbaren Themenbereichen, wie u. a. in der Qualitätssicherung der Softwareentwicklung (vgl. S. 30 f [Clau06]), minimiert bzw. durch Auflagen zur gleichzeitigen Anwendung der verschiedenen Regelwerke können der Transparenzzugewinn und die vorgesehene Aufwandsreduktion invertiert werden. In der Automobilindustrie wird einem derartigen Trend dahingehend entgegen gewirkt, dass mit der Formulierung der ISO/TS 16949 ein für die Branche allgemeingültiges Regelwerk zur Festlegung der Qualitäts- und Qualitätsmangementanforderungen geschaffen wurde.

Festzuhalten hierzu ist, dass die „ISO/TS 16949:2002 (…) von der International Automotive Task Force (IATF) und der Japan Automobile Manufacturers Association Inc. (JAMA), unterstützt von Vertretern der ISO/TC 176, „Quality management and quality assurance“ erarbeitet“ (vgl. S. XI [ISO/TS16949]) wurde, woran direkt das integrative Bestreben der Normungsinstitutionen ersichtlich wird. Explizit wird in der ISO/TS 16949:2002 (D) als eines der vorgesehenen Ziele dieser technischen Spezifikation angegeben, sie „dient der Vermeidung mehrfacher Zertifizierungsaudits“ (vgl. S. XVIII [ISO/TS16949]).

2.1.5 Qualitätsmerkmale in der Logistik

Eine allgemeingültige Definition von Qualität in der Logistik ist aufgrund der durch die Logistik zu erfüllenden Dienstleistungen in den Ver- und Entsorgungsnetzwerken, wie bereits für eine allgemeingültige Definition von Qualität, vgl. Abschnitt 2.1.4, nur sehr abstrakt möglich. Entscheidende Differenzierungsmerkmale zur Logistikleistung sind nach Tracht und Reinsch „vor allem die Liefertreue, verstanden als das Verhältnis der dem Kunden zugesagten und den tatsächlich erreichten Lieferterminen, sowie die Lieferzeit (...)“ (vgl. S. 1 [Wien02]). In der Logistik sind einerseits verschiedene Ansätze zur „Operationalisierung der Qualität logistischer Dienstleistungen“ (vgl. S. 86 ff [Enge97]) entwickelt worden, andererseits ist eine quantitative Beurteilung der erbrachten Qualität der logistischen Leistung u. a. anhand von Kennzahlen, oder, wie durch Nyhuis und Wiendahl in Form von logistischen Kennlinien (vgl. [Nyhu03]), möglich. In der durch den Verein Deutscher Ingenieure e. V. erstellten Richtlinie VDI R 4490 wird hierzu definiert, dass Qualitätskennzahlen im Bereich der Logistik zur „Beurteilung des Grades der Zielerreichung“ als relative wie auch als absolute Größe genutzt werden können (vgl. S. 6 ff [VDI4490]). Jedoch ist eine reine Darstellung des Leistungsniveaus eines zurückliegenden Zeitraums für die betriebliche Praxis – von der operativen bis zur strategischen Entscheidungsebene – nicht abschließend. Erst die Verbindung einzelner, autarker Kennzahlen zu Kennzahlensystemen und die Interpretation der vorliegenden Datenbasis, kann eine ganzheitliche Prozessoptimierung und -beherrschung in Form eines kontinuierlichen Regelkreises erzielt werden. Zu berücksichtigen ist für den zyklischen Aufbau eine „Aneinanderreihung von Planungs- (plan) und Überwachungsfunktionen (check) (...), durch (...) Maßnahmen (do) bewertet und (durch) Steuerungsfunktionen (act)“ (vgl. S. 2 [VDI4490]) in der vorgesehenen Zielerreichung überwacht.

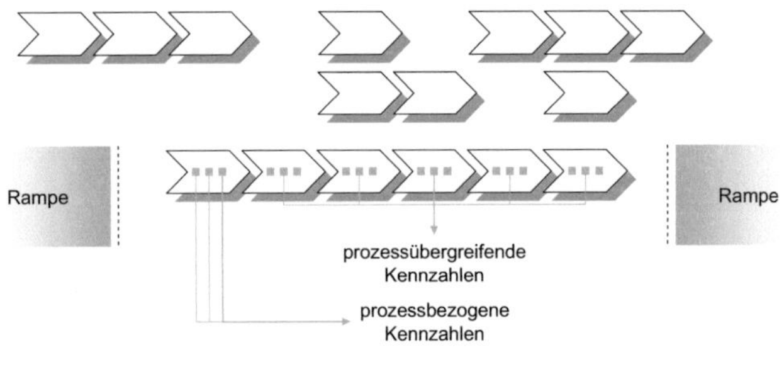

Abbildung 2-7: Prozessinterne und -übergreifende Kennzahlen (vgl. S. 3 [VDI4490])

Weiterhin wird die Quantifizierung der logistischen Leistung durch die Vielschichtigkeit der zu erfüllenden Aufgaben wie Beschaffungs-, Produktions- oder auch Distributionslogistik im Komplexitätsgrad erhöht. Ersichtlich wird dies anhand der zu den einzelnen Segmenten erschienen Richtlinienwerke zur Erhebung leistungsspezifischer Kennzahlen [VDI4400|1], [VDI4400|2], [VDI4400|3]. Die Quantifizierung von logistischen Dienstleistungen ist eine elementare Aufgabe als Querschnittsfunktion für verschiedene Bereiche einer Unternehmung, da hierdurch eine objektive Messung wie auch ein Vergleich von zugesagter und real erbrachter Leistung ermöglicht wird. Dies ist eine der Grundvoraussetzungen zur Verrechung von erbrachten Leistungen, gleich ob es sich um unternehmensintern erbrachte oder unternehmensextern beschaffte Leistungen handelt. Entsprechend gewinnt die Bedeutung des Controllings im Sinne eines Qualitäts-Controllings für die Bewertung der Qualität in der Logistik wesentlich an Bedeutung. Bei der Quantifizierung ist die Gestaltung von Ver- und Entsorgungsnetzwerken bei der Analyse von einzelnen Prozessketten zu berücksichtigen. Kennzahlen werden in Prozessketten dazu verwendet, Prozesskenngrößen prozessintern und prozessübergreifend, demnach zum Teil abteilungs- ggf. bis hin zu unternehmensübergreifend zu erfassen und darzustellen. Beide Verwendungsarten von Kennzahlen sind schematisch in Abbildung 2-7 dargestellt und verdeutlichen die Querschnittsfunktion der Logistik.

Die Bedeutung der quantitativen Logistikleistungsbeschreibung ist insbesondere bei prozessübergreifenden Kennzahlen unternehmensexterner Leistungen zu beachten. Es ist unerlässlich, eine exakte Definition der erwarteten Leistung vertraglich zu regeln, um einer späteren Fehlinterpretation vorzubeugen. Dies kann durch allgemeingültige oder leistungsindividuelle Qualitätsvereinbarungen erfolgen, wie dies exemplarisch vom Deutschen Institut für Normung e. V. (DIN) für Transportketten aufgezeigt wurde (vgl. S. 8 [DIN13011]). Neben der Definition, welcher Vorgabewert für eine Logistikleistung vereinbart wird, ist es erforderlich tolerierbare Eingriffgrenzen, u. a., um welchen Prozentwert eine zugesagte Leistung von dem definierten Vorgabewert abweichen darf, festzulegen. Weiterhin sind in der vertraglichen Vereinbarung bei der Definition der Qualitätsmessung die diese durchführenden Verantwortlichen, die verwendeten Hilfsmittel, ggf. deren Prüf- oder Eichzyklen wie auch die Intervalle, in welchen die Leistungsmessung zu erfolgen hat bzw. oder ob eine kontinuierliche Erhebung und Auswertung durchzuführen ist, zu definieren. Die quantitative Beschreibung der logistischen Leistung ist in der betrieblichen Praxis jedoch oftmals nicht ausreichend, wodurch bei der Beschreibung und Bewertung der jeweiligen Dienstleistung die qualitative Darlegung einen relevanten Stellenwert erlangt. Unter einer qualitativen Darlegung wird jedoch nicht eine subjektive und durch vergangenheitsbezogene positive wie auch negative Erfahrungen eines einzelnen Individuums geprägte Einschätzung verstanden, sondern ist insbesondere bei der qualitativen Darlegung den Ansprüchen der Objektivität, Nachvollziehbarkeit und Transparenz zu entsprechen. Diesen Ansprüchen an die qualitative Bewertung von logistischen Leistungen ist durch ein strukturiertes und geplantes Arbeiten gerecht zu werden. Hierzu zählen

- eine Regelmäßigkeit in der Bewertung – u. a. dokumentiert in Form von Prüfplänen –,
- eine Gleichmäßigkeit in der Leistungserfassung – u. a. gewährleistet durch gemeinsam von Auftraggeber und Auftragnehmer erarbeitete Bewertungslisten – sowie
- eine Unabhängigkeit in der Bewertung – u. a. durch interdisziplinäre und unternehmensübergreifende Besetzung des Bewertungsteams –.

Diese Indikatoren helfen die Akzeptanz von qualitativen Darlegungen, insbesondere in der unternehmensexternen Kommunikation zwischen Outsourcing-Auftraggeber und Outsourcing-Auftragnehmer, zu erhöhen und die zum Teil reine Fokussierung auf die quantitative Leistungsbeschreibung um qualitative Aspekte zu erweitern. Auch für die Logistik, ist, wie aus dem Qualitätsmanagement der Produktion bekannt, eine Fehlervermeidung durch einen uneingeschränkt fähigen Entwurfs- und Fertigungsablauf wesentlich kosteneffizienter, als eine der Leistungserstellung nachfolgende Sortierprüfung zur Aussonderung von Ausschuss bzw., bezogen auf die Logistik, als die zum Ausgleich der Schlechtleistung erforderliche Sonderleistung (vgl. S. 134 [Heri03]). Diese Fehlerprävention ist essentiell für eine langfristig positive Kundenwahrnehmung sowohl in der Produktion, als auch insbesondere in der Logistik.

Dies bestätigt erneut die Bedeutung der Phase der vertraglichen, eindeutigen und einwandfreien Beschreibung und Abstimmung im Vorfeld einer operativen Geschäftsaufnahme.

In dieser Phase erfolgen die Planung des zukünftigen Material- und Informationsflusses, die Personalauswahl und die Planung des Personaleinsatzes sowie der Schnittstellen im Material- wie auch im Informationsfluss zwischen vergebendem und zukünftig ausführendem Unternehmen. Insbesondere durch den direkten Kundenkontakt und dementsprechend der fehlenden Möglichkeit zur Nachbesserung bzw. zum Austausch eines mangelhaften Produktes bzw. einer Dienstleistung, ist es bei der qualitativen Bewertung von logistischer Leistung hilfreich, bereits in den ersten Phasen des Aufbaus oder der Integration von Logistikaufgaben – gleich ob diese unternehmensintern erbracht oder unternehmensextern beschafft werden – die Planungsphase durch die Anwendung fehlerpräventiver Hilfsmittel zu erweitern, um sicherstellen zu können, dass die Logistikprozesse robust und fehlerresistent wie auch aus qualitativer Sicht beherrscht sowie prüffähig sind. Aufgrund der zumeist hohen Interaktion der Outsourcing-Partner bei einer externen Vergabe von logistischen Leistungen ist zur Beschreibung des Austauschverhältnisses die Kunden-Lieferanten-Beziehung ein essentieller Bestandteil.

Vor dem Hintergrund der Aufgabenstellung dieser Arbeit sowie der in den vorhergehenden Abschnitten erarbeiteten Wissensbasis, kann eine Abgrenzung von Kennzeichen der Qualität im logistischen Outsourcing basierend auf den Ergebnissen der internationalen Studie ‚2006 Third-Party Logistics' erfolgen. Innerhalb dieser wurden Handlungsfelder identifiziert, welche dazu beitragen die Qualität von Outsourcing-Vorhaben zu verbessern. Die wichtigsten fünf sind in chronologischer Reihenfolge (vgl. S. 9 [Lang06])

- Leistungsversprechen wurden nicht eingehalten,
- im Angebot offerierte Optimierungen wurden nicht erzielt,
- Informationstechnologieressourcen waren nicht ausreichend,
- vorgesehene Kostensenkungspotentiale wurden nicht erschlossen,
- Projektmanagement-Fähigkeiten waren nicht hinreichend.

Die Umkehrung dieser identifizierten Handlungsfelder kennzeichnet die zu erzielende Qualität von Logistik bzw. der erbrachten wie auch der nicht erbrachten Logistikleistung in Outsourcing-Vorhaben.

2.2 Qualitätsmanagement in der Logistik

Nach der Erarbeitung von Kennzeichen der Qualität in der Logistik sowie der zur Erfassung wie auch Auswertung der erforderlichen Messmöglichkeiten in den vorhergehenden Unterkapiteln bzw. Abschnitten, werden im Unterkapitel 2.2 die Anforderungen an ein Qualitätsmanagement sowie dessen Besonderheiten in der Logistik erörtert. Qualitätsmanagement ist gemäß der Normenreihe DIN EN ISO 9000 als „(...) aufeinander abgestimmte Tätigkeiten zum Leiten und Lenken einer Organisation bezüglich Qualität" definiert, wobei angemerkt wird, dass das „Leiten und Lenken bezüglich Qualität (...) üblicherweise das Festlegen der Qualitätspolitik und der Qualitätsziele, die Qualitätsplanung, die Qualitätslenkung, die Qualitätssicherung und die Qualitätsverbesserung" umfasst. (vgl. S. 21 [DIN9000])

Hierzu ist einerseits eine diesen Anforderungen entsprechende Aufbau- und Ablauforganisation im Unternehmen zu etablieren, andererseits sind dazu einsetzbare Hilfsmittel und Techniken zu identifizieren und das hierzu erforderliche Fachwissen den Anwendern im Unternehmen zu vermitteln. Zu berücksichtigen ist gleichfalls die bereits in der Wissenschaft gewonnene Erkenntnis der Möglichkeit zur Generierung von Synergieeffekten gemeinsamer Schnittstellenfunktionen von Logistik- und Qualitätsmanagementaufgaben, wie dies u. a. durch Esser differenziert wurde (vgl. [Esse95]).

Explizit für die Belange eines Qualitätsmanagements in der Logistik hat Richard mit der seinerseits verfassten Arbeit mit dem Titel „Prozessorientiertes Qualitätsmanagement in der Logistik – Ein Beitrag zur Steigerung der Logistikqualität –" eine Abhandlung zum Themenkomplex erarbeitet. Ausgangspunkt ist gleichfalls für Richard die Feststellung, dass die Logistik in der vermehrt vernetzten Produktion eine steigende Bedeutung erfährt und daher eine reine Kosten- und Zeitorientierung um den Faktor Qualität erweitert werden muss. „Insbesondere die Qualität der logistischen Leistung, die im Gegensatz zur Qualität von Produkten einen immateriellen Charakter hat, bestimmt zukünftig den Markterfolg der Lieferanten." Dieser Zusammenhang führt Richard zu der These, dass „zur Bewältigung dieses Managementparadigmas (...) eine effiziente, prozessorientierte Organisation sowie eine hohe Qualität der logistischen Leistung benötigt" wird. (vgl. S. 3 [Rich99])

Zudem zeigt Richard auf, dass insbesondere die Querschnittsfunktionen Logistik und Qualitätsmanagement voneinander profitieren können bzw. wenn die Aktivitäten der einzelnen Bereiche nicht hinreichend aufeinander abgestimmt sind, die derzeit in der betrieblichen Praxis vielfach zu beobachtenden Qualitätsdefizite in der Leistungserstellung entstehen, wodurch Richard die Forderung nach einer gemeinsamen, nachvollziehbaren, reproduzierbaren Planung und Regelung der Aktivitäten aufstellt. Aus diesem Grund verfolgt Richard die Fragestellung, „inwieweit die Hilfsmittel des technischen Qualitätsmanagements im Rahmen des Qualitätsmanagements logistischer Leistungen eingesetzt werden können bzw. ob eine Übertragbarkeit prinzipiell möglich ist“, welches eine vergleichbare Fragestellung zur der dieser Arbeit zu Grunde liegenden Aufgabenstellung, jedoch mit anderem Fokus, ist. Die für Richard zu erfüllende Aufgabe in der Logistik bzw. deren Qualitätsmanagement ist daher, die Qualitätssicherung der logistischen Qualitätsmerkmale mit dem Ziel zu verfolgen, Prozesse beherrschbar zu machen und systematische Einflüsse, welche zu Qualitätseinbußen bei der Leistungserstellung führen, zu erkennen und zu eliminieren, wozu für ihn jedoch auch die prozessorientierte Betrachtungsweise eine Grundvoraussetzung ist und eine Verifizierung der Zusammenhänge zwischen Subprozessen zu erfolgen hat. Da dies für Richard nicht hinreichend mit der Implementierung von Qualitätsmanagement-Systemen, wie u. a. einem an der Normenreihe DIN EN ISO 9000 oder am TQM-Konzept orientierten, vollzogen wird, leitet er basierend auf der technischen Qualitätssicherung ein Qualitätsmanagement für Logistikleistungen detailliert in den nachfolgenden vier Stufen her:

- Überprüfung der Anwend- und Übertragbarkeit der wichtigsten Instrumente des Qualitätsmanagements
- Identifikation bestehender Defizite bezüglich der logistischen Qualität, wie beispielsweise Mangel an Werkzeugen zur Messung der Qualität der Logistikleistung
- Entwicklung angepasster, alternativer Konzepte für prozessorientiertes, logistisches Qualitätsmanagement
- Herleitung einer detaillierten Handlungsanweisung für die favorisierte Lösung

Richard kommt abschließend nach Aufbau und Anwendung des Konzeptes zu zwei wesentlichen Erkenntnissen. Einerseits zeigt er, das die Anwendung zu einer Verschiebung in den Qualitätskosten hin zu einer prozentualen Stärkung des Aufwands für präventive Maßnahmen sowie zu einer generellen, wenn auch nur langfristig festzustellenden, Reduktion der gesamten Qualitätskosten führt. Andererseits führt die Anwendung zu einer höheren logistischen Qualität, wodurch eine positive Differenzierung von Marktbegleitern im Vergleich erzielt wird. Für die in dieser Arbeit thematisierte Aufgabenstellung ist hinsichtlich der Arbeit von Richard festzustellen, dass das generelle Vorgehen den Aufbau der vorliegenden Arbeit bestätigt. Jedoch ist der Fokus von Richard allgemein auf die Logistik gerichtet und daher für die spezielle Zusammenarbeit zwischen Outsourcing-Partnern nur bedingt übertragbar. Zudem hat eine Weiterentwicklung der Methoden der technischen Qualitätssicherung stattgefunden bzw. ist eine Novellierung von Richtlinien- und Normenwerken erfolgt, wodurch eine Überprüfung von ggf. erst aktuell zu erschließenden Potentialen durchzuführen ist.

Eine weitere Arbeit zum Themenkomplex Qualitätsmanagement in der Logistik hat Niebuer unter dem Titel „Qualitätsmanagement für Logistikunternehmen“ verfasst. Er fokussiert in der Arbeit jedoch auf das Qualitätsmanagement für ein Logistikunternehmen, demnach auf ein Unternehmen, dessen originäres Kerngeschäft die Erbringung logistischer Leistungen für Dritte ist. Ausgangspunkt für Niebuer ist die Feststellung, dass in der Literatur keine vollständigen Konzepte zum Qualitätsmanagement eines Logistikunternehmens vorhanden sind sowie die zumeist verwendeten Ansätze als unzulänglich für das Qualitätsmanagement von Leistungen eines Logistikunternehmens einzustufen sind.

Niebuer geht daher davon aus, dass die Komplexität und Vielfalt in der Logistik „differenzierte Formen des Qualitätsmanagement erforderlich macht“ und eine allgemeingültige, die Anforderungen aller Logistikunternehmen berücksichtigende Abhandlung des Qualitätsmanagements nicht herleitbar ist (vgl. S. 2 ff [Nieb96]). Basierend auf dieser Erkenntnis analysiert Niebuer zuerst die in der seinerseits betrachteten Literatur vorhandenen Definitionen für Logistik sowie deren Einstufung hinsichtlich Sach- bzw. Dienstleistung. Hierbei legt er dar, dass für die Logistik die Zuordnung zum Dienstleistungsbereich als Logistikdienstleistung und damit die vielfach durchgeführte Übertragung von Qualitätsmanagementansätzen aus dem Dienstleistungsmanagement nicht nachvollziehbar und für die betriebliche Praxis nicht gewinnbringend sondern ggf. kontraproduktiv ist.

Niebuer differenziert in seinen Betrachtungen Logistikunternehmen in logistische Standardanbieter sowie in logistische Systemanbieter, welche beispielsweise gesamte Geschäftseinheiten für einen Vertragspartner – wie ein gesamtes Distributionszentrum – übernehmen. Hinsichtlich der Anforderungen dieser beiden Kategorien analysiert Niebuer etablierte Qualitätsmanagementkonzepte, wie beispielsweise das gemäß der Normenreihe DIN EN ISO 9000, hinsichtlich Übertragungsmöglichkeiten zum Aufbau eines Qualitätsmanagements für Logistikunternehmen.

Jedoch zeigt er, insbesondere für die logistischen Systemanbieter, die vorhandenen Unzulänglichkeiten der Konzepte auf, wodurch diese etablierten Konzepte seinerseits für die Anwendung in der betrieblichen Praxis als ungeeignet eingestuft werden. Niebuer bezieht für den jeweiligen Aufbau der für den logistischen Standardanbieter bzw. den logistischen Systemanbieter das Qualitätsmanagementkonzept des Total Quality Managements aus zweierlei Gründen ein. Bestätigend für die Wahl ist für Niebuer seinerseits zusammenfassend die Feststellung:

– „Erstens stellt TQM ein mehrdimensionales und interfunktional wirkendes Konzept, eine ordnende Größe inmitten einer dynamischen Umwelt dar – und

– zweitens sind die Inhalte darauf ausgerichtet, die Weiterentwicklung der Individuen und der Organisation sicherzustellen und den Notwendigkeiten des Wandels Rechnung zu tragen." – (vgl. S. 297 [Nieb96]).

In einer kritischen Würdigung der Ausführungen von Niebuer hinsichtlich der Verwendbarkeit für die vorliegende Aufgabenstellung ist festzuhalten, dass insbesondere die These, dass ein explizites Qualitätsmanagementkonzept sowie die zur Operationalisierung erforderlichen Hilfsmittel für die Belange eines logistischen Systemanbieters bei der Erbringung von Leistungen im Sinne von Zusatz-Leistungen für die betriebliche Praxis erforderlich wird, bestätigt ist. Jedoch bieten die Ausführungen von Niebuer unter der Maßgabe Hilfsmittel aufzuzeigen, wenig Potential für die zu lösende Aufgabe, aufgrund dessen, dass der wirtschaftswissenschaftliche Fokus von Niebuer dominierend ist. Unter Beachtung der Ausführungen von Richard und Niebuer ist festzustellen, dass die komplexe aufbau- und ablauforganisatorische Verknüpfung von Outsourcing-Partnern sowie die gemäß den Vertragsvereinbarungen zu erbringenden Leistungen ein umfassendes und jeweilig individuell auf ein Unternehmen, wenn nicht direkt auf ein Outsourcing-Vorhaben, angepasstes Qualitätsmanagement erforderlich machen, welches anerkannten, etablierten Normen und Standards zu genügen hat.

2.2.1 Präventive Methoden und Maßnahmen

Für die Qualität von Logistikleistungen haben präventive Methoden und Maßnahmen des Qualitätsmanagements, wie in den vorangegangenen Unterkapiteln erörtert, aufgrund der Charakteristika der Logistik, entscheidende Bedeutung. Präventiv wird als Kennzeichnung für „vorbeugend oder verhütend“ (vgl. S. 619 [Dros82]) verwendet. Dieser Anspruch an eine Methode bzw. Maßnahme ist zur Sicherstellung der durchgehenden Kundenzufriedenheit und zur Erhöhung der Wahrscheinlichkeit einer langfristigen Kundenbindung aufgrund von nicht vorhandenen Negativerlebnissen mit dem Dienstleister im Qualitätsmanagement von Logistikleistungen zu verfolgen. In der allgemeingültigen Norm DIN EN ISO 9000:2005 wird vorbeugend bzw. eine Vorbeugungsmaßnahme wie folgt definiert: „Maßnahme zur Beseitigung der Ursache eines möglichen Fehlers oder einer anderen möglichen unerwünschten Situation.“ (vgl. S. 27 [DIN9000]) In der Norm wird aufgezeigt, dass für das Eintreten eines Fehlers mehr als eine Ursache, autark bzw. auch in Kombination miteinander, identifiziert werden kann. Zu unterscheiden in der Norm ist bei Maßnahmen zur Eliminierung von Fehlerursachen in Vorbeuge- sowie in Korrekturmaßnahmen. Eine Korrekturmaßnahme wird eingeleitet, um nach einem Auftreten eines Fehlers und der Identifikation dessen Ursache, erneute Fehler mit derselben Ursache zu verhindern. Daher ist bei Korrekturmaßnahmen der präventive Charakter einer Maßnahme nicht uneingeschränkt gegeben.

In den durch das Deutsche Institut für Normung e. V. veröffentlichten Normen sind als präventive Qualitätsmanagementmaßnahmen die „Ausfalleffektanalyse (…)“, dargelegt in der DIN 25448:1990, erneuert in der DIN EN 60812:2006, sowie die „Fehlerbaumanalyse“, definiert in der DIN 25424:1981, aktualisiert in der DIN EN 61025:2007, zu nennen. Vervollständigt wird diese Übersicht mit der DIN 25419:1985. Zur Unterscheidung wird in der DIN 25419:1985 angegeben, „In der Ereignisablaufanalyse werden Ereignisse ermittelt, die sich aus einem vorgegebenen Anfangsereignis entwickeln (…) Die Ereignisablaufanalyse ist zu unterscheiden von der Fehlerbaumanalyse (…), bei der ein vorgegebenes unerwünschtes Ereignis auf Kombinationen von Primärereignissen zurückgeführt wird.“ (vgl. [DIN25419], [DIN25424|1], [DIN25424|2], [DIN60812] wie auch [DIN61025])

Daher wird die Ereignisablaufanalyse den induktiven Verfahren zugeordnet, welche in der Anwendung dazu genutzt wird, unter Vorgabe der Häufigkeit von ausgewählten Anfangszuständen, die Häufigkeit von im Ereignisablaufdiagramm ermittelten Zwischen- und / oder Endzuständen zu ermitteln. Diese wird zur Ermittlung des vorhandenen Risikos bzw. zur Ableitung von Handlungsfeldern eines technischen Systems eingesetzt, kann jedoch auch zur Risikobeurteilung von auflauforganisatorischen Systemen, wie denen der Logistik angewendet werden. Hierdurch wird es ermöglicht nicht nur einen qualitativen, sondern auch einen quantitativen Vergleich der Eintrittswahrscheinlichkeit der jeweiligen unerwünschten Zwischen- und Endzustände mit Hilfe der Wahrscheinlichkeitsrechnung durchzuführen. Die Fehlerbaumanalyse wird dazu verwendet, eine „Ermittlung der logischen Verknüpfungen von Komponenten- oder Teilsystemausfällen, die zu einem unerwünschten Ereignis führen“ zu ermöglichen (vgl. S. 2 [DIN25424|1]). Den Ausgangspunkt bildet das definierte unerwünschte Ereignis, für welches die zum Eintreten erforderlichen Eingangsgrößen ermittelt werden sollen. Auch dieses Vorgehen eignet sich neben der rein qualitativen zur quantitativen Bewertung eines Systems und kann für die Beurteilung von technischen sowie ablauforganisatorischen Systemen verwendet werden. Weiterhin ist für beide Verfahren zu überprüfen, welche zusätzlichen Potentiale, wie die eines Frühwarnsystems durch die Vernetzung der zur Analysedurchführung eingesetzten Software mit weiteren Monitoring- und Reportingsystemen, dessen Potential bereits in der Wissenschaft für Teilbereiche der Logistik aufgezeigt wurde (vgl. S. 38 [Behr04]), oder wie diese eines Logistik-Assistenzsystems, dessen Potential für abweichende logistische Anwendungen ebenso bereits in der Wissenschaft erarbeitet wurde (vgl. S. 27 [Nyhu06]), für die vorliegende Aufgabenstellung möglicherweise zu erschließen sind.

Nachfolgend werden die Abhandlungen von Mauermann und Winz als Beispiele für die Einsatzmöglichkeiten und für den Nutzen von präventiven Maßnahmen in der Logistik analysiert.

Mauermann erarbeitet mit der vorgelegten Arbeit einen „Leitfaden zur Erhöhung der Logistikqualität durch Analyse und Neugestaltung von Versorgungsketten“, welcher durch ein zyklisches Vorgehen die schrittweise und ganzheitliche Prozessoptimierung, wie dieses in der Abbildung 2-8 schematisch dargestellt ist, ermöglicht. Der Leitfaden ist an den Belangen der produzierenden Industrie orientiert. Mit Hilfe des Leitfadens ist es möglich, bestehende Versorgungsnetzwerke bezüglich der logistischen Abläufe zu optimieren sowie neu erstellte Netze hinsichtlich bestehender Schwachstellen zu untersuchen. Hierdurch ist eine ganzheitliche Betrachtung möglich und eine bereichs- und unternehmensübergreifende Effizienzsteigerung kann erzielt werden.

Für die Erstellung des Leitfadens sowie als Grundlage seiner Ausführungen leitet Mauermann eine Definition für Logistikqualität ab. Dazu nutzt er die Definition für Qualität gemäß der ISO 8402 und charakterisiert Logistikqualität folgendermaßen: „Logistikqualität ist ein Maß für die Übereinstimmung zwischen Merkmalen und Merkmalsausprägungen des Logistikprozesses und den Anforderungen, die von Kunden an diesen Logistikprozess gestellt werden“ (vgl. S. 32 [Maue01]).

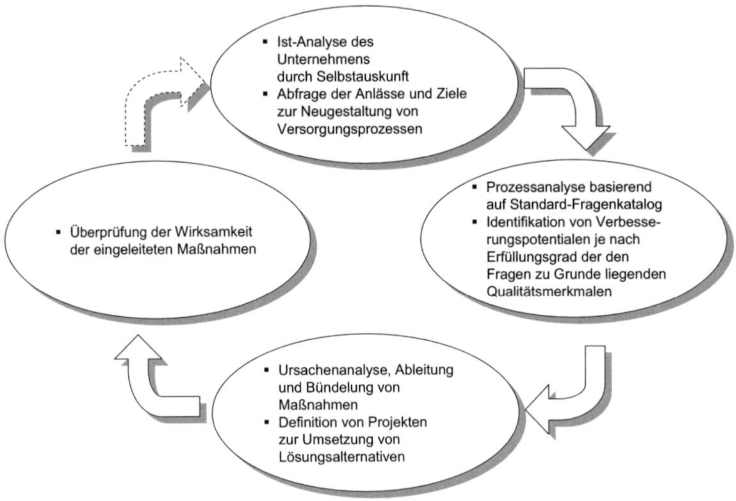

Abbildung 2-8: Vorgehen zur Prozessverbesserung (vgl. S. 8 [Maue01])

Aufbauend darauf lokalisiert Mauermann zur Optimierung die nachfolgenden sechs Faktoren als relevante Potentialfaktoren für die Ist-Analyse der Logistik: Produktstruktur, Material- und Informationsfluss, Produktionsstruktur, personelle Ressourcen sowie Logistikorganisation. Zur Ermittlung der jeweiligen Unternehmenssituation sowie zur Detaillierung der einzelnen Potentialfaktoren ist durch Mauermann ein allgemeiner Fragebogen erstellt worden. Die Grundlage für diesen Fragebogen zur Prozessanalyse bilden die Potential-, Prozess- und Ergebnisdimension als Dimensionen logistischer Leistungen zur Beschreibung der Qualitätsmerkmale. Aufbauend auf den Ergebnissen des Fragebogens werden Bereiche zur Verbesserung sowie einzuleitende Maßnahmen zusammengestellt. Ein mehrmaliger Durchlauf sowie eine regelmäßige Anwendung des erarbeiteten Verbesserungszyklus werden aus Sicht der kontinuierlichen Verbesserung von Mauermann als sinnvoll erachtet. (vgl. S. 41 ff [Maue01]) Der erstellte Leitfaden ist auf die Optimierung von logistischen Abläufen innerhalb eines produzierenden Unternehmens, wie auch auf dessen gesamtes Versorgungsnetzwerk, ausgelegt. Daher besteht, wenn auch nicht ohne Anpassungsaufwand, die Möglichkeit, Fragen des entwickelten Fragebogens zur Analyse von logistischen Abläufen in Outsourcing-Vorhaben zu übernehmen.

Der von Mauermann erarbeitete Leitfaden ist zur Identifikation von Schwachstellen in bestehenden wie auch geplanten Systemen konzipiert, wodurch die Fragen zur Analyse in unterschiedlichen Phasen eines Outsourcing-Vorhabens angewendet werden können, da insbesondere in der Planungsphase einfachere Möglichkeiten zur Fehlerursachenbeseitigung gegeben sind. Jedoch fehlt der Arbeit von Mauermann die spezifische Ausrichtung auf Outsourcing-Vorhaben, weshalb lediglich das Vorgehen als anwendbar in der vorliegenden Aufgabenstellung gekennzeichnet werden kann. Die Inhalte sind hingegen zuerst einer detaillierten Prüfung zu unterziehen.

Winz stellt mit seinem Beitrag zum logistischen Qualitätsmanagement eine „Methodik zur Verbesserung der logistischen Qualität“ zur Verfügung. Hierfür erarbeitet er, dass zur Erlangung eines ganzheitlichen Qualitätsmanagements in der Logistik ein Wandel von der Funktionsorientierung hin zu einer Prozessorientierung, wie dies analog in der Normenreihe DIN EN ISO 9000 erfolgt ist, erforderlich wird. Ausgangspunkt für diese Argumentation ist der kausale Zusammenhang zwischen Prozess und Ergebnis, da zwangsläufig jedoch auch ausschließlich innerhalb von qualitätsgesicherten Prozessen qualitativ hochwertige Prozessergebnisse erzielt werden. Aufgrund dessen stellt Winz in seiner Ausarbeitung die Qualitätssicherung von Prozessen in logistischen Systemen in den Vordergrund. Zudem gewinnen die vorhandenen Wechselwirkungen im Außen- sowie Innenverhältnis, als externe Kunden-Lieferanten-Beziehung zwischen dem vergebenden und dem ausführenden Unternehmen wie auch als interne Kunden-Lieferanten-Beziehung zwischen den an der Leistungserstellung beteiligten unternehmensinternen Abteilungen, wesentlich an Bedeutung. Für die angestrebte ganzheitliche Prozessoptimierung und -beherrschung ist es jedoch unerlässlich, eine Definition von Prozessen bzw. von Prozessklassen sowie eine Darlegung von deren potentiellen Integration in die Systeme der Leistungserstellung in der Logistik durchzuführen. Hierzu nutzt Winz das Dortmunder Prozesskketteninstrumentarium, welches am Dortmunder Fraunhofer-Institut für Materialfluss und Logistik IML entwickelt sowie seither in Forschungs- wie auch in Industrieprojekten angewendet wird (vgl. S. 109 ff [Kuhn95]).

Winz grenzt die möglichen unterschiedlichen Prozessklassen hinsichtlich des potentiellen Nutzens für den ex- sowie intern Beteiligten ab. Anhand der zu erwartenden Nutzenstiftung wird es möglich, aufzuzeigen, dass nur fähige Nutzprozesse zu der in dem jeweiligen Prozesskettenelement beabsichtigten Steigerung des Kundennutzens bzw. nicht ausreichend fähige Prozesse zu Blind- und / oder Fehlprozessen führen. Winz trifft die zentrale Aussage, „Fehl- und Blindprozesse sind zu eliminieren. Sie mindern den Kundennutzen bzw. steigern ihn nicht, trotzdem erhöhen sie durch Ressourcenverbrauch die Herstellungskosten“ (vgl. S. 62 [Winz96]). Eine Übersicht der Klassen ist in Abbildung 2-9 gegeben. Zur qualitativen Bewertung der real in einem Prozesskettenelement sowie in einer gesamten Prozesskette erzielten Nutzwertsteigerung wird aufgezeigt, dass eine ausschließliche Definition der erzielten logistischen Qualität anhand der messbaren logistischen Leistung für eine ganzheitliche Prozessbewertung und -verbesserung nicht ausreichend aufgrund der vorhandenen Vielschichtigkeit der Anforderungen und damit der nicht ableitbaren Allgemeingültigkeit einer Definition ist. Aufbauend erörtert Winz die Möglichkeit einer qualitativen Bewertung anhand von individuellen Service-Vereinbarungen sowohl für extern als auch intern etablierte Kunden-Lieferanten-Beziehungen.

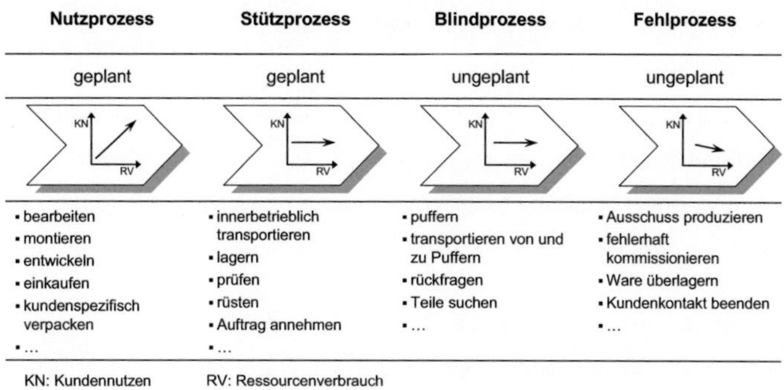

Abbildung 2-9: Klassifizierung von Prozessen (vgl. S. 62 [Winz96])

Die logistischen Qualitätsmerkmale werden durch die Unterscheidung zwischen den

- externen Merkmalen
  - Service-Fähigkeit und
  - Service-Treue sowie den
- internen Merkmalen
  - operative Service-Flexibilität,
  - strategische / strukturelle Service-Flexibilität,
  - Prozessfähigkeit und
  - Prozesseffizienz

differenziert festgelegt (vgl. S. 35 ff [Winz96]). Richtgrößen zur Bewertung sind für die externen Merkmale die Verhältnisse von Menge zu Kosten zu Zeit sowie für die internen diese von Menge zu Kosten zu Zeit in Erweiterung zu Kapazität zu Bestand.

Für die Fähigkeitsbewertung von logistischen Prozessen zeigt Winz die Analogie zur Statistischen Prozess Kontrolle (SPC) im Qualitätswesen auf, welche in der industriellen Produktion vielfach zur Gewährleistung der beabsichtigten Produkteigenschaften angewendet wird. In einer zweistufigen Kontrolle der Fertigung wird jede Einheit hinsichtlich der Prozessbeherrschung sowie der Prozessfähigkeit untersucht. Die Unterscheidung ist, dass im ersten Schritt untersucht wird, ob davon ausgegangen werden kann, dass der Prozess frei von nicht zu beeinflussenden Störgrößen wie auch eine vergleichbare Streuung der einzelnen Stichproben zu verzeichnen ist und die Mittellage der Merkmalsverteilungen der Stichproben nur eine geringfügige Abweichung aufweist. Im zweiten Schritt, nach einem positiven Ersten, demnach bei einem beherrschten Prozess wird untersucht, ob zudem ein fähiger Prozess vorliegt.

Hierzu ist zu ergründen, ob die Streuung der Merkmalswerte innerhalb der für den Prozess akzeptablen Toleranzgrenzen liegt. Sobald dies für einen Prozess festgestellt wird, kann von einem beherrschten und fähigen Prozess ausgegangen werden, welcher zur langzeitreproduzierbaren Erzeugung des beabsichtigten Prozessergebnisses genutzt werden kann (vgl. S. 44 ff [Winz96]). Zur Erzielung der kontinuierlichen Prozessverbesserung leitet Winz eine Handlungsanweisung ab, welche die vier Schritte

- Einführung der Prozessketten-FMEA,
- Aufnehmen,
- Neuausrichten und
- kontinuierliches Verbessern der Prozessketten im Unternehmen

beinhaltet (vgl. S. 79 ff [Winz96]).

Als erforderliches Werkzeug modifiziert Winz die Fehler-Möglichkeiten- und Einfluss-Analyse (FMEA), welche aus dem Qualitätswesen der Produktentwicklung hervorgegangen ist sowie das zur FMEA genutzte Formblatt für die Belange der Logistik bzw. der kontinuierlichen Prozessverbesserung.

Die FMEA wird in einem interdisziplinären Team, welches alle das Prozesskettenelement tangierenden Abteilungen berücksichtigt, dazu verwendet präventiv, rein wissens- bzw. erfahrungsbasiert potentiell nicht beherrschte Prozesse bzw. Prozesse, welche während der Leistungserstellung die obere oder untere Eingriffgrenze unter- oder überschreiten, zu identifizieren.

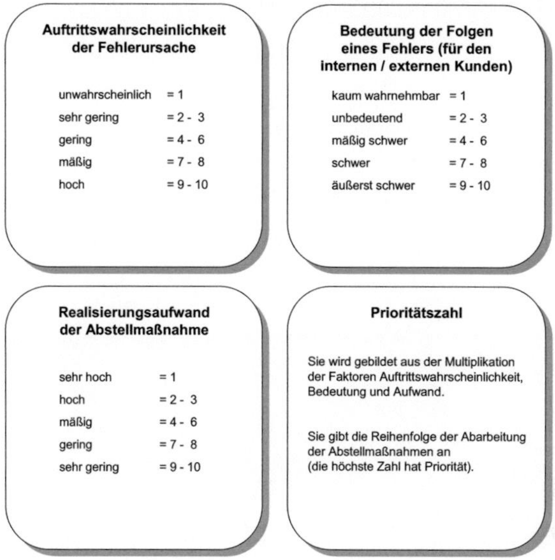

Abbildung 2-10: Prioritätszahl der Prozessketten-FMEA (vgl. S. 74 [Winz96])

Hierzu wird jeder Fehler hinsichtlich der zu erwartenden Eintrittswahrscheinlichkeit, der Wirkung dessen beim Kunden sowie der Klassifizierung möglicher Abstellmaßnahmen analysiert. Exemplarisch sind mögliche Klassifizierungen in Abbildung 2-10 dargestellt. Bei einer kritischen Würdigung der von Winz erzielten Erkenntnisse ist festzustellen, dass grundlegende Arbeit zum logistischen Qualitätsmanagement durchgeführt wurde sowie wesentliche Erkenntnisse zu den Besonderheiten der ganzheitlichen Verbesserung in der Logistik erzielt werden konnten.

Jedoch bildet diese Arbeit für die vorliegend thematisierte Aufgabenstellung keine umfassende Lösung, sondern lediglich Bausteine dazu. Insbesondere die fehlende Spezifizierung der logistischen Qualitäts- bzw. Prozessmerkmale in Outsourcing-Vorhaben sowie mit der FMEA die Beschränkung auf ein Werkzeug des Qualitätsmanagements, machen eine weiterführende Ausarbeitung des Themenkomplexes Qualitätsmanagement in der Logistik erforderlich.

2.2.2 Proaktive Methoden und Maßnahmen

Gerboth analysiert in der unter dem Titel „Statistische Prozessregelung bei administrativen Prozessen im Rahmen eines ganzheitlichen Prozesscontrollings" erstellten Arbeit die Möglichkeiten sowie die ggf. erforderlichen Voraussetzungen zur Anwendung der Statistischen Prozess Kontrolle (SPC) zur Überwachung, Regelung und Optimierung von Prozessen mit einem immateriellen Output. Mit der Arbeit verfolgt er zwei Ziele:

- Einerseits wird ein „universelles Instrument zur Bewertung und Überwachung jeglicher Art von Geschäftsprozessen" erstellt,
- andererseits ein „Konzept eines ganzheitlichen Prozesscontrollings" zur Generierung der für dieses Instrument erforderlichen Datenbasis abgeleitet (vgl. S. 15 [Gerb02]).

Ausgangspunkt für die Überlegungen ist ebenso bei Gerboth die Feststellung, dass innerhalb der Unternehmen eine Abkehr von der reinen Funktionsorientierung erfolgt ist und die Prozessorientierung zunehmend an Bedeutung gewinnt. Für die prozessorientierte Sichtweise legt er die unterschiedlichen Ausrichtungen von Geschäftsprozessen bzgl. des beabsichtigten Prozessergebnisses dar. Wesentliches Unterscheidungskriterium ist die Im- bzw. Materialität des Ergebnisses, welche die erste Verzweigung in der in Abbildung 2-11 dargestellten Klassifizierung bildet.

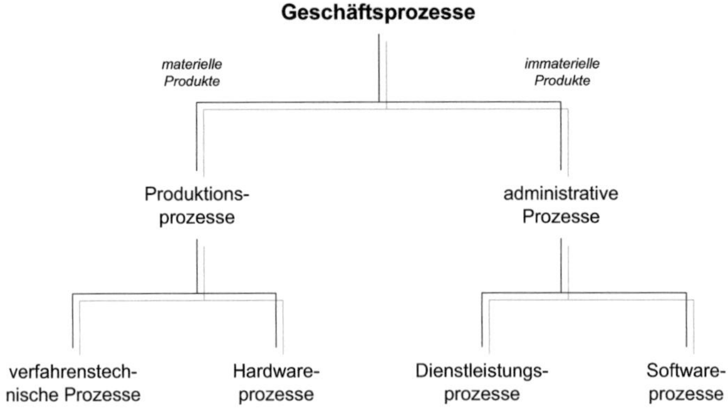

Abbildung 2-11: Klassifizierung von Prozessen (vgl. S. 25 [Gerb02])

Dem Gedanken des Total Quality Managements folgend, in welchem der Grundsatz, dass qualitätsfähige Prozesse zu einem Geschäftsprozessergebnis mit hoher Produkt- und entsprechend zu einer hohen Unternehmensqualität führen, differenziert Gerboth die Möglichkeiten, welche zur Prozessverbesserung eingesetzt werden können. Hierfür werden zwei konträre Vorgehensweisen identifiziert. Grundlegende, die bisherigen Strukturen tiefgreifend modifizierende bzw. gänzlich erneuernde Prozessveränderungen, werden mittels des Ansatzes des Business Process Reengineering (BPR) aufgrund von qualitativen Prozessbeurteilungen verfolgt. Auf diesen Veränderungen aufbauend und den möglichen Optimierungsgrad erhöhend bzw. erschöpfend, werden basierend auf quantitativen Prozessbeurteilungen Maßnahmen eines Kontinuierlichen Verbesserungsprozesses (KVP) eingeleitet. (vgl. S. 38 ff [Gerb02])

Für Maßnahmen basierend auf einer quantitativen Prozessbeurteilung ist jedoch zuerst die Quantifizierbarkeit von Prozessen sicherzustellen. Hierzu wird auch für administrative Prozesse, zu welchen Gerboth logistische Dienstleistungen, wie Transportaufgaben, zuordnet, ein durchgehendes Controlling der den Prozess charakterisierenden Parameter im Sinne eines Prozesscontrollings erforderlich. Das Prozesscontrolling ist für die Erhebung der zur Prozessregelung erforderlichen Daten verantwortlich sowie in die Prozessstrukturplanung wie auch in die Überwachung der bei dieser festgelegten Prozessziele integriert. Eine Übersicht zu den dem Prozesscontrolling zugeordneten Aufgaben ist in Abbildung 2-12 dargestellt. Nach der Erarbeitung eines ganzheitlichen Prozesscontrollings zeigt Gerboth ein Vorgehen zur Anwendung von SPC für Prozesse – gleich ob ein immaterielles oder materielles Prozessergebnis erzielt wird – auf. Dieses ist in die nachfolgenden Hauptprozessschritte gegliedert:

- Erfassung der Daten und Berechnung der Kennwerte,
- Bestimmung des Verteilungsmodells,
- Messgeräte- und Maschinenfähigkeitsuntersuchung,
- Prozessbewertung mittels Fähigkeitsindizes sowie
- Prozessüberwachung mittels Regelkarten. (vgl. S. 83 [Gerb02])

Entscheidende Schritte in diesem Vorgehen sind die Prozessbewertung sowie die Prozessüberwachung. Bei der Prozessbewertung sind jedoch die spezifischen Gegebenheiten von administrativen Prozessen, welche vielfach zu nichtnormalverteilten Daten führen, zu berücksichtigen, wodurch Gerboth die Perzentiel-Methode als besonders geeignet zur Prozessbewertung erachtet. Für die Prozessüberwachung mittels Regelkarten zeigt Gerboth abschließend auf, welche Unterschiede bei administrativen Prozessen und Prozessregelkarten im Gegensatz zu Produktionsprozessen und Qualitätsregelkarten (QRK) vorliegen.

Gerboth analysiert, dass „Einzelwertkarten bzw. Regelkarten mit gleitenden Kennwerten für normalverteilte Daten sowie Shewhart-Karten für transformierte Daten, x-Karten bei großen Stichprobenumfängen und Pearson-Karten für schiefverteilte Daten“ (vgl. S. 82 [Gerb02]) vielfach im Unternehmensalltag zur Regelung von administrativen Prozessen eingesetzt werden können. Zusammenfassend ist für die Arbeit von Gerboth festzustellen, dass für die dieser Arbeit zu Grunde liegende Aufgabenstellung zielführende Ansätze aufgezeigt werden.

Für das Werkzeug der Statistischen Prozess Kontrolle wurde aufgezeigt, dass eine Anwendbarkeit für logistische Prozessabläufe gegeben ist. Durch die bereits in den Prozessen der Produktion nachgewiesene Funktionsfähigkeit und Praxisrelevanz, kann bei der Anwendung für logistische Aufgabenstellungen in der betrieblichen Praxis auf vorhandenes Expertenwissen zurückgegriffen werden.

Jedoch bietet die Arbeit von Gerboth keine abschließende Antwort auf die zu behandelnde Aufgabe, da aufgrund der Allgemeingültigkeit keine direkte Anwendbarkeit bei den spezifischen Anforderungen zur Regelung von Prozessen in Outsourcing-Vorhaben gegeben ist. Eine Spezifizierung der im Prozesscontrolling zu erhebenden Parameter ist durchzuführen und die Möglichkeiten zur Implementierung der Statistischen Prozess Kontrolle in Outsourcing-Vorhaben ist zu analysieren.

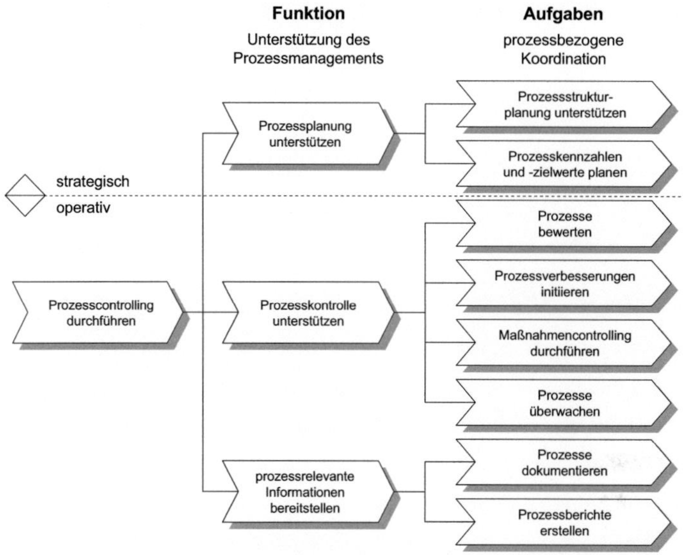

Abbildung 2-12: Aufgaben des Prozesscontrollings (vgl. S. 44 [Gerb02])

Die Bedeutung des Controllings in Outsourcing-Vorhaben wird ebenso in der von von Briel erstellten Arbeit thematisiert, in welcher insbesondere die Outsourcing-Entscheidung berücksichtigt wird und weniger die Phasen Outsourcing-Projekt und -Prozess analysiert werden. Von Briel formuliert die Idee der eigenen Arbeit wie folgt, „den Ausgangspunkt der Forschung bildet die Hypothese, dass der Outsourcing-Entscheidungsprozess für Logistikleistungen durch eine gezielte Einbindung des Controllings und seiner Instrumente verbessert werden kann“ (vgl. S. IX [Brie05]). Hierzu verfolgt von Briel eine zweigeteilte Zielsetzung, um mit der Arbeit

- einerseits eine systematische Abgrenzung der Aufgaben des Controllings zur Definition dessen Rolle im Logistik-Outsourcing-Entscheidungsprozess vorzunehmen sowie
- andererseits eine Weiterentwicklung von bestehenden Instrumenten zum Aufbau eines Modulbaukastens zur Unterstützung des spezifischen Entscheidungsprozesses im Logistik-Outsourcing herbeizuführen. (vgl. S. 2 [Brie05])

Übergreifend fasst von Briel logistische Leistungen bei einer Differenzierung hinsichtlich kernnaher, kernferner sowie ubiquitärer Leistungen, diese als kernferne Leistungen innerhalb eines Unternehmens auf, über deren Outsourcing-Potential aufgrund dieser Einstufung jeweils im spezifischen Einzelfall zu entschieden ist, wobei zu berücksichtigen bleibt, dass innerhalb der Ausführungen zu Logistikleistungen vorausgesetzt wird, dass logistische Transformationsprozesse im Gegensatz zu deren einer Produktion „keine qualitativen Veränderungen der physischen Merkmale von Gütern bewirken“ (vgl. S. 8 [Brie05]).

Von Briel klassifiziert die zu lösende Aufgabe in der Phase der Outsourcing-Konzeption aufgrund der tangierten Unternehmensabteilungen, wie beispielsweise Beschaffung, Vertrieb, Controlling, Produktion, Logistik, als Multi-Personen-Entscheidung, wodurch die Komplexität der Projektarbeit und der zu berücksichtigenden Einflussparameter sowie der durch die Interdisziplinarität des einzusetzenden Projektteams sehr heterogenen Wissensbasis verdeutlicht wird. Insbesondere ist bei der Outsourcing-Entscheidung eine exakte Abgrenzung des Outsourcing-Objektes eine der zentralen Aufgaben (vgl. S. 46 [Brie05]), um für alle nachfolgenden phaseninternen und phasenexternen Aufgaben ein für alle Beteiligten gleich definiertes und mit denselben Inhalten belegtes Outsourcing-Objekt zu erhalten.

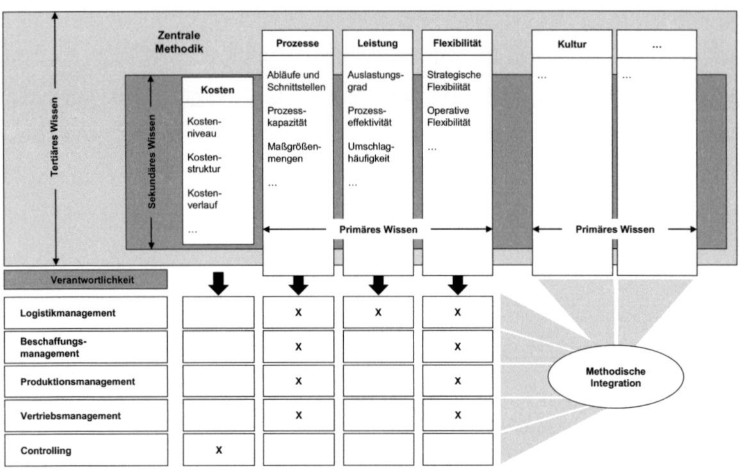

Abbildung 2-13: Wissensintegration (vgl. S. 139 [Brie05])

Von Briel klassifiziert die divergierenden Interessen der beteiligten Abteilungen, fügt diesen jeweils den zu erwartenden Wissensbeitrag – primäres, sekundäres, tertiäres Wissen – für das Projektteam bei und ordnet in dieses System das Controlling hinsichtlich der zu erfüllenden Funktion hinsichtlich der Outsourcing-Konzeption – Fach-, Macht-, Prozess-, Beziehungspromotor – sowie des Wissensbeitrags ein (vgl. S. 62 ff [Brie05]). Das Controlling fungiert in der Phase der Outsourcing-Konzeption sowohl als Fach- wie auch als Prozesspromotor und führt dem Projektteam sekundäres sowie tertiäres Wissen im Entscheidungsprozess zu (vgl. S. 67 - 76 [Brie05]). Eine Übersicht zum zu erwartenden System innerhalb eines Projektteams ist in Abbildung 2-13 abgebildet. Die Aufgabe kann für von Briel jedoch nicht als digital mit lediglich zwei möglichen Ergebnissen – Outsourcing ja oder nein – verstanden werden, sondern sie wird als Entscheidungsraum mit unterschiedlichsten potentiellen Ergebnissen – von „totalem“ Outsourcing, über partielles Outsourcing bis hin zum Revidieren der Outsourcing-Bestrebung – interpretiert.

Das Controlling bietet für die verschiedenen Varianten die Möglichkeit zur monetären Bewertung und ist durch diesen Beitrag als entscheidungsunterstützend zu charakterisieren. Durch die Erlös- und Kostenrechnungsmöglichkeiten können die derzeitigen sowie die zukünftigen Kosten bestimmt und miteinander verglichen werden. Weiterhin kommt dem Controlling die Aufgabe der Bestimmung der jeweiligen Kostenverläufe zu, um beispielsweise sprungfixe Anteile der Varianten und deren Auswirkungen zu analysieren. Von Briel stellt heraus, dass für diese Aufgaben nicht mehr die funktionsorientierten sondern aufgrund der bereichsübergreifenden Abläufe prozessorientierte Instrumente erforderlich werden. Hierfür erachtet von Briel die Prozesskostenrechnung als ein geeignetes Instrument, deren Eignungsprofil, welches in Abbildung 2-14 abgebildet ist, jedoch keine vollständige Eignung für die zu erfüllende Aufgabe aufweist. Daher ist die Aufgabe des Controllers innerhalb eines Outsourcing-Vorhabens nach von Briel darin zu sehen, dass er die identifizierten Unzulänglichkeiten der Prozesskostenrechung durch Anwendung von tertiären Hilfsmitteln des Controllings, u. a. durch die Investitions- und die Szenariorechnung oder die Sensitivitätsanalyse, ausgleicht und durch die Kombination der verschiedenen Controllingwerkzeuge den erforderlichen Beitrag zum spezifischen Outsourcing-Vorhaben leistet. (vgl. S. 248 [Brie05])

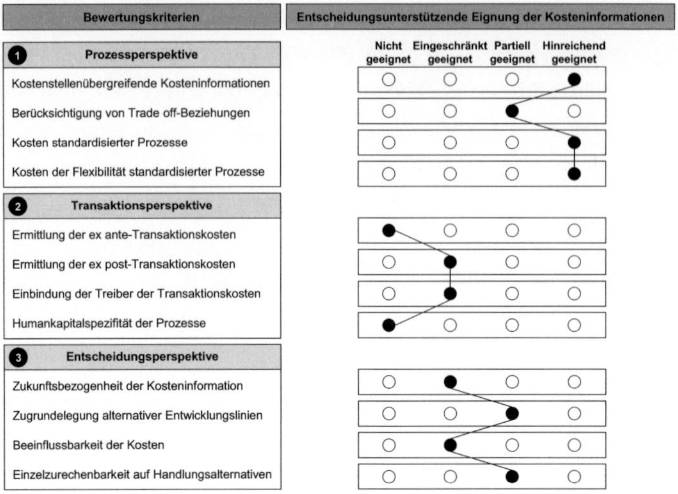

Abbildung 2-14: Eignungsprofil der Prozesskostenrechnung (vgl. S. 239 [Brie05])

Von Briel zeigt in dieser Arbeit die Aufgaben des Controllings bei der Outsourcing-Entscheidung auf und geht sehr detailliert auf die verschiedenen Interessen und Verhalten der Beteiligten im Projektteam ein, bietet jedoch keine Antwort auf die Frage, welche Prozessparameter beispielsweise zu erfassen und mit den Werkzeugen der Statistischen Prozess Kontrolle auswertbar sind bzw. welche Abhängigkeiten zwischen den einzelnen Parametern bestehen.

2.2.3 Reaktive Methoden und Maßnahmen

Neben den vorhergehend erörterten präventiven Handlungen, welche darauf ausgelegt sind, vor dem Eintreten eines unerwünschten Ereignisses oder Zustandes, die potentielle Ursache zu identifizieren und zu eliminieren, und den aktiven Maßnahmen, Handlungen, welche während der Leistungserstellung eine fortwährende Überwachung und Möglichkeiten zum unmittelbaren Eingriff bei Abweichungen bieten, ist es erforderlich, auch für die Zeitspanne nachgelagert zum Eintreten einer Leistungsminderung Maßnahmen zur Überwachung und Leistungsverbesserung aufzuzeigen. Exemplarisch wird die Bedeutung derartiger Maßnahmen an standardisierten Berichtsverfahren sowie an Audits erarbeitet. Der 8D-Report ist ein Vorgehen, welches in der Automobilindustrie zur Reklamationsbearbeitung und der strukturierten Fehlerursachenermittlung sowie -beseitigung standardisiert und konsistent eingesetzt wird (vgl. [Raut07]).

Das Vorgehen ist darauf ausgelegt, nicht primär kurzfristig ein auftretendes Qualitätsdefizit durch die Einleitung von Maßnahmen zur Korrektur der auftretenden Symptome auszugleichen, sondern langfristig und anhaltend die Qualität durch die Eliminierung der Fehlerursache zu gewährleisten. Zudem wird durch dieses standardisierte und formalisierte Vorgehen eine Dokumentation der Lösungswege erzielt, wodurch für nachfolgende Projekte und dabei auftretende Qualitätsbeeinträchtigungen eine Konservierung und Möglichkeit zum Rückgriff auf einen bestehenden Wissensfundus ermöglicht wird.

Das Vorgehen hat in der betrieblichen Praxis der Automobilindustrie vielfach einen hohen Nutzwert in der Anwendung bei der Verbesserung der Produktqualität, insbesondere in Automobilhersteller-Zulieferer-Verhältnissen erlangt. (vgl. S. 1 - 3 [VDA2003]) Jedoch ist zu berücksichtigen, dass für ein derart formalisiertes Vorgehen der Aufwand nicht vernachlässigbar gering ist, wodurch in jedem Einzelfall spezifisch zu prüfen ist, ob die Anwendung eines 8D-Reports erforderlich wird, oder ob andere Vorgehen ggf. bei geringerem Aufwand zu einem voraussichtlich identischen Optimierungsergebnis führen werden.

In einem 8D-Report werden jeweils die nachfolgenden Schritte eingehalten:

1) Defizitspezifische, interdisziplinäre Teambildung, Benennung eines Teampaten

2) Detaillierte Beschreibung des Defizits

3) Definition von schadensbegrenzenden, kurzfristigen Maßnahmen sowie Wirksamkeitskontrollen

4) Identi- und Verifikation der vorhandenen Ursache(n)

5) Definition von Maßnahmen zur Ursachenbeseitigung sowie Wirksamkeitskontrollen

6) Implementierung der Maßnahmen zur Ursachenbeseitigung sowie deren Wirksamkeitskontrollen – Maßnahmenplan

7) Definition von Maßnahmen zur Verhinderung eines Wiederauftretens

8) Anerkennung der erbrachten Teamleistung (vgl. S. 2 - 3 [VDA2003])

Lieferant (Supplier)
Anschrift (Adress/Location)

8D-REPORT

Beanstandung (Concern Title)		Beanstand.-Nr. (Ref. No.)	Eröffnet am: (Start Date)
Berichtsdatum (Status Date)	Teilebezeichnung: (Part Name) Zeichnungsnummer/Index: (Part Number/Index)		
1 Team Name,Abt.(Depmt) Teamleit.(Champ.)	2 Problembeschreibung (Problem Description) Fehlercharakter (Problem Profile Data)		
3 Sofortmaßnahme(n) (Containment Action(s))		% Wirkung (Effect)	Einführungs-datum (Implem. date)
4 Fehlerursache(n) (Root Cause(s))		%Beteiligung (Contribution)	
5 Geplante Abstellmaßnahme(n) (Chosen Permanent Corrective Action(s))		Wirksamkeitsprüfung (Verification)	
6 Eingeführte Abstellmaßnahme(n) (Implemented Permanent Corrective Action(s))		Ergebniskon-trolle (Controls)	Einsatztermin (Implement. date)
7 Fehlerwiederholung verhindern (Action(s) to Prevent Recurrence) Implementation in: Product FMEA / Process FMEA / Control Plan / Pro-cedure		verantwortlich (responsible)	Einführ.termin (Implem.date)
8 Teamerfolg gewürdigt (Congratulate your Team)		Abschluß-datum (Close Date)	Ersteller (Rep.by) Tel.,Fax-Nr.

Abbildung 2-15: 8D-Report gemäß Verband der Automobilindustrie e. V.

Bei der Anwendung des 8D-Reorts ist zu beachten, dass die Schritte 4 und 5 je nach Ergebnis zu einer Rekursion führen, solange nicht ein zufriedenstellendes Ergebnis erzielt wird. In der Abbildung 2-15 ist ein Muster für ein Formblatt zu einem 8D-Reports dargestellt. In der betrieblichen Praxis ist zur Effizienzsteigerung des 8D-Report-Teams vielfach eine EDV-Unterstützung festzustellen. Zusammenfassend ergibt sich für das Vorgehen gemäß eines 8D-Reports für die vorliegende Aufgabenstellung die Unzulänglichkeit, dass der Report derzeit für die Erfassung auftretender Produktqualitätsdefizite und zur Eliminierung derer Ursachen ausgelegt ist.

Eine direkte Anwendbarkeit für Logistikleistungen ist daher in der Gestaltungsphase zu überprüfen und ggf. erforderliche Modifikationen zur erarbeiten. Dennoch bietet das standardisierte Vorgehen voraussichtlich die Möglichkeit, als Reaktion auf auftretende Defizite in der Leistungserstellung im logistischen Outsourcing eingesetzt zu werden.

Das Audit ist in der betrieblichen Praxis eine Maßnahme zur Kontrolle und zum Vergleich von definierten und realen Abläufen bzw. Ergebnissen. Neben der Kontrollfunktion wirkt das Audit vielfach sensibilisierend auf die Mitarbeiter, wodurch Nachlässigkeiten in der Ausführung durch Gewohnheit und Routine vorgebeugt wird.

Jedoch wird einem Audit vielfach direkt die Durchführung einer Zertifizierung im Zusammenhang mit einem standardisierten und formalisierten Qualitätsmanagement-System verbunden. Diese Funktion eines Audits, wie beispielsweise spezifisch für die Automobilindustrie nach VDA 6.2 (vgl. [VDA6.2]) oder allgemeingültig nach der Normenreihe DIN EN ISO 9000 (vgl. [DIN9000]), ist jedoch nur eine Art der Anwendung. In der DIN EN ISO 9000:2005 wird definiert, dass ein Audit „ein definierter, unabhängiger Prozess zur Erlangung von Auditnachweisen und zu deren objektiver Auswertung" ist, „um zu ermitteln, inwieweit Auditkriterien erfüllt sind", jedoch wird erweiternd angemerkt, dass „interne Audits (...) von der Organisation selbst (...) für (...) andere (...) Zwecke durchgeführt" werden können (vgl. S. 15 [DIN9000]). Hierunter sind externe Zweit- oder auch Drittparteien-Audit vorbereitende Audits zu subsumieren, jedoch auch interne Maßnahmen zur unvorhergesehenen Kontrolle der Einhaltung von Prozess- und Ergebnisvorgaben sowie als Reaktion auf auftretende Qualitätsdefizite zur Erfassung und Analyse der Ist-Situation bei der Leistungserstellung. Ein Audit kann in einer kontinuierlichen Prozessüberwachung, beispielsweise wie in einem Plan-Do-Check-Act-Zyklus (PDCA-Zyklus), wie dieser exemplarisch für die Überwachung des Ressourceneinsatzes in Abbildung 2-16 dargestellt ist, zur Analyse sowie zum Soll-Ist-Vergleich eingesetzt werden.

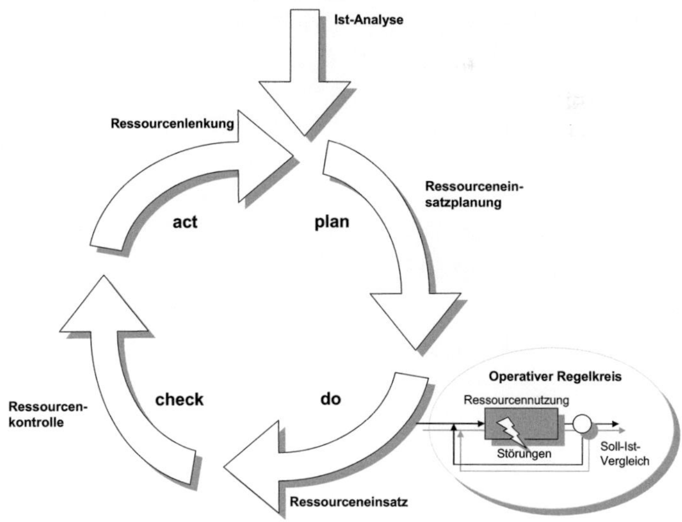

Abbildung 2-16: PDCA-Zyklus - Ressourceneinsatz (vgl. S. 6, S. 13 [VDIDGQ5504])

Das Audit-Team besteht nach Möglichkeit aus fachbereichs- bzw. abteilungsunabhängigen Mitgliedern der erforderlichen Fachdisziplinen, um die Objektivität der Analyse zu gewährleisten. Gleichsam ist für die Durchführung eines Audits darauf zu achten, dass bei der Vorbereitung des Audits eine vollständige Sichtung der Bereichsdokumentation – Dokumente wie Arbeitsplatzbeschreibungen, vorhandene Daten hinsichtlich Prozesskennzahlen und -parameter – zu erfolgen hat. Basierend auf diesen Unterlagen werden die Besichtigung des zu auditierenden Bereichs wie auch ein Soll-Ist-Vergleich unter Beachtung der realen Prozesssituation durchgeführt. Zu jedem Audit ist in der Nachbereitung zeitnah ein Auditbericht zur Dokumentation zu erstellen sowie ein Maßnahmenplan mit der Definition von Verantwortlichkeiten und Terminfestlegungen zu erarbeiten. Zusammenfassend ist festzustellen, dass das Audit wie bereits der 8D-Report in der betrieblichen Praxis für die vorliegende Aufgabenstellung noch nicht – auch aufgrund unvollendeter methodischer Gestaltung – konsequent angewendet, jedoch hohes Potential in der Anwendung zur strukturierten und objektiven Erfassung eines negativ abweichenden Prozesses als reaktive Maßnahme erwartet wird.

2.3 Zusammenfassung

Im Kapitel 2 wird der zum Aufbau der Arbeit erforderliche wissenschaftliche wie auch betriebliche Hintergrund aufgearbeitet. Hierzu werden erforderliche Definitionen einerseits zur externen Vergabe bzw. zum externen Bezug von Leistungen – Outsourcing – im Allgemeinen, andererseits bezogen auf die Logistik dargelegt. Zudem wird das Vorgehen zur Auslagerung von Leistungen in Outsourcing-Vorhaben phasenbezogen – die Outsourcing-Konzeption, das Outsourcing-Projekt, der Outsourcing-Prozess – analysiert.

Ebenso werden die Besonderheiten in der Erfassung, Analyse und Bewertung von Qualität in der Logistik im Vergleich zur Qualität von Produkten detailliert wie auch werden die in Wissenschaft und Forschung existierenden methodischen Lösungen bzw. Lösungsansätze analysiert. Es wird hierfür eine Dreiteilung hinsichtlich der Wirkungsweise – präventiv, aktiv, reaktiv – der einzelnen Ansätze gewählt, um aufzuzeigen in welcher Phase eines Outsourcing-Vorhabens welche Hilfsmittel und Werkzeuge potentiell angewendet werden können bzw. bereits werden.

3 Systemabgrenzung – Untersuchungsobjekt und -raum

Im dritten Kapitel wird eine Systemab- bzw. -eingrenzung vorgenommen, um einerseits aufzuzeigen, welche Leistungen generell in den Bereich Outsourcing in der Logistik fallen, andererseits um abzugrenzen, welche Leistungen aus diesem Gesamtsystem für diese Arbeit im weiteren Verlauf betrachtet werden. Diese Eingrenzung auf einen spezialisierten Bereich aus der Logistik wird aufgrund der sehr hohen Vielfalt der Branchen, welche Logistik-Leistungen nachfragen, erforderlich, um für die Arbeit eine zu hohe Verallgemeinerung und eine zu hohe Entfernung von der betrieblichen Praxis zu vermeiden.

Hierzu wird eine Marktabgrenzung für derartige Leistungen vorgenommen sowie der Markt hinsichtlich der relevanten, den Markt charakterisierenden Veränderungen analysiert. Nachfolgend werden die im definierten System agierenden Teilnehmer – Outsourcing-Auftraggeber sowie Outsourcing-Auftragnehmer wie auch ggf. phasenbezogen genutzte Dienstleister – hinsichtlich der jeweilig wahrzunehmenden Aufgaben bzw. der divergierenden Interessen voneinander unterschieden. Hierfür ist, insbesondere für den Bereich der Outsourcing-Auftragnehmer, der Markt hinsichtlich der aktuell agierenden Marktteilnehmer zu untersuchen.

Aufbauend auf diesen Erkenntnissen, diesen der Marktabgrenzung und diesen der Differenzierung der am Markt partizipierenden Teilnehmer, ist das angebotene sowie nachgefragte Leistungsportfolio – aktuell wie auch zurückliegend – differenziert hinsichtlich einerseits der logistischen Standardleistungen Transport, Umschlag und Lagerung, andererseits der in dieser Arbeit zusätzlich betrachteten, weiterführend angebotenen Zusatz-Leistungen zu analysieren. Abschließend sind im letzten Unterkapitel die seitens der Outsourcing-Auftraggeber und Outsourcing-Auftragnehmer aktuell diskutierten Trends und zukünftigen Entwicklungen in diesem Marktsegment der Logistik zu ergründen. Die Inhalte des Kapitels sind nicht auf eine eigene empirische Erhebung gestützt, sondern werden basierend auf existierende, in der Wissenschaft sowie in der betrieblichen Praxis anerkannte Studien aufgebaut. Hierzu wird einerseits die im Jahr 2006 in der 11. Auflage erschienene jährliche Studie ‚Third-Party Logistics', die durch das Georgia Institute of Technology in Zusammenarbeit mit

Capgemini zum Themenkomplex Outsourcing in der Logistik durchgeführt wird, ausgewertet. Andererseits werden in Ergänzung weitere Studien, wie die der Mercer Management Consulting, die der Miebach Logistik Gruppe oder auch die der BearingPoint GmbH, zur Verifizierung und kritischen Würdigung genutzt. Exemplarisch für die Automobilindustrie werden die Studien ‚HAWK 2015 – Herausforderung Automobile Wertschöpfung' erstellt durch McKinsey & Company sowie ‚FAST 2015 – Future Automotive Industry Structure' erstellt durch die Mercer Management Consulting, welche beide die Zukunftsanforderungen der Automobilproduktion ergründen, berücksichtigt und hinsichtlich der daraus exemplarisch resultierenden Logistikanforderungen analysiert.

3.1 Marktabgrenzung und -analyse

Im Unterkapitel 3.1 wird der derzeitige Markt für in Outsourcing-Vorhaben erbrachte, hochwertige Dienstleistungen, beispielsweise Montage- und Sequenzierungstätigkeiten, in Deutschland bzw. in Westeuropa charakterisiert. Der Markt wird mit Deutschland bzw. Westeuropa regional beschränkt, um die spezifischen Geflogenheiten in die Ausarbeitung der nachfolgenden Kapitel einfließen zu lassen. Hierzu ist aufzuzeigen, dass im globalen Vergleich die Märkte Deutschland bzw. Westeuropa eine repräsentative Größe darstellen und entsprechend Schlussfolgerungen im zeitlichen Verlauf potentiell für weitere Märkte erarbeitet werden können. Zudem wird exemplarisch in diesem Zielmarkt die Branche auf die Automobilindustrie, die Automobilhersteller sowie die beteiligten Zulieferer, bezogen. Ebenfalls ist hierfür aufzuzeigen, dass diese Branche eine repräsentative Größe mit beeinflussendem Potential für das Gesamtwirtschaftssystem ist.

Beispiele werden daher, wenn möglich, auf die Automobilindustrie bezogen. Aktuell ist in der betrieblichen Praxis ein Trend feststellbar, dass Outsourcing-Auftraggeber vermehrt bestrebt sind, anfallende Koordinationskosten, die zum Aufbau und Management von Outsourcing-Auftragnehmern erforderlich sind, zu minimieren und die etablierten externen Beschaffungsverhältnisse zu rationalisieren. Diese Tendenz ist in Westeuropa und Asien – in beiden Regionen 64 % Zustimmung – ausgeprägter, als in Nordamerika – 46 % Zustimmung – oder Lateinamerika – 42 % Zustimmung –. (vgl. S. 6 [Lang06]) Aufgrund dieses Trends ist zu erwarten, dass eine zunehmende Erwartungshaltung gegenüber den Outsourcing-Auftragnehmern hinsichtlich zusätzlicher Fähigkeiten beispielsweise zur Koordination von Subdienstleistern zukünftig zu verzeichnen sein wird. Hierdurch entstehen neue Aufgabenfelder, welche durch den Logistikdienstleister wahrzunehmen sein werden, um langfristig für Outsourcing-Auftraggeber attraktiv und damit bezogen auf den Outsourcing-Auftragnehmer wirtschaftlich erfolgreich zu sein. Generell ist weiterhin feststellbar, dass seitens der Outsourcing-Auftraggeber Bereitschaft besteht, zukünftig einen höheren Anteil der Logistikausgaben für Outsourcing-Vorhaben aufzuwenden. Für die Region Westeuropa wird beispielsweise durch -Auftraggeber angegeben, dass derzeit von den gesamten Logistikausgaben im Jahr 2006 ein Anteil von ca. 64 % für Outsourcing-Vorhaben verwendet sowie dass beabsichtigt wird, diesen Anteil in den Jahren von 2009 bis 2011 auf ca. 71 % der gesamten Logistikausgaben zu erhöhen (vgl. S. 7 [Lang06]).

Jedoch sind diese Wachstumsziele bei einer Betrachtung von zurückliegenden Prognosen durch Outsourcing-Auftraggeber zu relativieren. Im Vergleich dieser Differenzierung aus dem Jahr 2002 ist festzustellen, dass, erneut für die Region Westeuropa betrachtet, damalig ein Anteil von ca. 51 % der gesamten Logistikausgaben für -Vorhaben eingesetzt worden ist. Hierfür wurde prognostiziert im Zeitraum der Jahre von 2005 bis 2007 diesen Anteil auf ca. 74 % zu erhöhen (vgl. S. 9 [Lang02]). Dieser prognostizierte Wert liegt sowohl oberhalb des real erlangten Anteils von Outsourcing-Vorhaben im Jahr 2006 als auch oberhalb des im Jahr 2006 prognostizierten Zukunftswertes. Hierdurch sind die Wachstumserwartungen kritisch bei Potentialabschätzungen für zukünftige Anteilsverteilungen zu würdigen. Zudem wird durch Outsourcing-Auftraggeber wiederholt angegeben, dass realisierte Outsourcing-Vorhaben als „erfolgreich“ bei einer Nachbetrachtung eingestuft werden (vgl. S. 7 [Lang06]). Übergreifend ist in aktuellen Studien und Umfragen feststellbar, dass an Logistikdienstleister weiterhin vorwiegend klassische Transport-, Umschlag- und Lager-Leistungen vergeben werden. In der Studie ‚Third-Party Logistics 2006’ wird für die Regionen Nordamerika, Westeuropa, Asien und Lateinamerika eine detaillierte Auswertung durchgeführt, welche Leistungen an Logistikdienstleister vergeben werden. Exemplarisch sind die Ergebnisse für Westeuropa sowie für den Durchschnitt aller Regionen in Abbildung 3-1 dargestellt.

Ein vergleichbares Ergebnis wird durch die Miebach Logistik Gruppe in der Studie „Outsourcing 2004“ aufgezeigt (vgl. S. 11 ff [Jung04]). Eine detaillierte Betrachtung der in Outsourcing-Vorhaben erbrachten Leistungen erfolgt in Unterkapitel 3.3. Auffallend bei einer Detaillierung der Inhalte der Abbildung 3-1 ist, dass im Vergleich des globalen Durchschnitts aller betrachteten Regionen, in Westeuropa Zusatz-Leistungen häufiger extern – ein Anteil von ca. 45 % dieser Leistungen ist in Westeuropa an -Auftragnehmer vergeben, dies sind 12 Prozentpunkte mehr als der Durchschnittswert aller Regionen – vergeben werden. Weiterhin ist für den Bereich der Montagetätigkeiten in Ausführung durch Outsourcing-Auftragnehmer in Westeuropa in der Vergangenheitsbetrachtung ein Wachstum feststellbar. Der Anteil der -Auftraggeber, der für Montagetätigkeiten auf externe Ressourcen bei Logistikunternehmen zurückgreift, ist von einem Anteil von ca. 11 % im Jahr 2002 (vgl. S. 11 [Lang02]) um 5 Prozentpunkte auf einen Anteil von ca. 16 % im Jahr 2005 (vgl. S. 13 [Lang05]) angewachsen.

Anhand dieser Fakten ist abzuleiten, dass aufgrund der seitens der Outsourcing-Auftraggeber vorhandenen Akzeptanz für Outsourcing-Vorhaben auch in diesen anspruchsvollen Aufgabenbereichen in der Region Westeuropa ein hohes Marktpotential für Outsourcing-Auftragnehmer zu erwarten ist. Bei einer Differenzierung, welcher Marktanteil aktuell zu Outsourcing-Vorhaben in der gesamten Logistikwirtschaft zuzurechnen sind, besteht in unterschiedlichen Studien eine äquivalente Auffassung.

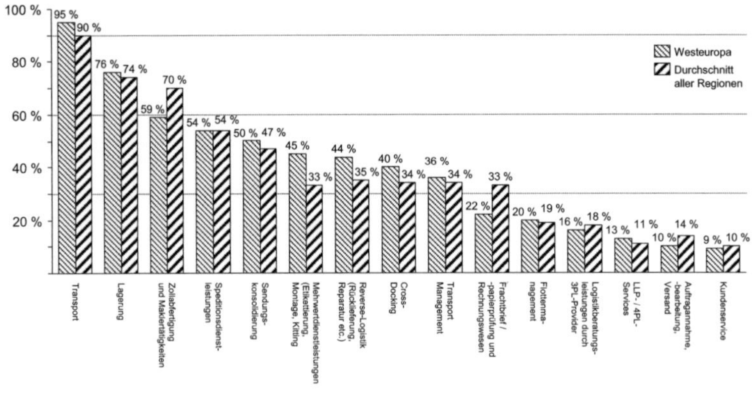

Abbildung 3-1: Vergabe von Leistungen an Dienstleister (vgl. S. 6 [Lang06])

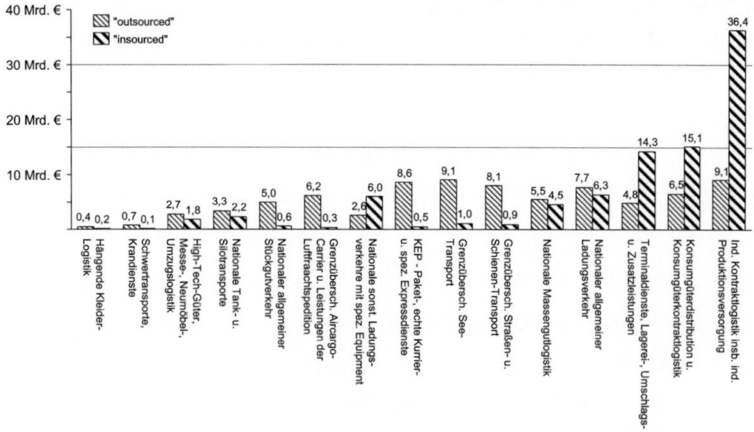

Abbildung 3-2: Differenzierung „in-“ bzw. „outsourced“ (vgl. S. 7 [Klau06b])

Beispielsweise wird in der Studie ‚Top 100 der Logistik 2006’ ein Marktvolumen in der Logistik von ca. 170 Milliarden Euro für das Jahr 2004 (vgl. S. 118 [Klau06a]) angegeben. Der gesamte Marktanteil der Segmente, die hochwertige Logistikleistungen darstellen, wird mit einem Marktvolumen von ca. 67,1 Milliarden Euro beziffert, jedoch wird davon mit ca. 15,6 Milliarden Euro im Jahr 2004 (vgl. S. 118, S. 121 [Klau06a]) – etwa 23 % der Summe der Segmente hochwertiger Logistikleistungen – der geringere Anteil in längerfristigen Vertragsbeziehungen – Kontrakten – durch externe Logistikunternehmer erbracht. Eine detaillierte Darstellung der Verteilung der Umsatzwertvolumen sowie der Differenzierung, welche Anteile jeweilig extern vergeben sind, ist in Abbildung 3-2 aufgezeigt.

Vergleichbare Angaben sind in der Studie ‚Mythen der Kontraktlogistik’ der Mercer Management Consulting enthalten. Gemäß der Studie ‚Mythen der Kontraktlogistik’ ist davon auszugehen, dass vom Gesamtmarktvolumen von ca. 150 Milliarden Euro im Jahr 2003 in der Logistik in Deutschland, ca. 60 Milliarden Euro in hochwertigen Logistikleistungen, welche häufig unter dem Stichwort Kontraktlogistik subsumiert werden, anfallen. Dieser Anteil ist jedoch in Volumen, welche durch logistische Dienstleister bzw. durch Produktionsunternehmen im Selbsteintritt erbracht werden, zu unterteilen. Der bislang geringere Anteil in Deutschland, ca. 11 Milliarden Euro, wird durch Logistikunternehmen erbracht.

Weiterhin wird aufgezeigt, dass das verzeichnete Wachstum im Bereich Kontraktlogistik nicht ausschließlich auf zusätzlich akquirierte Marktanteile zurückzuführen ist. Für Europa beispielsweise, dessen Marktpotential für durch Logistikunternehmer erbrachte Kontraktlogistik im Jahr 2003 auf ca. 56,6 Milliarden Euro beziffert wird, entfallen in einer Vergangenheitsbetrachtung ab dem Jahr 1997 lediglich ca. 2,6 % Wachstum p. a. auf neu erschlossene Marktanteile, jedoch ca. 5,4 % Wachstum p. a. auf reine Mengensteigerungen in bereits bestehenden Kontrakten. (vgl. S. 1 ff [Dera04])

Nachdem der Markt für Logistikleistungen im Allgemeinen sowie für den Betrachtungsraum Deutschland bzw. Westeuropa charakterisiert ist, wird in diesem Betrachtungsraum im Speziellen der Markt für extern erbrachte Logistikleistungen in der Automobilindustrie, erörtert. Die Automobilindustrie ist bei der externen Vergabe von Leistungen, nicht nur von Produktionsfunktionen (vgl. u. a. [Balz08]), sondern vermehrt auch für Dienstleistungen wie beispielsweise Logistik, eine der markttrendbestimmenden Industrien (vgl. u. a. [Gill07]).

In der Studie ‚Third Party Logistics 2006', deren Befragten zu 14 % aus dem Bereich der Automobilindustrie stammen (vgl. S. 3 [Lang06]), wird für die Automobilindustrie festgestellt, dass diese ca. 60 % der erforderlichen logistischen Leistungen extern vergeben, wobei dies ca. 5 % mehr als im Durchschnitt der betrachteten Branchen ist. In dieser Studie wurden die Teilnehmer zudem zu den Einflussfaktoren mit dem größten Potential hinsichtlich zu erwartender Auswirkungen auf die Versorgungsnetzwerke in der Automobilindustrie befragt, welche in Abbildung 3-3 dargestellt sind.

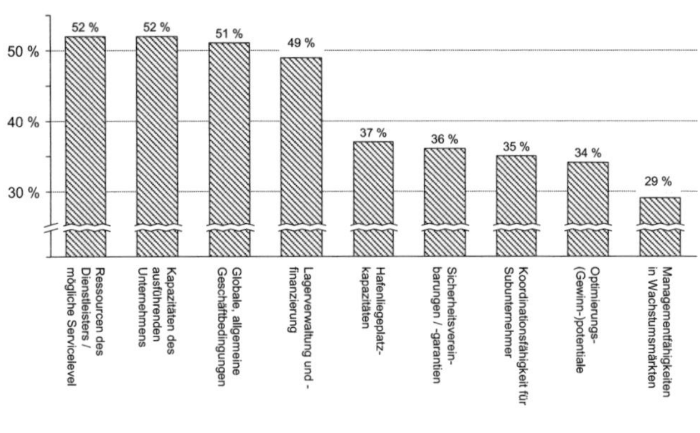

Abbildung 3-3: Automobilindustrie - Einflüsse auf Netzwerke (vgl. S. 18 [Lang06])

Festzustellen bei den Antworten der Befragten ist, dass konsistent Einflussfaktoren als wichtig erachtet werden, welche vorwiegend die physischen Transportbewegungen charakterisieren und Faktoren, welche eher administrativer Ordnung sind, bei den Antworten mindere Prioritäten einnehmen. (vgl. S. 12 [Lang06]) Für Dienstleistungen in der Automobilindustrie, wie die Montage von Baugruppen, die Sequenzierung oder die Verpackung wird ein inkonsistentes Bild in der betrieblichen Praxis in der Studie ‚Third Party Logistics 2006' festgestellt. Nahezu 50 % der Befragten gaben an, derartige Leistungen in Anspruch zu nehmen, jedoch gaben nur 10 % der Befragten an, diese durchgängig extern an einen Dienstleister zur Durchführung wie auch zur Koordination zu vergeben (vgl. S. 18 [Lang06]). Aus dieser potentiell höheren Outsourcing-Bereitschaft in der Automobilindustrie sowie aus der bislang relativ verhaltenen ganzheitlichen Umsetzung in die betrieblichen Praxis ist zu schlussfolgern, dass eine Stabilisierung und über alle Phasen von Outsourcing-Vorhaben hinweg durchgeführte Optimierung zum beiderseitigen Nutzen, sowohl für Outsourcing-Auftraggeber als auch Outsourcing-Auftragnehmer, einzustufen ist.

3.2 Akteure beim Outsourcing in der Logistik

In Outsourcing-Vorhaben sind drei Parteien bzw. Anspruchsgruppen, wobei nur zwei die reale Geschäftbeziehung langfristig aufbauen, zu identifizieren. Der Outsourcing-Auftraggeber ist derjenige, für den durch den Abschluss eines Vertrages – Zustimmung zu 100 % der Outsourcing-Auftraggeber bzw. 95 % der Outsourcing-Auftragnehmer im Jahr 2004 (vgl. S. 35 [Jung04]) – eine definierte Leistung über einen definierten Zeitraum zu erbringen ist. Der Outsourcing-Auftragnehmer ist derjenige, der für den Outsourcing-Auftraggeber die Leistung erbringt bzw. die Koordination von Subunternehmern oder auch -dienstleistern übernimmt. In dieser Arbeit werden hierunter einerseits klassische Logistikunternehmen beispielweise mit traditionellem Speditionsgeschäft, andererseits die in der frühen Vergangenheit etablierten Zusatz- bzw. Montage-(dienstleistungs-)unternehmen verstanden. Die Unternehmensgröße der Outsourcing-Auftragnehmer divergiert von kleinen bzw. mittelständischen Unternehmen bis hin zu konzernstrukturgeprägten Großunternehmen, wie dies bereits in anderen wissenschaftlichen Arbeiten gezeigt bzw. erwartet wurde (vgl. S. 9 [Zimm04]).

Die dritte Partei in Outsourcing-Vorhaben subsumiert unterstützende Tätigkeiten, wie die von Beratungsunternehmen, welche vielfach in Outsourcing-Vorhaben involviert und sowohl seitens der Outsourcing-Auftraggeber als auch seitens der -Auftragnehmer tätig werden, deren Funktionen in der nachfolgenden Darstellung im zuvor definierten System nur an erforderlicher Stelle erläuternd ausgeführt und nicht abschließend dargestellt werden. In diesem Unterkapitel wird zuerst der potentielle Outsourcing-Auftraggeber dargestellt sowie der potentiell gegebene Markt analysiert. Wie bereits in der Abbildung 2-1 dargestellt, ist bis zum Jahr 2015 eine wesentliche Marktveränderung in der Automobilindustrie zu erwarten. Umgestaltungen in der Wertschöpfungskette werden erforderlich, um den kontinuierlich weiter verkürzten Innovationszyklen gerecht werden zu können. Hierzu ist „eine strukturelle Veränderung der Wertschöpfungskette notwendig. Nur so lassen sich Synergien freisetzen, die Investitionen in neue Technologien ermöglichen“ (vgl. S. 17 [Klug03]). Hierzu zählen strukturelle Veränderungen in den jeweilig etablierten Ver- und Entsorgungsnetzwerken der Automobilwerke wie auch darin integrierten Zusatz-(dienst-)leistungen. Jedoch ist diese Aussage weiter zu detaillieren, um zu ergründen, in welchen Teilsegmenten Potentiale zukünftig zu erschließen sein werden. Festzustellen ist, dass die Gruppe der Automobilhersteller im „Massensegment“ weiterhin die eigene Fertigungstiefe senken werden. Hierzu wird in der Studie ‚FAST 2015‘ prognostiziert, dass bezogen auf das Jahr 2002 in diesem Segment die Automobilhersteller bis zum Jahr 2015 die Eigenleistung um ca. 30,2 Milliarden Euro gesenkt wird. Gegenläufig ist die Entwicklung der Automobilhersteller im „Premiumsegment“. Im identischen Zeitraum wird eine Zunahme der Eigenleistung der Automobilhersteller um ca. 4,5 Milliarden Euro erwartet. (vgl. S. 4 [Drzi04]) Diese Erwartung zur Verringerung der Eigenleistung der OEM wird in der Studie ‚HAWK 2015‘ bestätigt. In der Studie wird prognostiziert, dass bezogen auf das Jahr 2002 die Wertschöpfungstiefe der OEM von 35 % auf ca. 25 % im Jahr gesenkt werden wird. (vgl. S. 46 [Klug03])

Aus dieser voraussichtlichen Entwicklung können für Logistikunternehmen nachfolgende Schlussfolgerungen abgeleitet werden. Generell ist festzustellen, dass absolut betrachtet Eigenleistung bei den Automobilherstellern abgebaut wird, wodurch die Erwartung auf zusätzliches Geschäftsvolumen begründet ist. Dieses Geschäftsvolumen ist einerseits direkt in externen Vergaben von Automobilherstellern zu Logistikunternehmen, anderseits indirekt durch Verlagerungen von Automobilherstellern zu Zulieferern, die wiederum Leistungen extern an Logistikunternehmen vergeben, zu sehen. Zusätzlich ist eine qualitative Schlussfolgerung aus dieser Entwicklung möglich. Da vermehrt Eigenleistung im „Massensegment" gesenkt werden wird, sind zukünftige Leistungs- bzw. Vertragsumfänge voraussichtlich von hohen Wiederholfrequenzen, geringeren Bauteilvarianzen sowie -kosten gekennzeichnet. Weiterhin wird für die Automobilindustrie sowie deren Zulieferer eine weitere Konsolidierung erwartet. Obgleich absolut betrachtet zukünftig nicht vergleichbare Rückgänge in der Anzahl an eigenständigen Automobilherstellern sowie der Anzahl an Zulieferbetrieben zu verzeichnen sein werden, ist prozentual ausgehend vom Jahr 2000 ferner mit gravierenden Veränderungen bis zum Jahr 2015 zu rechnen.

Für die Anzahl an eigenständigen Automobilherstellern wird ein Rückgang um ca. 23 % als auch für die Anzahl an Zuliefern um ca. 50 % erwartet. (vgl. S. 6 [Drzi04]) Die zurückliegende sowie prognostizierte Entwicklung der Anzahlen an Automobilherstellern sowie an Zulieferern ist in Abbildung 3-4 dargestellt. Dieser Trend impliziert jedoch für zukünftige Geschäftsbeziehungen, unter Berücksichtigung der in Unterkapitel 3.1 dargelegten Erkenntnis, dass Outsourcing-Auftraggeber zukünftig vermehrt versucht sind, die Anzahl an beauftragten Unternehmen zur Senkung der Koordinationskosten zu minimieren, einen höheren Wettbewerb um potentielle Marktanteile sowie eine stärkere Verdrängung von existierenden Marktbegleitern. Dieser Trend ist gleichzeitig eine Chance für Logistikunternehmen, da für Zulieferer in der Funktion eines Modul- bzw. Systemlieferanten – Integrator – eine effektive Logistikleistung zu einem bestimmenden Erfolgsfaktor wird (vgl. S. 66 [Klug03]).

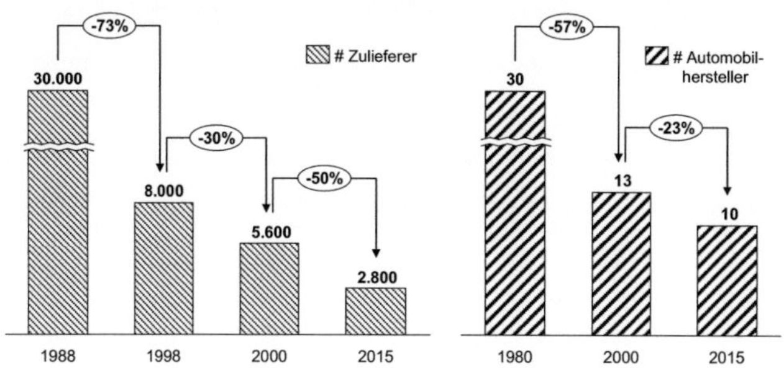

Abbildung 3-4: Entwicklung Anzahl Akteure Automobilindustrie (vgl. S. 6 [Drzi04])

Dies bietet Logistikunternehmen Potentiale für zusätzliche Marktanteile, da diese Kompetenzen nicht unweigerlich bei den Zulieferern vorausgesetzt bzw. voraussichtlich nicht vollständig eigen erschlossen werden können. Nachdem aufgezeigt ist, dass aktuell sowie voraussichtlich zukünftig weiterhin Potential zur Übernahme von Leistungen, einerseits im Bereich von Transport, Umschlag oder auch Lagerung, andererseits im Bereich von Zusatz-Leistungen wie Montage, Qualitätsprüfungen und Sequenzierung, von Outsourcing-Auftraggebern existiert bzw. zusätzlich erschlossen werden kann, ist nachfolgend zu ergründen, welche Unternehmensgruppen im definierten Markt bzw. System als Outsourcing-Auftragnehmer als relevant zu erachten sind. Gemäß den Erkenntnissen der Mercer Management Consulting ist „Kontraktlogistik (...) als Zusatzgeschäft besonders profitabel“ (vgl. S. 2 [Dera05]) und es können für sechs zu identifizierende Geschäftsmodelle in der Logistik verschiedene Erfolgsaussichten für Kontraktlogistikaktivitäten prognostiziert werden. Die Erfolgsaussichten der einzelnen Geschäftmodelle werden basierend auf den in den zurückliegenden Jahren erwirtschafteten Ergebnismargen bzw. durchschnittlichen jährlichen Wachstumsraten (CAGR) in Kontraktlogistikgeschäften je Geschäftsmodell beurteilt. Demnach ist das erfolgversprechendste Geschäftsmodell dies der Express- / Paketdienstleister mit zusätzlichem Kontraktlogistikgeschäft. Hingegen werden für reine Kontraktlogistikspezialisten die geringsten Erfolgsaussichten prognostiziert. (vgl. S. 3 [Dera05]) Zu berücksichtigen ist bei einer Interpretation der durchschnittlichen jährlichen Wachstumsraten, dass in der aktuellen Literatur je nach Betrachterperspektive abweichende Angaben veröffentlicht werden.

Beispielweise werden aus der Perspektive der Informations- und Kommunikationsbranche für Outsourcing-Vorhaben in der Logistik, welche eine IT-Unterstützung erfordern, im Betrachtungszeitraum zwischen den Jahren 1999 und 2004 durchschnittliche jährliche Wachstumsraten von ca. 21 % angegeben (vgl. S. 18 [Schr02]). Eine detaillierte Übersicht zu den von der Mercer Management Consulting betrachteten Geschäftsmodellen sowie zum potentiellen Geschäftserfolgerfolg ist in Abbildung 3-5 enthalten. Unter Einbezug des Fokus der vorliegenden Arbeit ist für die unterschiedlichen Geschäftsmodelle zu überprüfen, ob diese für Outsourcing-Vorhaben im Bereich der Automobilindustrie relevant sind. Insbesondere ist die Vielfalt der Aufgaben innerhalb der Ver- und Entsorgungsnetzwerke der Automobilindustrie zu beachten.

Allgemein ist für Logistikunternehmen in der Kontraktlogistik bzw. in Outsourcing-Vorhaben in der Logistik ein stetiger Trend zur Spezialisierung zu verzeichnen, wie dies beispielsweise in der Studie ‚Outsourcing 2004' der Miebach Logistik Gruppe festgestellt wird. „83 % der Dienstleister besitzen Branchenschwerpunkte, wie zum Beispiel Automotive (...)". (vgl. S. 14 [Jung04]) Dies sind 3 Prozentpunkte mehr, als in der im Jahr 2002 durch die Miebach Logistik Gruppe vorhergehend durchgeführten Erhebung. Ein Bereich Automotive ist bei Unternehmen, welche dem Geschäftmodell „Kontraktlogistikspezialist" gemäß der sechs definierten Geschäftsmodelle der Studie ‚Mythen der Kontraktlogistik' entsprechen, nahezu durchgehend etabliert. Sie bieten Outsourcing-Auftraggebern der Automobilindustrie vielfältigste und zumeist kundenindividuelle Lösungen, wie Kommissionierung, Sequenzierung, Behältermanagement, Montage, innerhalb des Produktionsnetzwerkes an.

Unternehmensbeispiele sind in Deutschland u. a. die Wincanton GmbH, die MAN Ferrostaal Automotive GmbH, die Panopa Logistik GmbH oder auch die ThyssenKrupp Industrieservice GmbH. In diesem Segment ist jedoch weiterhin feststellbar, dass eine Konsolidierung in den vergangenen Jahre stattgefunden hat. So ist in der frühen Vergangenheit die Tibbett & Britten Austria GmbH in die Exel-Gruppe sowie diese wiederum in den Deutsche Post World Net Konzern aufgegangen. Ebenfalls in den Unternehmen, welche den weiteren Geschäftsmodellen zuzuordnen sind, werden nahezu durchgehend Leistungen für Outsourcing-Auftraggeber aus dem Bereich Automotive angeboten.

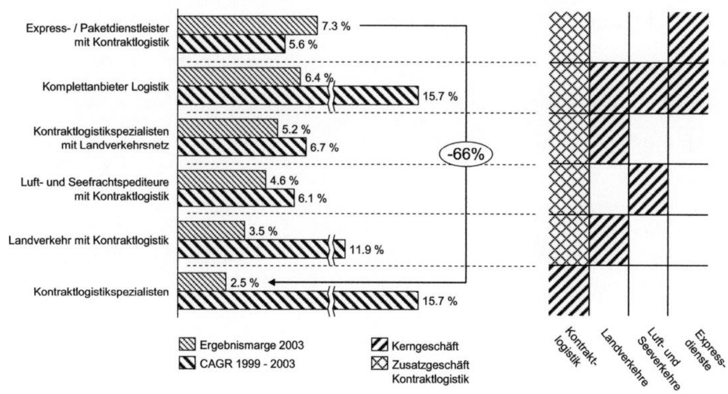

Abbildung 3-5: Geschäftsmodelle und -erfolg in der Logistik (vgl. S. 3 [Dera05])

Jedoch ist bei diesen Unternehmen eine vermehrte Fokussierung auf einen Teilbereich der Ver- bzw. Entsorgungsnetzwerke von Outsourcing-Auftraggebern feststellbar – vorwiegend Transport, Umschlag, Lagerung –. Als ein Unternehmensbeispiel sei hierfür die Gefco-Gruppe, welche dem Geschäftsmodell „Kontraktlogistikspezialist mit Landverkehr" zuzuordnen ist, die im Geschäftsbereich Automotive auf die Neu- und Gebrauchtwagendistribution spezialisiert ist, genannt. Lediglich Unternehmen, welche dem Geschäftsmodell „Express- / Paketdienstleister mit Kontraktlogistik" zuzuordnen sind, bieten wenige Leistungen für den Bereich Automotive an.

Diese sind vorwiegend in der Kontraktlogistik für Outsourcing-Auftraggeber, die dem Bereich Handel zuzuordnen sind, tätig. Insbesondere hier sind die flächendeckenden Produktionsnetzwerke der Express- bzw. Paketdienstleister geeignet, um beispielsweise in Verbindung mit extern an einen -Auftragnehmer vergebenen Distributionszentren eine Endkundenbelieferung im Online-Handel zu realisieren. Zusätzlich zu den Anspruchsgruppen Outsourcing-Auftraggeber und Outsourcing-Auftragnehmer werden, wie eingangs zu diesem Unterkapitel ausgeführt, partiell externe Dritte durch beide Anspruchsgruppen in Outsourcing-Vorhaben, zumeist in der Phase Outsourcing-Projekt, konsultiert. Beispielsweise wird angegeben, dass Logistikberater bei der Erstellung von Leistungsverzeichnissen mitarbeiten bzw. diese ganzheitlich erstellen. Jedoch existiert für diese Anspruchsgruppen kein einheitliches Bild, so geben ca. 53 % der Outsourcing-Auftragnehmer, hingegen nur 17 % der -Auftraggeber an, bei der Erfüllung dieser Aufgabe auf die Ressourcen von Logistikberatern zurückzugreifen. (vgl. S. 23 [Jung04]) Ebenfalls werden im Outsourcing-Projekt oftmals bei der Vertragsgestaltung unabhängige, externe Juristen einbezogen – ca. 30 % der Outsourcing-Auftraggeber sowie ca. 23 % der Outsourcing-Auftragnehmer geben dies an (vgl. S. 35 [Jung04]).

3.3 Leistungen beim Outsourcing in der Logistik

Elementar zum Verständnis von Outsourcing-Vorhaben sowie der Interessen von Outsourcing-Auftraggebern und -Auftragnehmern ist eine differenzierte Kenntnis über die erbrachten Leistungen, welche im nachfolgenden Unterkapitel, basierend auf den Erkenntnissen von Studien realer Outsourcing-Vorhaben, retrospektiv analysiert werden. Hierzu erfolgt zuerst eine generelle Differenzierung der Leistungen einerseits von klassischen sowie anderseits von Zusatz-Leistungen wie auch deren jeweiliger Bedeutung für -Auftraggeber und -Auftragnehmer. Aktuell ist für Outsourcing-Vorhaben in der Logistik feststellbar, dass überwiegend einfache, einzelne Leistungen angeboten wie auch nachgefragt werden. In der Studie ‚Outsourcing 2004' wird festgestellt, „Das Angebot der Dienstleister hat sich seit 2002 nicht wesentlich verschoben. Noch immer dominieren Transport, Lagerung und Kommissionierung deutlich gegenüber etwaiger Mehrwertdienste" (vgl. S. 16 [Jung04]). Gemäß den Ergebnissen dieser Studie erzielten Logistikunternehmen im Geschäftsjahr 2003 allein mit diesen Leistungen ca. 77 % des gesamten Unternehmensumsatzes. Dies ist unter anderem anhand der zur Erbringung der Leistung erforderlichen Ressourcen – wie beispielsweise Personal, Transportressourcen, EDV- bzw. IT-Infrastruktur oder auch Immobilien – erklärbar, da bei einer Beschränkung des angebotenen Leistungsportfolios auf die klassischen Logistikleistungen innerhalb des Outsourcing-Auftragnehmer-Unternehmens keine vollständig neuen, wesentlich von den bislang genutzten Ressourcen abweichenden Einsatzmittel in das Unternehmen zu integrieren, sondern lediglich die aktuell genutzten Ressourcen hinsichtlich der verfügbaren Kapazität zu überprüfen sowie ggf. anzupassen sind. Zudem sind durch diese Beschränkung weniger neue Prozessarten in die Prozesslandkarte des Outsourcing-Auftragnehmer-Unternehmens zu implementieren. Dies ermöglicht eine Reduzierung des Umstrukturierungsaufwands und wirkt damit potentiellen Irritationen innerhalb des Outsourcing-Auftraggeber-Unternehmens somit temporären Gefährdungen des operativen Geschäftsergebnisses aufgrund verringerter Prozesseffizienz entgegen.

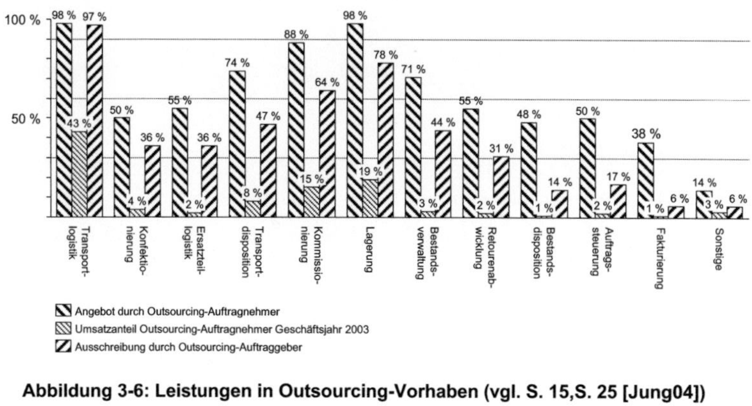

Abbildung 3-6: Leistungen in Outsourcing-Vorhaben (vgl. S. 15,S. 25 [Jung04])

Zu beachten ist bei einer derartigen Unternehmensentwicklung der ggf. verhältnismäßig kurzfristige Planungs- und Entwicklungshorizont, da eine beabsichtigte Risikominimierung potentiell dazu führen kann, dass das Leistungsportfolio langfristig nicht den Ansprüchen der Outsourcing-Auftraggeber entspricht. Eine Übersicht zu den aktuell durch Logistikunternehmen angebotenen Leistungen sowie den mit der einzelnen Leistung erzielten Umsatzanteilen ist in Abbildung 3-6 dargestellt.

Vervollständigt wird die Erkenntnis dieser Diskussion der durch Outsourcing-Auftragnehmer angebotenen Leistungen sowie der damit erzielten Umsatzanteile erst durch eine Betrachtung der realen Nachfrage nach Leistungen seitens der Outsourcing-Auftraggeber. Hierzu wird in der Studie ‚Outsourcing 2004' ein vergleichbares Ergebnis aufgezeigt. Ebenfalls werden die klassischen Leistungen Transport, Lagerung und Kommissionierung aktuell vorwiegend durch Outsourcing-Auftraggeber nachgefragt. Hierzu gaben ca. 97 % der befragten -Auftraggeber an, Leistungen zur Transportlogistik, ca. 78 % der Outsourcing-Auftraggeber Leistungen zur Lagerung sowie ca. 64 % der Outsourcing-Auftraggeber Leistungen zur Kommissionierung ausgeschrieben und an externe Logistikunternehmen vergeben zu haben. (vgl. S. 25 [Jung04])

Bestätigt werden diese Erhebungen fortwährend in der aktuellen betrieblichen Praxis, wie dies die Studie ‚Status und Perspektiven von partnerschaftlichen Kooperationen für Logistikleistungen' der BearingPoint GmbH aus dem Jahr 2008 aufzeigt. „Klassische Logistikleistungen mit geringer Wertschöpfung (...) repräsentieren derzeit das Hauptgeschäft der Logistikdienstleister, (...)" (vgl. S. 6 [Sten08]). Festgestellt wird weiterhin in dieser Studie, „dass sich die Verlader bei der Vergabe von (...) Produktions- und Montageleistungen, noch abwartend verhalten und sehr gezielt entscheiden, welche Leistungen sie (...) vergeben" (vgl. S. 7 [Sten08]).

Aus der Perspektive von vergebenden Unternehmen ist dieses Marktverhalten nachvollziehbar, da beim externen Bezug von einfachen Leistungen zumeist keine (langfristigen) bzw. wesentlich geringere Abhängigkeitsverhältnisse aufgebaut werden. Werden einzelne, abgegrenzte Leistungen bezogen, ist eine einfachere Kontrollierbarkeit der Leistung – u. a. anhand von allgemeingültigen Logistikkennzahlen, wie diese definiert in der VDI Richtlinienreihe VDI R 4490 und der VDI Richtlinie VDI R 4494 (vgl. [VDI4490], [VDI4400|1], [VDI4400|2], [VDI4400|3]) – wie auch eine hohe Substituierbarkeit des Outsourcing-Auftragnehmers gegeben. Management- sowie Wechselkosten werden hierdurch bezogen auf das jeweilige Outsourcing-Vorhaben minimiert, jedoch führt dies in einer ganzheitlichen Betrachtung dazu, dass Managementkosten zur Koordination der Vielzahl an unterschiedlichen Outsourcing-Auftragnehmern vermehrt anfallen sowie dass voraussichtlich nicht das vollständige Potential eines -Vorhabens aufgrund der mit der hohen Outsourcing-Auftragnehmeranzahl verbundenen Schnittstellenverluste erschlossen wird. Auffallend ist – wie aus Abbildung 3-6 ersichtlich wird – in einem Vergleich des Leistungsangebots und der -nachfrage, dass außer für Leistungen der Transportlogistik, die nahezu jeder der befragten -Auftraggeber ausschreibt und vergibt, wie auch jeder Outsourcing-Auftragnehmer diese anbietet, bei allen anderen Leistungen jeweilig ein wesentlich höherer Anteil an Outsourcing-Auftragnehmern eine Leistung anbietet, als diese seitens der Outsourcing-Auftraggeber nachgefragt wird.

Dies lässt den Schluss zu, dass die Wettbewerbssituation außerhalb des Bereichs Transportlogistik aus Sicht der ausführenden Unternehmen aufgrund des derzeitigen Käufer-Marktes sowie dem damit verbundenen Überangebot an verfügbaren Kapazitäten voraussichtlich schlechter zu beurteilen ist, als diese für den Bereich Transportlogistik. Ein äquivalentes Resultat ist in Abbildung 3-7 dargestellt, jedoch erfolgt zudem eine Differenzierung der extern vergebenen Leistungen hinsichtlich der Logistikfunktionen in einem Produktionsunternehmen – respektive Beschaffungs-, Produktions-, Distributionslogistik –. Während sowohl in der Beschaffungs- als auch in der Distributionslogistik nahezu durchschnittlich gleiche Logistikleistungsumfänge an Logistikunternehmen vergeben werden, sind die Anteile bei Produktionslogistikleistungen wesentlich geringer – durchschnittlich ca. 27 % weniger – als bei den vor- bzw. nachgelagerten Ver- und Entsorgungsfunktionen. Erneut dominiert die Funktion der Transportdurchführung. Vergleichbar zu den Angaben aus Abbildung 3-7 sind die Ergebnisse aus der Studie ‚Third Party Logistics 2006'. Innerhalb dieser Studie wird festgestellt, dass abermals im Jahr 2006 die vorwiegend extern vergebenen Leistungen die Leistungsbestandteile Transport – Zustimmung globaler Durchschnitt ca. 90 % – wie auch Lagerung – Zustimmung globaler Durchschnitt ca. 74 % – sind.

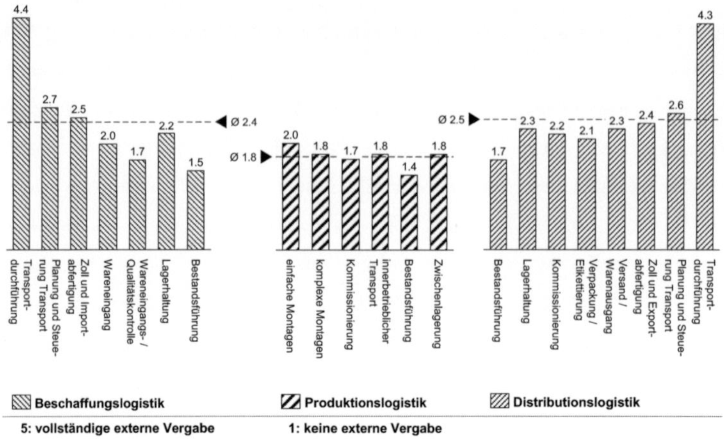

Abbildung 3-7: Differenzierung Outsourcing (in Anlehnung an S. 26 [Webe04])

Dieses Ergebnis zeigt erneut, dass bisweilen einfache, operative und wiederholende Tätigkeiten die Leistung bestimmen. (vgl. S. 6 [Lang06]) Vollständig dargestellt sind die Ergebnisse der extern vergebenen Leistungen im globalen Mittel sowie für die Region Westeuropa in Abbildung 3-1.

In einem direkten Vergleich der Angaben und Ergebnisse der Studien

- ‚Third Party Logistics 2006', globale Durchschnittswerte, und
- ‚Third Party Logistics 2001'

– demnach einem als repräsentativ für Aussagen hinsichtlich zu Trendentwicklungen zu bewertenden Zeitraum – ist ersichtlich, dass die Logistikleistungen

- Transport einen Zuwachs von ca. 28 Prozentpunkten auf einen Anteil von ca. 90 % externer Vergabe,
- Lagerung eine Stagnation bei einem Anteil von ca. 74 % externer Vergabe sowie
- Zusatz-Leistungen (Etikettierung, Montage etc.) einen Zuwachs von ca. 8 Prozentpunkten auf einen Anteil von ca. 33 %

binnen fünf Jahren aufweisen. (vgl. S. 8 [Lang06], S. 5 [Lang01])

Eine Interpretation der einzelnen Entwicklungen führt zu verschiedenen Schlussfolgerungen für die aktuelle sowie potentiell für die zukünftige Marktsituation. Voraussichtlich wird die Erschließung des verbleibenden Potentials in der Transportlogistik – wie allgemein für Verläufe von Markterschließungen (vgl. S. 10 f [Esch06]) – im vergangenheitsbezogenen Vergleich mit höherem Aufwand aufgrund des sinkenden Marktpotentials verbunden sein, welches gegenläufig zu den Erwartungen für die Marktdurchdringung für Zusatz-Leistungen, deren Anlaufhemmnisse verringert wurden, ist.

Für Leistungen, welche dem Segment der Zusatz-Leistungen von Logistikunternehmen zuzurechnen sind, ist zur nachfolgenden Analyse der jeweiligen Leistungsbestandteile eine Differenzierung in die Bereiche Logistikleistungen für die Konsumgüterherstellung und -distribution sowie Logistikleistungen für die industrielle Produktion einschließlich deren Ver- und Entsorgungsnetzwerke vorzunehmen. Die seitens der Outsourcing-Auftraggeber geforderten Zusatz-Leistungen unterscheiden sich wesentlich voneinander. Werden in

- der Konsumgüter beispielsweise Leistungen wie Etikettierung, Aufbereitung, Verpackung oder auch Versand zum Endkunden sowie für den Endkunden zugängliche Tracking-and-Tracing-Systeme – B2C-Beziehung – nachgefragt, sind dies in
- der industriellen Produktion u. a. Leistungen wie Montage von Bauteilen zu Modulen oder auch Montage, Einbau bzw. Hinzufügen von Zubehörteilen, Handbüchern etc. innerhalb von Distributionsnetzen.

Eine abschließende Darstellung der erbrachten bzw. nachgefragten Zusatz-Leistungen ist jedoch nicht möglich, wie dies bereits zuvor in anderen wissenschaftlichen Arbeiten zu diesem Themenkomplex herausgearbeitet wurde, vgl. beispielsweise S. 83 ff [Froh06], da dies jeweilig auftragsindividuelle Ausgestaltungen sind, welche schwerlich eine Verallgemeinerung ermöglichen. Eine Unterteilung der Zusatz-Leistungen ist u. a. anhand der verschiedenen Flussebenen Materialfluss, Informationsfluss wie auch Finanz- und Rechtefluss im Unternehmen möglich (vgl. S. 86 [Froh06]). Frohn analysiert für diese drei Flussebenen Beispiele, um den erbrachten Mehrwert zu charakterisieren. Im Materialfluss differenziert Frohn Zusatz-Leistungen hinsichtlich der Funktionsbereiche Beschaffungs-, Produktions- und Distributions- sowie Ersatzteil-Logistik, wobei der Industriefokus auf den Branchen Automobil und Elektronik liegt.

In diesen Bereichen nimmt Frohn die nachfolgende Zuordnung, welche vergleichbar zu den Ergebnissen aus Abbildung 3-7 ist, der durch Outsourcing-Auftragnehmer angebotenen bzw. durch Outsourcing-Auftraggeber nachgefragten Zusatz-Leistungen vor:

- Zusatz-Leistungen in der Beschaffungs-Logistik –
  JIT-, JIS-, Industriepark-, CKD-Konzepte etc.
- Zusatz-Leistungen in der Produktions-Logistik –
  Behältermanagement-, Bandversorgungs-Konzepte etc.
- Zusatz-Leistungen in der Distributions-Logistik –
  Etikettierung, Verpackung, VMI, Cross Docking etc.
- Zusatz-Leistungen in der Ersatzteil-Logistik –
  Reparaturen, Retouren, Entsorgung etc.
  (vgl. S. 87 ff [Froh06])

Für Zusatz-Leistungen im Bereich Informationsfluss nimmt Frohn ebenso eine Vierteilung vor, welche die Bereiche Design, Planung, Fulfillment und Monitoring für die Funktionen Logistiknetzwerkdesign und Supply Chain Event Management berücksichtigt. Die jeweilig angebotenen bzw. nachgefragten Zusatz-Leistungen sind:

- Zusatz-Leistungen im Bereich Design –
  Logistiknetzwerk-, Prozess-, IT-System-Design
- Zusatz-Leistungen im Bereich Planung –
  Customer- oder Supplier-Collaboration, Bedarfs-, Transport-, Produktions-, Bestands-Planung
- Zusatz-Leistungen im Bereich Fulfillment –
  Auftragsmanagement, Availble-to-Promis, Kundenservice, Callcenter, Betreib von IT-Systemen
- Zusatz-Leistungen im Bereich Monitoring –
  RFID, Barcode, Tracking-and-Tracing, Supply Chain Event Management, Prozesskostenrechnung, Reporting, Controlling (vgl. S. 95 ff [Froh06])

Bei einer kritischen Würdigung der Differenzierung der Zusatz-Leistungen im Informationsfluss fällt im Vergleich zu dieser im Materialfluss auf, dass nicht alle der durch Frohn den Bereichen zugeordneten Begriffe eine Leistung kennzeichnen, insbesondere werden beispielsweise im Bereich Monitoring mit RFID sowie Barcode zwei Technologien aufgezählt, welche selbst keinen Mehrwert darstellen, sondern als technische Voraussetzung dazu genutzt werden können, Zusatz-Leistungen wie Tracking-and-Tracing-Systeme einem Outsourcing-Auftraggeber anzubieten. Aus diesem Grund sind in den nachfolgenden Schritten der vorliegenden Arbeit die identifizierten Bereiche sowie zugeordneten Leistungen, wenn sie erneut in den Fokus der Betrachtung gelangen, jeweilig vor einer Verwendung hinsichtlich der Kategorisierung Zusatz-Leistung des Informationsflusses zu verifizieren. Mehrwerte im Bereich des Finanz- und Rechteflusses können für Outsourcing-Auftraggeber durch Leistungen wie internationale Zollformalitäten für Importe wie auch Exporte, Rechnungsstellung und -prüfung, Bestandfinanzierung oder auch in Form von Versicherungen durch Outsourcing-Auftragnehmer erbracht werden. Jedoch sind externe Vergaben insbesondere in diesem Bereich mit wesentlichen Bedenken seitens der Outsourcing-Auftraggeber aufgrund der zumeist notwendigen tiefgreifenden Integration der Outsourcing-Partner in die Geschäftsprozesse, welche über die physische Warenbewegung hinausgehen, verbunden. Daher ist die aktuelle Marktdurchdringung für Zusatz-Leistungen aus dem Bereich der Finanzierung untergeordnet. (vgl. S. 105 ff [Froh06])

Generell zu unterscheiden ist jedoch die Unternehmensform der Outsourcing-Auftragnehmer, wie diese bereits in Abbildung 3-5 erfolgt, aufgrund der Möglichkeit zur Differenzierung, ob es sich um ein Logistikunternehmen mit Transportressourcen handelt, für welches Zusatzdienste ergänzende, kernfernere Leistungen sind, oder ob es ein Kontraktlogistikspezialist ist, für den die Zusatz-Leistung Kerngeschäft ist und erforderliche Transportlogistikleistungen extern bezogen werden. Für Leistungen, welche Outsourcing-Auftragnehmer erbringen, werden die genutzten bzw. verfügbaren EDV- bzw. IT-Ressourcen beiderseitig fortwährend Erfolg bestimmender. Hingegen sind die verfügbaren EDV- bzw. IT-Kapazitäten insbesondere bei kleineren und mittleren Outsourcing-Auftragnehmern vielfach wesentlich limitiert (vgl. S. 70 ff [Clau04]).

Zu verzeichnen ist bei den aktuell bzw. zukünftig geplant verwendeten, technischen Leistungen bzw. Services ein kontinuierlicher Anstieg der Leistungs- und Qualitätsansprüche der Outsourcing-Auftraggeber. Hierzu wird in der Studie ‚Third Party Logistics 2006' erhoben, welche EDV- und IT-Services nachgefragt werden bzw. geplant ist, nachzufragen. Allgemein wird festgestellt, dass die Entwicklung der zurückliegenden vier Jahre keine Veränderung der „top-five-Services", ohne Berücksichtigung deren Reihenfolge, zeigt.

Die fünf EDV- und IT-Services – Lagerverwaltungs-, Transportmanagement-, Tracking-and-Tracing-, Internetkommunikations-, Transportoptimierungs-Systeme – sind an den vorwiegend genutzten Leistungen Transport, Umschlag und Lagerung orientiert. Werden die erwarteten Wachstumsraten der prognostizierten zukünftigen Nutzung aus Sicht von Outsourcing-Auftraggebern vergleichen, sind die Services „Systeme zur Unternehmenskooperation" und „RFID-Systeme" auffällig. (vgl. S. 11 [Lang06]) Für Systeme zur Unternehmenskooperation, welche die Zusammenarbeit zwischen den Unternehmen verbessern, wird ein Wachstum von über 150 % seitens der Outsourcing-Auftraggeber erwartet (vgl. S. 11 [Lang06]).

Im Vergleich zu diesem nicht zu vernachlässigenden Wachstum, ist die Wachstumserwartung für RFID-Systeme überproportional – gemäß der Studie ‚Third Party Logistics 2006' etwa eine Vervierfachung (vgl. S. 11 [Lang06]). Durchweg durch alle Prozesse von Ver- und Entsorgungsnetzwerken wird für diese Möglichkeit zum Datentransport und -speicherung hohes Potential zur Verbesserung der Informationsverfügbarkeit erwartet (vgl. [Hage07], [Schm07]). RFID-Systeme bieten im Vergleich zu herkömmlichen Kennzeichnungsmöglichkeiten – in der Logistik vorwiegend dem Barcode zur automatisierten Identifikation von Dokumenten, Packstücken, Flächen oder auch Transportgefäßen und Ladehilfsmitteln (vgl. S. 40 [Homp04]) – Vorteile aufgrund von Systemmerkmalen wie beispielsweise der höheren Kapazität zur Speicherung von Daten am zu identifizierenden Objekt, der nicht erforderlichen Sichtverbindung zwischen Leseeinheit und Objektkennzeichnung oder der Möglichkeit zur nachträglichen, prozessbegleitenden Änderung bzw. Vervollständigung der Daten in einer Transportkette. In einer weiterführenden Betrachtung wird RFID-Systemen bisweilen das Potential zum Aufbau realitätsnaher, dezentraler Logistik-Controlling-Systeme zur umgehenden Prozessbewertung und ggf. zum unmittelbaren Eingriff in die Leistungserstellung (vgl. S. 205 - 214 [Over06]) oder zur Ermöglichung zum Aufbau selbststeuernder Logistiksysteme, dem Internet der Dinge, zugesprochen (vgl. S. 291 ff [Homp06]). Im Internet der Dinge ist der Weg einer Einheit nicht statisch, u. a. durch übergeordnete Materialflussrechner im Vornherein vorgegeben, sondern dieser wird prozessbegleitend entsprechend der verfügbaren Ressourcen einheitenindividuell je Entscheidungsmöglichkeit autark für die jeweilige ggf. sogar von der jeweiligen Transporteinheit gewählt.

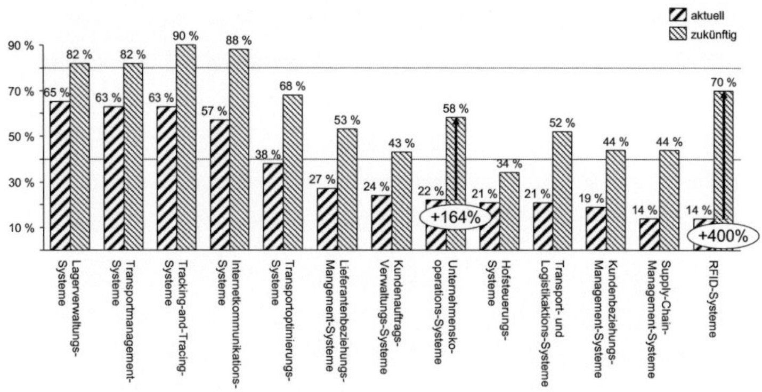

Abbildung 3-8: Nachfrage nach technischen Services (vgl. S. 11 [Lang06])

Die mittels RFID-Etikett gekennzeichnete Transporteinheit, tauscht während des Transports mit der verwendeten Transport- und Fördertechnik Informationen aus und basierend auf einer kontinuierlich aktualisierten Daten- und Informationsbasis wird der effizienteste Transportweg gewählt. Diese Möglichkeiten stellen wesentlich geänderte Anforderungen an die Fähigkeiten von Logistikunternehmen, nicht zuletzt an deren Mitarbeiter, zum Aufbau und zur Betreuung derartiger Informationssysteme hinsichtlich der zu installierenden Hardware wie auch zur Auswahl, Anpassung und zur Anwendung der erforderlichen Software, welche zur Nutzung der mit modernen EDV- bzw. IT-Systemen verbundenen Potentiale erforderlich werden. Eine detaillierte Übersicht zur derzeitigen Nutzung von technischen Services sowie zur prognostizierten zukünftigen Entwicklung jeweils seitens der Auftraggeber ist in Abbildung 3-8 aufbereitet.

3.4 Entwicklungen beim Outsourcing in der Logistik

Abschließend wird nach den Abgrenzungen der vorhergehenden Passagen des Kapitels 3 im nachfolgenden Unterkapitel eine Erörterung der voraussichtlichen Marktentwicklung für Outsourcing-Vorhaben in der Logistik sowohl für klassische als auch für Zusatz-Leistungen aus Outsourcing-Auftraggeber und Outsourcing-Auftragnehmer-Sicht vorgenommen. Innerhalb der analysierten Studien wird für Outsourcing-Vorhaben in der Logistik eine einheitliche Zukunftserwartung dargestellt. In der Studie ‚Outsourcing 2004' wird hierzu angegeben, dass eine weitere Zunahme von Outsourcing in der Logistik seitens ca. 64 % der Outsourcing-Auftragnehmer sowie seitens ca. 60 % der Outsourcing-Auftraggeber erwartet wird. Lediglich ca. 2 % der -Auftragnehmer sowie ca. 10 % der Outsourcing-Auftraggeber erwarteten eine Verringerung des Volumens derzeitiger Outsourcing-Vorhaben in der Zukunft. (vgl. S. 43 [Jung04]) Basierend auf den Ergebnissen dieser Studie werden für Logistikunternehmen, welche sich in der Funktion eines -Auftragnehmers befinden bzw. planen dieses Geschäftsfeld zu erschließen, drei wesentliche Zukunftsaufgaben formuliert.

Erstens ist für Logistikunternehmen die eigene Unternehmensgröße kritisch zu überprüfen, aufgrund dessen, dass ausschließlich wenn diese zukünftig eine entsprechende Marke überschreitet, wird das Unternehmen seitens potentieller Outsourcing-Auftraggeber als relevanter Outsourcing-Partner erachtet werden. Hierzu wird jedoch festgehalten, dass aufgrund des in Deutschland heterogenen Marktes ein organisches Wachstum durch die dazu erforderliche Zeit nicht als Lösungsweg, sondern der des Unternehmenszukaufs zu forcieren ist, um die Unternehmensgröße den Marktanforderungen anzupassen. Zweitens ist basierend auf dieser als relevant erachteten Unternehmensgröße die Wahrnehmung der Marke des Logistikunternehmens bei den -Auftraggebern zu stärken. Mit Hilfe einer positiven Markenwahrnehmung bei den Outsourcing-Auftraggebern ist die Erschließung weiterer Marktanteile verbessert zu erzielen. Drittens sind in der Markenbildung Kompetenzen, wie die des „proaktiven Informationsvermittlers“ und die des „aktiven Problemlösers“, zu erarbeiten. Wesentlich für den zukünftigen Geschäftserfolg von Outsourcing-Auftragnehmern ist die Erkenntnis, dass IT-Kompetenz und qualifiziertes Personal unumgänglich notwendige Voraussetzungen sind. (vgl. S. 181 f [Müll06]) In der Studie ‚Third Party Logistics 2006' werden diese Entwicklungspunkte für Logistikunternehmen zur verbesserten Wahrnehmung bei Outsourcing-Auftraggebern ebenso als relevant erachtet, jedoch werden weitere Elemente, welche zum Aufbau eines „Full-Service-Providers“ erforderlich sind, erarbeitet (vgl. S. 16 f [Lang06]).

Die wesentliche Aufgabe, welche vorrangig sowohl seitens der Outsourcing-Auftragnehmer als auch der -Auftraggeber zu bearbeiten ist, ist die Etablierung von „gelebten“ Outsourcing-Partnerschaften, welche erst die umfassende Erschließung des gesamten Potentials von Outsourcing-Vorhaben ermöglichen. Neben diesen langfristigen Entwicklungsperspektiven werden in der Studie seitens der Outsourcing-Auftraggeber aktuell nach Möglichkeit kurzfristig zu verbessernde Aufgabenbereiche für zukünftige -Auftragnehmer aufgezeigt.

Hierzu zählen beispielsweise derzeit die Nichteinhaltung von zugesagten Serviceleveln, von vereinbarten zu erzielenden Prozessverbesserungs- oder Kostensenkungspotentialen oder von partiell unzureichende IT- bzw. EDV-Ressourcen und -Kompetenzen seitens der Outsourcing-Auftragnehmer. (vgl. S. 9 [Lang06]) Diese verschiedenen Aufgabenfelder zur Anpassung der angebotenen Logistikleistungen zeigen basierend auf dieser Studie auf, dass für Outsourcing-Vorhaben nach der ersten erfolgten Markterschließung, aktuell ganzheitliche Konzepte inklusive der erforderlichen Hilfsmittel sowie Vorgehensweisen zu erarbeiten sind.

Auch über die Ergebnisses der verwendeten Studien wie u. a. ‚Third Party Logistics' (vgl. [Lang99] bis [Lang06]) oder ‚Outsourcing 2004' (vgl. [Jung04]) hinaus, vertreten Experten der betrieblichen Praxis

– „Der Trend zum Outsourcing logistischer Dienstleistungen hat in den vergangenen Jahren stetig zugenommen. (…) Vor diesem Hintergrund überrascht die Erkenntnis, dass aktuell noch große Wissensdefizite (…) bestehen. (…)" (vgl. S. 235 [Deep06]) – sowie der Wissenschaft

– „Das Outsourcing komplexer logistischer Aufgaben nimmt in seiner Bedeutung als Instrument der Leistungstiefenoptimierung und des strategischen Managements weiter zu. (…) Mehr als bei der Vergabe einfacher, durch größere Marktverfügbarkeit und Substituierbarkeit sowie geringere Spezifität gekennzeichnete Logistikaufgaben gewinnen Strategie- und Risikoaspekte im Entscheidungsprozess an Gewicht. (…)" (vgl. S. 147 [Stöl07]) –

aktuell die Meinung, dass zurückliegend vorwiegend einfache Logistikleistungen fremdbezogen wurden sowie dass das Potential für externe Vergaben in der Logistik aktuell nicht abschließend erschlossen ist, wie dies beispielsweise aus Abbildung 3-2 ersichtlich wird, jedoch das aktuell vermehrt Optimierungs- und Managementaufgaben zur langfristigen Geschäftserfolgsicherung wahrzunehmen sind. Jedoch ist aufgrund der für den Geschäftserfolg erkannten Bedeutung von Logistikleistungen seitens der Outsourcing-Auftraggeber vereinzelt eine Abkehr von der externen Vergabe und ein „Insourcing" einstweilen extern bezogener Logistikleistungen zu verzeichnen, wobei festzuhalten ist, „von einem Wechsel des Trends vom Outsourcing zum Insourcing kann nicht gesprochen werden" (vgl. S. 75 [Stra05]).

Auch in der durch die Bundesvereinigung Logistik e. V. im Jahr 2005 veröffentlichten Trendstudie ‚Trends und Strategien in der Logistik' wird Outsourcing-Vorhaben eine zunehmende Bedeutung zugesprochen. Festgestellt wird, ebenso wie in vergleichbaren Analysen, dass der Anteil von extern vergebenen klassischen Logistikaufgaben sehr hoch ist und potentiell geringe Wachstumserwartungen bestehen, hingegen wird für extern vergebene logistische Sekundärleistungen hohes Wachstumspotential prognostiziert. In einem Vergleich der Bedeutung von Outsourcing-Vorhaben zum Zeitpunkt der Erhebung im Jahr 2005 sowie zur erwarteten Bedeutung im Jahr 2010 wird ein wesentlicher Bedeutungszuwachs vorausgesagt:

- Im Jahr 2005 messen 28 % der Befragten Outsourcing eine „hohe bis sehr hohe Bedeutung" und 72 % der Befragten eine „neutrale oder geringe bis sehr geringe Bedeutung" bei.
- Im Jahr 2010 erwarten 53 % der Befragten für Outsourcing eine „hohe bis sehr hohe Bedeutung" hingegen nur noch 47 % der Befragten eine „neutrale oder geringe bis sehr geringe Bedeutung". (vgl. S. 74 [Stra05])

Eine weitere Bestätigung der These, dass Outsourcing-Vorhaben in der Logistik, welche sowohl klassische als auch Zusatz-Leistungen enthalten, auch zukünftig Wachstumspotential vorhanden ist, ist in der Studie ‚Mittelstand und Kontraktlogistik – Chancen und Risiken mittelständischer Logistikdienstleister in der Kontraktlogistik' enthalten, die auf den Daten der Studie ‚Top 100 der Logistik 2003' basiert, welche regelmäßig als Marktdarstellung der Logistik erhoben wird. So wird festgestellt, dass „das Wachstum der Kontraktlogistiksegmente durch weiteres Outsourcing, trotz konjunktureller Schwäche, kräftig sein wird" (vgl. S. 59 [Trip04]). Insbesondere wird in dieser Studie eruiert, welche Chancen und Risiken mit einem Engagement von mittelständischen Logistikunternehmen als Outsourcing-Auftragnehmer in diesem Marktsegment verbunden sind. Als Ergebnis der Studie wird ermittelt, dass insbesondere die industrielle Kontraktlogistik als ein „mittelstandsaffines Geschäftsfeld" zu bewerten ist und demnach Logistikunternehmen, welche dieser Kategorie entsprechen – kleinere, mittlere und große Kapitalgesellschaften werden entsprechend dem Handelsgesetzbuch (HGB) gemäß § 267 HGB Umschreibung von Größenklassen differenziert – als potentielle Outsourcing-Auftragnehmer zukünftig steigende Marktanteile sowie Geschäftserfolge erwarten können.

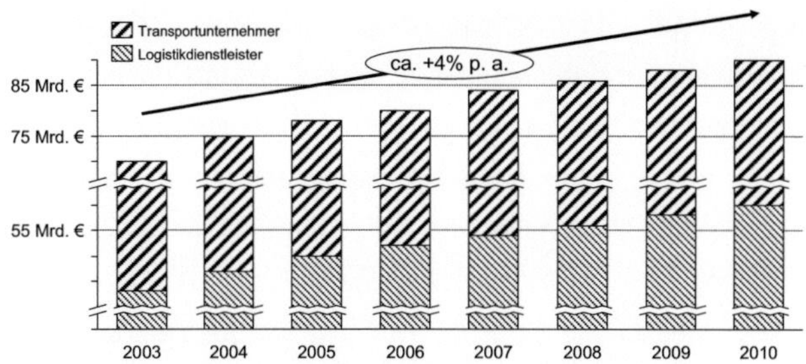

Abbildung 3-9: Entwicklung Logistikwirtschaft (vgl. S. 3 [Kors07])

Diese Attraktivität von mittelständischen Logistikunternehmen für Outsourcing-Auftraggeber basiert auf Kennzeichen wie „Nähe zum Kunden, (...), Schnelligkeit und Flexibilität hinsichtlich Entscheidungen sowie der Person des Unternehmers, (...)“ (vgl. S. 53 f [Trip04]). Als Ziel werden Branchen bzw. Unternehmen mit „häufigen Produktwechseln, kurzen Produktlebenszyklen und verhältnismäßig großen Absatzschwankungen“ (vgl. S. 52 [Trip04]) für zukünftige Geschäftszuwächse, demnach auch die Automobilindustrie, identifiziert. Für den Transport- bzw. den Logistikmarkt wird für Deutschland, wie dies differenziert je Teilmarkt in Abbildung 3-9 dargestellt ist, auch in den kommenden Jahren ein kontinuierliches Wachstum – bis zum Jahr 2010 ca. 3 bis 4 % pro Jahr (vgl. S. 3 [Kors07]) – auch von Kreditinstituten erwartet. Weiterhin wird von diesen branchenunabhängigen Interessengruppen die Meinung geteilt, dass im Segment der die klassischen Logistikleistungen ergänzenden Leistungen, den Zusatz-Leistungen, potentiell hohe Erfolgschancen für Logistikunternehmen zu erwarten sind. „Der Bedarf an individualisierten Mehrwertdiensten steigt. (Die) Bündelung von höherwertigen Diensten zu standardisierten Individualleistungen, die in ein logistisches Gesamtkonzept integriert sind, stellt eine erfolgversprechende Zukunftsstrategie dar.“ (vgl. S. 16 [Kors07]).

3.5 Zusammenfassung

Im Kapitel 3 wird für die vorliegende Arbeit eine Systemabgrenzung zum Themenkomplex Outsourcing von hochwertigen TUL- sowie Zusatz-Leistungen vorgenommen. Festgestellt wird, dass aktuell die klassischen Logistikleistungen – Transport, Umschlag, Lagerung – das Marktbild, unabhängig von den Branchen der Outsourcing-Auftraggeber, bestimmen. Jedoch ist festzustellen, dass das existierende Marktvolumen nicht abschließend durch -Auftragnehmer erschlossen ist sowie dass für mögliche Zusatz-Leistungen das Vorhandensein von Transportsystemen und -ressourcen ein wesentlicher Erfolgsfaktor für den langfristigen Geschäftserfolg ist. Insbesondere ist in diesem Segment ein hoher Wettbewerb unter einer großen Anzahl an Marktbegleitern zu verzeichnen. In der Gestaltung des Modulbaukastens für Outsourcing-Vorhaben in der Logistik ist für dieses Segment an Leistungen ein Hilfsmittel zu schaffen, welches eine schnellere, transparentere und robustere Kombination der klassischen Logistik-Leistungen in Verbindung mit potentiellen Zusatz-Leistungen bestmöglich unterstützt. Auffällig ist, dass die Bedeutung von EDV- und IT-Services, welche unumgänglich notwendige Bedingung zum Angebot von Zusatz-Leistungen, wie Etikettierung, Qualitätssicherung, Set-Bildung etc., sind, stetig zunimmt wie auch, dass eine Verringerung der Anzahl an unterschiedlichen -Auftragnehmern zur Minimierung der Koordinierungskosten sowie der Schnittstellenverluste angestrebt wird. Diese Kennzeichen sind ebenso bei der Gestaltung eines Modulbaukastens zu berücksichtigen, welcher den Unternehmen zu ermöglichen hat, große, komplexe Outsourcing-Vorhaben zu koordinieren, wozu eine hohe Integrationsfähigkeit des Konzepts in die EDV-Systeme anzustreben ist. Zudem ist festzustellen, dass nach der zurückliegenden ersten Erschließung von Marktanteilen bei Zusatz-Leistungen durch Outsourcing-Auftragnehmer aktuell strategische Aufgaben einerseits intern bei den Outsourcing-Auftragnehmern – wie Unternehmens- und Markenausrichtung, Personalentwicklung –, andererseits in den etablierten -Vorhaben zwischen Outsourcing-Auftragnehmer und -Auftraggeber – u. a. Systeme zur kontinuierlichen Prozess- und Leistungsverbesserung in partnerschaftlicher Zusammenarbeit – zu lösen sind. Hieraus resultiert für einen zu schaffenden Modulbaukasten die Anforderung, dass dieser bestmöglich die Zusammenarbeit der Outsourcing-Partner während des gesamten Vorhabenslebenszyklus unterstützt. Wesentliche Entwicklungschancen werden im Markt mittelständischen Logistikunternehmen aus dem speditionellen Umfeld zugesprochen, die vielfach in Kooperationen im deutschen Transportmarkt organisiert sind, jedoch zurückliegend zumeist nicht mit diesen strategischen Aufgaben konfrontiert waren, zugesprochen. Diese Tendenz ist nachfolgend bei der Auswahl der Werkzeuge des Qualitätsmanagements für den Modulbaukasten für Outsourcing-Vorhaben zu berücksichtigen, um ein für die betriebliche Praxis anwendbares und nutzenstiftendes Konzept hervorzubringen.

4 Modulbaukasten für Outsourcing-Vorhaben in der Logistik

Innerhalb des 4. Kapitels wird unter Berücksichtigung der Erkenntnisse und Ergebnisse des Kapitels 2 Wissenschaftlicher Hintergrund – Stand der Technik sowie der des Kapitels 3 Systemabgrenzung – Untersuchungsobjekt und -raum ein an der allgemeingültigen Struktur für Outsourcing-Vorhaben, wie diese in Abbildung 2-4 dargestellt ist, orientierter Modulbaukasten entwickelt. Dieser bietet ein phasenbezogenes Vorgehensmodell, welches sowohl aus Sicht von Outsourcing-Auftraggebern als auch Outsourcing-Auftragnehmern zur ganzheitlichen Planung, Analyse und Optimierung von externen Vergaben in der Logistik auch bei komplexen Leistungen beiträgt.

Ausgangspunkt für die Entwicklung des Modulbaukastens ist eine Strukturierung der in Outsourcing-Vorhaben potentiell erbrachten Leistungen als Gestaltungselemente, welche spezifisch je Outsourcing-Vorhaben modular zu einem Outsourcing-System zusammenzufügen sind. Der modulare Aufbau der Gestaltungselemente ermöglicht, sowohl Outsourcing-Systeme in der Planungsphase zu gestalten, als auch Outsourcing-Systeme, welche bereits im realen Praxiseinsatz befindlich sind, nachzubilden sowie zu analysieren und ggf. zu optimieren. Hierzu werden exemplarische Gestaltungselemente, welche im Verantwortungsbereich eines Outsourcing-Auftragnehmers vorzufinden sein können, allgemeingültig beschrieben sowie die jeweiligen Ein- und Ausgangsgrößen und die leistungsbeschreibenden Kennwerte definiert.

Eine abschließende Darstellung aller in der betrieblichen Praxis möglichen Gestaltungselemente ist aufgrund der Vielfalt an durch Outsourcing-Auftragnehmer angebotenen wie auch durch Outsourcing-Auftraggeber nachgefragten Leistungen nicht möglich. Aufgrund dessen erfolgt eine Beschreibung für exemplarisch ausgewählte Leistungen als Referenz für reale Gestaltungselemente zur Modularisierung von Leistungen in der betrieblichen Praxis. Anhand des dargelegten Vorgehens ist äquivalent der Aufbau von jedweden Leistungen als Gestaltungselemente möglich.

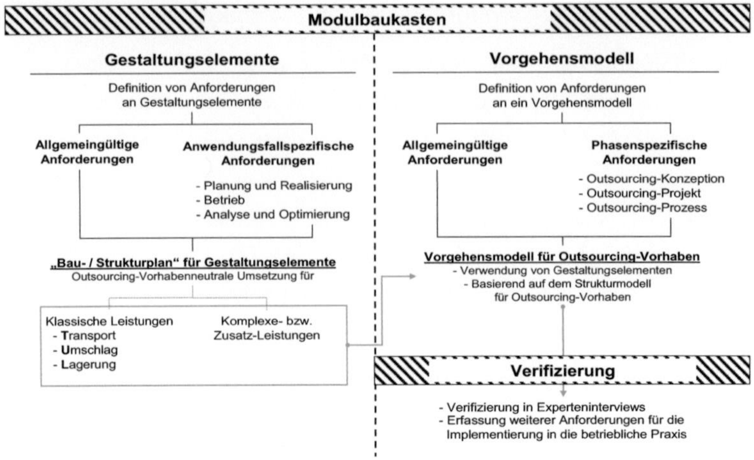

Abbildung 4-1: Vorgehen beim Aufbau des Modulbaukastens

Nachfolgend sind die im Kapitel 2 analysierten sowie in der betrieblichen Praxis etablierten Hilfsmittel, Methoden und Werkzeuge des modernen Qualitätsmanagements bzgl. der jeweiligen Eignung zum phasenbezogenen Einsatz sowie zum potentiellen Nutzen des Einsatzes im Vorgehensmodell zu bewerten. Dazu werden im Kapitel 4, nach der exemplarischen Beschreibung von Gestaltungselementen, die Anforderungen an phasenbezogen relevante Hilfsmittel aus den Perspektiven einer logistisch optimalen Systemgestaltung sowie einer betriebswirtschaftlich effizienten Phasen-Durchführung im Vorgehensmodell erarbeitet.

Anhand von identifizierten Anforderungen werden die Hilfsmittel des Qualitätsmanagements jeweilig hinsichtlich der Relevanz für die einzelnen Phasen bewertet. In den Abschnitten 4.3.1 bis 4.3.3 wird für die drei Phasen in Outsourcing-Vorhaben, die Outsourcing-Konzeption, das Outsourcing-Projekt und der Outsourcing-Prozess, bezogen auf einen möglichen Fehlereintritt ein Vorgehensmodell unter Einbezug der Werkzeuge des Qualitätsmanagements aufbereitet. Dazu wird einerseits das einzelne Hilfsmittel in der theoretischen Gestaltung wie auch andererseits in der Anwendung im Outsourcing-Vorhaben vorgestellt. Eine Übersicht zum Aufbau des Kapitels 4 ist in Abbildung 4-1 enthalten.

4.1 Allgemeine Anforderungen an Gestaltungselemente

Im Unterkapitel 4.1 werden die Anforderungen an eine zu entwickelnde Modularisierung hergeleitet. Beginnend werden übergeordnete, allgemeingültige Anforderungen herausgearbeitet, welche um spezifische Aspekte bzw. Erfordernisse des einzelnen Anwendungsfalls, jene, die in den Abschnitten 4.1.1 bis 4.1.3 erörtert werden, zu ergänzen sind. Allgemeingültig hat die Modularisierung die Belange der verschiedenen Anwendungsmöglichkeiten in Outsourcing-Vorhaben in der Logistik abzubilden. Dies impliziert, dass die Anwendbarkeit in den drei Anwendungsfällen Planung und Realisierung, Betrieb sowie Analyse und Optimierung sicherzustellen ist. Insbesondere ist darauf zu achten, dass das gewählte Gestaltungsmittel durchgängig eingesetzt werden kann, um durch eine Verringerung von Medienbrüchen Übertragungsfehler zwischen den jeweiligen Arbeitspaketen der Anwendungsfälle zu einer ganzheitlichen Prozessverbesserung beizutragen. Weiterhin soll die Modularisierung ebenso für kleine bzw. mittelständische Unternehmen wie auch für Unternehmen, welche aufgrund der Unternehmensgröße – beispielsweise Geschäftsvolumen, Mitarbeiteranzahl etc. – der Gruppe der Großunternehmen angehören, anwendbar sein. Dies trägt dazu bei, dass durch die Schaffung einer Möglichkeit zur durchgängigen Verwendbarkeit der Modularisierung für Unternehmen aller Größen die Etablierung eines Quasistandards unterstützt und damit eine Aufwandsminimierung für Schulungen, Einarbeitungen etc. in Outsourcing-Vorhaben erzielt wird. Folglich wird eine Reduzierung von Kosten, wie auch von Abstimmungsaufwand erzielt.

Kennzeichnendes Merkmal aller Gestaltungselemente hat die durchgehende Berücksichtigung von Bewertungs- bzw. Messmerkmalen zu sein. Diese Merkmale haben die Belange aus logistischer, betriebswirtschaftlicher sowie qualitativer Sicht zu berücksichtigen. Durch dieses Merkmal der Gestaltungselemente wird es ermöglicht, in Outsourcing-Vorhaben Leitstandfunktionen, insbesondere auch auf vorhabensübergreifender Ebene sowohl aus Outsourcing-Auftraggeber- wie auch Outsourcing-Auftragnehmer-Perspektive zu realisieren.

Hierdurch wird die Transparenz in einzelnen Outsourcing-Vorhaben aber auch die Transparenz über alle im Zuständigkeitsbereich befindlichen Outsourcing-Vorhaben maßgeblich erhöht. Dies ist eine Voraussetzung zur Implementierung von Logistikleitständen für Outsourcing-Vorhaben, wodurch auch zur Sicherung der Unternehmen der Outsourcing-Partner beigetragen wird. Beim Aufbau der Gestaltungselemente ist darauf zu achten, dass die Struktur der Elemente sowohl geeignet ist, die klassischen Logistikleistungen Transport, Umschlag und Lagerung als auch die vielfach als Zusatz-Leistungen, Value-Added-Services (VAS) etc. bezeichneten weitergehenden Leistungen – beispielsweise Kommissionierung, Konfektionierung, Montage, Prüfung etc. – abbilden zu können. Dies impliziert, dass eine Standardisierung von Ein- und Ausgabeschnittstellen zu erarbeiten ist, um verschiedene Gestaltungselemente ohne den Aufbau bzw. Einsatz von zusätzlichen Kopplungselementen miteinander verbinden zu können. Mittels der Selbstähnlichkeit der Gestaltungselemente ist dazu beizutragen, Synergieeffekte in der Elementgestaltung zu nutzen aber auch die Handhabung der Gestaltungselemente sowie den Aufbau von Outsourcing-Systemen für den Nutzer zu optimieren. Übergreifend sind die Gestaltungselemente derart zu gestalten, dass eine Systemabbildung und -gestaltung entsprechend der 6'r der Logistik, demnach der Logistik die Aufgabe zukommt, die richtigen Güter, zur richtigen Zeit, in der richtigen Menge sowie der richtigen Qualität, zu den richtigen Kosten zum richtigen Ort zu bringen, ermöglicht wird.

4.1.1 Gestaltungselemente – Erfordernisse bei Planung und Realisierung

Neben den allgemeingültigen Anforderungen, welche zuvor beschrieben wurden, haben die Gestaltungselemente je nach deren Verwendung im einzelnen Anwendungsfall spezifischen Erfordernissen zu genügen, welche zur ganzheitlichen Anwendbarkeit der Gestaltungselemente ebenso wie die allgemeingültigen Anforderungen bei der Elementgestaltung zu berücksichtigen sind. Beginnend mit den zeitlich ersten Aufgaben in Outsourcing-Vorhaben sind die Gestaltungselemente derart zu gestalten, dass die Planung und Realisierung eines Outsourcing-Vorhabens bestmöglich unterstützt werden. Während der Planung eines Outsourcing-Vorhabens ist mithilfe der Gestaltungselemente seitens der Outsourcing-Auftraggeber eine interne Systemgestaltung – Grobkonzept bzw. Machbarkeitsstudie – und -bewertung als Grundlage einer qualitativen und quantitativen Outsourcing-Entscheidung zu ermöglichen. Durch die Modularisierung ist der unternehmensintern, seitens der Outsourcing-Auftraggeber erforderliche Arbeitsaufwand zu reduzieren. Weiterhin ist durch die Abbildung des potentiell zu vergebenden Bereichs mit Hilfe der zu schaffenden Gestaltungselemente zum Aufbau eines Vergleichsmaßstabs für Outsourcing-Systeme von potentiellen Outsourcing-Auftragnehmern beizutragen. Zudem sind durch die Gestaltungselemente die Vor- und Aufbereitung von unternehmensinternen Daten für eine ggf. in nachfolgenden Phasen erforderliche Ausschreibung bestmöglich zu unterstützen. Weiterhin ist durch die Abbildung der zu vergebenden Prozesse intern eine Überprüfung des derzeitigen Systemzustands zu initiieren, wodurch ggf. vorhandene Potentiale vor einer möglichen externen Vergabe unternehmensintern erschlossen werden können, um die Vergleichbarkeit zwischen der unternehmensinternen Erbringung und des angefragten zukünftigen externen Bezugs herzustellen.

Seitens der Outsourcing-Auftragnehmer ist in der Planung von Outsourcing-Vorhaben durch die Gestaltungselemente dazu beizutragen, eine zeit- und kosteneffiziente Ausschreibungsbearbeitung sicherzustellen, um in der betrieblichen Praxis stetig verkürzten Ausschreibungszeiten seitens der Outsourcing-Auftraggeber zu entsprechen. Parallel zur Zeit- und Kosteneffizienz ist dem Ziel des Aufbaus eines robusten, beherrschten und qualitätsfähigen Outsourcing-Systems zu entsprechen, um in der Planung potentielle Fehler und Fehlerquellen präventiv und dementsprechend kostenminimal bzw. -neutral zu eliminieren. Im Anwendungsfall der der Planung nachfolgenden Realisierung eines Outsourcing-Vorhabens, ist durch die Gestaltungselemente dazu beizutragen, das erforderliche Anlaufmanagement, zu dessen erforderlichen Arbeitsinhalten bereits in der Wissenschaft Forschungsarbeiten existieren (vgl. u. a. S. 17 ff [Kuhn02]) und deren Erkenntnisse einzubeziehen sind, zu optimieren.

Dazu zählt, dass mithilfe der Gestaltungselemente eine Selektion von elementaren und optionalen Leistungen aus der gesamten vertraglich fixierten Outsourcing-Leistung ermöglicht wird. Dies ist eine wesentliche Voraussetzung, um einen optimalen Ressourceneinsatz im Anlaufmanagement von Outsourcing-Vorhaben zu gewährleisten. Weiterhin ist durch diese Selektion eine Konzentration auf essentielle Leistungen binnen der Anlaufphase zu ermöglichen, um durch die Minimierung von Schlechtleistungen das Verhältnis der Outsourcing-Partner nicht initial negativ zu beeinflussen.

4.1.2 Gestaltungselemente – Erfordernisse beim Betrieb

Im Anwendungsfall Betrieb sind sowohl aus Sicht von Outsourcing-Auftraggebern als auch von -Auftragnehmern zwei Zielsetzungen zu verfolgen. Basierend auf der als allgemeingültigen Anforderung definierten Bewertungs- und Messmöglichkeit ist einerseits durch die Gestaltungselemente dazu beizutragen, eine nach Möglichkeit vertragsrelevante Basis für die Outsourcing-Partner zur leistungsbezogenen Vergütung sowie ggf. zur Bemessung von Bonus- / Malus-Systemen zu implementieren. Dies bedingt, dass die Gestaltungselemente Kennzahlen enthalten, welche die Leistungen – logistisch, qualitativ, monetär – abbilden.

Andererseits sind neben dieser vorrangig betriebswirtschaftlichen Ausrichtung bzw. Verwendung von den in den Gestaltungselementen integrierten Kenngrößen, die Bewertungs- und Messmöglichkeiten derart auszuwählen und zu gestalten, dass diese zur statistischen Auswertung von Leistungen bzw. weitergehender zur Leistungsregelung im Sinne der Statistischen Prozess Kontrolle (SPC) eingesetzt werden können, um im operativen Einsatz Kennwerte zur erbrachten realen Leistung – jeweilig kenngrößenbezogene Festlegung einer kontinuierlichen oder zyklischen Erhebung und Auswertung – gewinnen zu können. Daher sind innerhalb der Gestaltungselemente nicht nur die Kenngrößen festzulegen sowie deren Berechnungsvorschriften auszuarbeiten, sondern auch gleichzeitig Möglichkeiten zu schaffen, um Schwellwerte für obere und untere Toleranz- wie auch Warn- und Eingriffsgrenzen festzulegen. Diese Werte werden zur SPC erforderlich, insbesondere in EDV-unterstützten Systemen, um den Nutzer, einerseits den Outsourcing-Auftragnehmer andererseits aber auch den -Auftraggeber, über die Systemleistung sowie zu deren zurückliegenden sowie möglichen zukünftigen Entwicklung zu informieren. Jedoch ist dieses Merkmal als reine Festlegung von oberen und unteren Toleranzen wie auch Warn- und Eingriffsgrenzen innerhalb der Gestaltungselemente nicht hinreichend, sondern hierzu ist die Möglichkeit zu implementieren, je kennzeichnendem Merkmal eine ggf. spezifische Eskalationsstrategie auszulösen. Beim Aufbau der Struktur der Gestaltungselemente ist zu überprüfen, ob Möglichkeiten der Vererbung von Eskalationsstrategien von über- zu untergeordneten Gestaltungselementen integriert werden können, um einerseits den Aufwand bei der Systembildung zu reduzieren, andererseits jedoch auch um sicherzustellen, dass potentielle Schwachstellen durch nicht angelegte Eskalationsstrategien minimiert werden. Als Eskalationsstrategie ist zu verstehen, dass eine Festlegung von Informationsempfängern – sowohl seitens des Outsourcing-Auftragnehmers als auch des Outsourcing-Auftraggebers – erfolgen kann, welche beim Erreichen eines der zuvor festgelegten Werte – automatisch – informiert werden. Weiterhin ist in der Eskalationsstrategie bzw. in der Struktur der Gestaltungselemente die Möglichkeit zu schaffen, nicht lediglich eine Information sondern auch parallel eine Reaktion zur Prozessregelung auszulösen. Hierdurch ist dazu beizutragen, den Koordinations- und Managementaufwand für Outsourcing-Vorhaben zu reduzieren und den Mitarbeitern die Konzentration auf Ausnahmesituationen verstärkt zu ermöglichen. Durch diese Strukturmerkmale der Gestaltungselemente ist die Transparenz für wie auch die kooperative Zusammenarbeit von Outsourcing-Auftraggeber und -Auftragnehmer zu verbessern.

4.1.3 Gestaltungselemente – Erfordernisse bei Analyse und Optimierung

Nachdem die spezifischen Erfordernisse der Anwendungsfälle Planung und Realisierung sowie Betrieb erörtert wurden, sind abschließend die Erfordernisse an die Entwicklung von Gestaltungselementen für die Aufgaben zu Analyse und Optimierung in Outsourcing-Vorhaben zu analysieren. Wesentliches Merkmal von Analyse und Optimierung soll in der zukünftigen Verwendung von Gestaltungselementen in Outsourcing-Vorhaben die Abkehr von einer sporadischen, ggf. sogar ungeplanten Durchführung dieser Aufgaben in der betrieblichen Praxis sein. Vielmehr ist durch die Gestaltungselemente dazu beizutragen, dass der Prozess einer kontinuierlichen Verbesserung unterstützt wird, um in einem gemeinschaftlichen Bestreben der Outsourcing-Partner Potentiale in Outsourcing-Vorhaben auszuschöpfen. Diese Anforderung zur Ermöglichung einer kontinuierlichen Verbesserung bedingt für die Struktur von Gestaltungselementen, dass diese Anpassungen in Outsourcing-Vorhaben, etwa verursacht durch veränderte Auftragsmengen, -zusammensetzungen, technische Innovationen im Material- oder auch Informationsfluss etc., zulassen, ohne unweigerlich eine vollständige Systemüberarbeitung zu erfordern. Hierfür ist darauf zu achten, dass die Modularität der Elemente auch bei Modifikationen gewahrt bleibt, ohne jedoch eine starre und für die moderne, dynamische Logistik unpassende Struktur vorzuschreiben. Jedoch darf diese Anpassungsfähigkeit der Gestaltungselemente nicht gleichwohl zu einer Schwachstelle dieser werden.

Allgemeine Anforderungen

- Anwendbarkeit für die möglichen Anwendungsfälle Planung und Realisierung, Betrieb sowie Analyse und Optimierung
- Durchgängige Verwendbarkeit der Gestaltungselemente bzw. der Visualisierungshilfsmittel
- Anwendbarkeit sowohl für kleine bzw. mittelständische als auch für konzernorientierte Unternehmen
- Durchgängige Integration von logistischen, qualitativen und betriebswirtschaftlichen Messmerkmalen
- Fähigkeit der Gestaltungselemente zur Abbildung von klassischen TUL- als auch von Zusatz-Leistungen

Spezifische Anforderungen Planung und Realisierung	Spezifische Anforderungen Betrieb	Spezifische Anforderungen Analyse und Optimierung
▪ Qualitative und quantitative Unterstützung der Outsourcing-Konzeption (Vergleichsmaßstab) ▪ Minimierung Aufwand durch Modularisierung ▪ Initiierung von Potentialermittlungen vor einer Outsourcing-Konzeption ▪ Erhöhung der Zeit- und Kosteneffizienz in Ausschreibungen ▪ Planung qualitätsfähiger Systeme ▪ Optimierung des Anlaufmanagements (Elementares - Optionales)	▪ Aufbau einer Basis zur leistungsbezogenen Abrechnung sowie für Bonus- / Malus-Systeme ▪ Aufbau von Systemen zur Prozessregelung mittels SPC inkl. der Parameter o/uGW, o/uWG, o/uEG ▪ Implementierung von Eskalationsstrategien sowie von Strategien zu deren „Vererbung"	▪ Bestmögliche Unterstützung eines kooperativen, kontinuierlichen Verbesserungsprozesses ▪ Aufbau anpassungsfähiger Gestaltungselemente unter Beachtung der Qualitätsfähigkeit ▪ Unterstützung von Methoden des Prozessvergleichs (systemintern wie auch systemübergreifend beim Outsourcing-Auftragnehmer sowie systemübergreifend mit Outsourcing-Auftraggebern)

Abbildung 4-2: Anforderungen an Gestaltungselemente in Outsourcing-Vorhaben

Insbesondere um den Ansprüchen des modernen Qualitätsmanagements zu entsprechen, ist beim Aufbau der Gestaltungselemente darauf zu achten, dass deren Struktur robuste, beherrschbare und prozessfähige Elemente ausbildet sowie präventive Qualitätssicherungsmaßnahmen bestmöglich zum Elementdesign wie auch zur -überwachung einbezogen werden. Das Konzept einer lernenden Organisation ist beim Aufbau der Struktur der Gestaltungselemente zu berücksichtigen. Dazu sind die Anforderungen von Konzepten wie das des Benchmarkings, welches in der betrieblichen Praxis hohen Nutzen in der Anwendung aufweist (vgl. S. 15 [Lucz01]), beim Design der Gestaltungselemente zu beachten.

Hierdurch ist während Outsourcing-Vorhaben zu ermöglichen, Prozesse im einzelnen Outsourcing-Vorhaben, aber auch Outsourcing-Vorhaben des einzelnen Outsourcing-Auftragnehmers untereinander sowie erweiternd Outsourcing-Vorhaben des Outsourcing-Auftraggebers miteinander zu vergleichen. Dies bietet die Möglichkeit von unternehmensinternen und -externen Beispielen zu lernen. In der Abbildung 4-2 werden die allgemeinen sowie anwendungsfallspezifischen Anforderungen zusammengefasst.

4.2 Modellierung von Gestaltungselementen in Outsourcing-Vorhaben

In der Menge an potentiellen Prozessen, welche durch Outsourcing-Auftragnehmer in Outsourcing-Vorhaben in der Logistik übernommen werden, erfolgt exemplarisch eine Fokussierung beim Aufbau der Gestaltungselemente auf den

Bereich der industriellen Kontraktlogistik wie auch hierin auf das Segment der logistischen Leistungen, welche vielfach seitens der Automobilindustrie nachgefragt werden.

Logistische Leistungen werden in der derzeitigen betrieblichen Praxis, wie im vorhergehenden Kapitel analysiert, sowohl in den Netzwerken der Produktionsver- und -entsorgung als auch in den Produktionsstätten der Automobilhersteller, als auch in denen derer Zulieferer nachgefragt. Zusätzlich zu diesen vorwiegend mit der Herstellung eines Automobils im engeren oder auch weiteren Sinn verbundenen Leistungen werden durch die Automobilindustrie aktuell Kontraktlogistikleistungen nachgefragt, welche als kernferne Leistungen einzustufen sind. Dieses sind beispielsweise Logistikleistungen im Zusammenhang mit Zubehörartikeln oder Ersatzteilen, welche nicht in den Produktionsstätten der Automobilindustrie oder denen derer Zulieferer nachgefragt, sondern in den bzw. zur Versorgung der Autohäuser oder direkt beim oder zur Versorgung des Endkunden benötigt werden. Aufgrund der hohen Bedeutung dieser Artikel für eine hohe Kundenbindung an den jeweiligen Automobilhersteller bzw. des zumeist hohen Deckungsbeitrags und damit der Wichtigkeit dieses Geschäfts für den Automobilhersteller, werden diese Leistungen, auch wenn sie oftmals denen der Konsumgüterkontraktlogistik entsprechen, in den weiteren Ausführungen einbezogen.

Unter Berücksichtigung des Ansatzes des Kunden-Lieferanten-Verständnisses sind die in die Netzwerke eingebundenen Akteure zumeist gleichzeitig Kunde, als Empfänger einer Leistung eines vorhergehenden Transformationsprozesses, wie auch Lieferant, als Versender einer Leistung für einen nachfolgenden Transformationsprozess. Lediglich der erste Akteur in einer im Netzwerk integrierten Versorgungskette, wie u. a. der Betreiber einer Mine zur Gewinnung von Erzen, welcher initial ein Leistungsobjekt in das Netzwerk einspeist, ist fortwährend in der Funktion des Lieferanten in ein Netzwerk eingebunden. Ebenso ist lediglich der Endkunde fortwährend in der Funktion des Kunden, des Konsumenten von Leistungen, in die Netzwerke direkt oder auch indirekt integriert. Auf die Erfüllung seiner Bedürfnisse sind die Netzwerke auszurichten, um eine starke Kundenbindung zu erlangen sowie den Geschäftserfolg des Automobilherstellers wie auch den der durch ihn beauftragten Zulieferer und Dienstleister langfristig zu sichern.

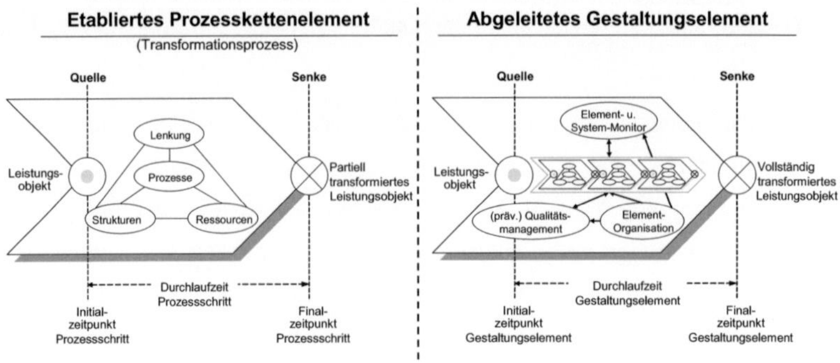

Abbildung 4-3: Prozessketten- (vgl. S. 40 [Käpp02]) und Gestaltungselement

Die Modellierung der Gestaltungselemente wird unter Berücksichtigung der Erkenntnisse des Prozesskettenverständnisses nach Kuhn (vgl. u. a. [Kuhn95], [Käpp02]) durchgeführt. Allgemeingültig und selbstähnlich sind Gestaltungselemente gemäß Abbildung 4-3 in Analogie zur Struktur von Prozesskettenelementen als diese überlagernde Ebene aufgebaut. Die Gestaltungselemente entsprechen dem übergeordneten Prinzip von Eingabe des Leistungsobjektes, Transformationen gemäß der definierten Leistung des Gestaltungselements und Ausgabe des transformierten Leistungsobjektes, wobei die Ein- und Ausgabefaktoren entsprechend den Spezifikationen der Aufgabe eines Gestaltungselements zu definieren sind und die Ausgabefaktoren eines Elements den Eingabefaktoren der potentiell nachfolgenden Gestaltungselemente zu entsprechen haben.

Kennzeichnende Merkmale der Gestaltungselemente sind in Übereinstimmung zum Prozesskettenelement Quelle und Senke, durch die ein Leistungsobjekt in ein Gestaltungselement ein- bzw. aus diesem austritt. Weiterhin wird der Transformationsprozess aus Prozesskettenelementen gebildet, wobei dieser innerhalb der Hierarchieebenen von Prozessmodellen einer Hauptprozesskette gleicht. Kennzeichnend in Abweichung zum Prozesskettenelement sind die Bausteine Element-Organisation, Element- und System-Monitor sowie (präventives) Qualitätsmanagement, welche nachfolgend detailliert als Grundstruktur eines Gestaltungselements vorgestellt werden. Konstituierender Baustein eines jeden Gestaltungselements ist die Element-Organisation. Durch diese wird einerseits die Struktur des Gestaltungselements bestimmt sowie anderseits festgelegt, in welcher Weise der Transformationsprozess zu erfolgen hat. Zudem wird durch diesen Baustein vorgegeben, welche Beiträge durch die Bausteine Element- und System-Monitor sowie (präventives) Qualitätsmanagement innerhalb des Gestaltungselements zu leisten sind. Für diese beiden Bausteine sind durch die Element-Organisation die Systemgrenzen vorzugeben wie auch die Ein- und Ausgangsgrößen exakt und widerspruchsfrei unter Angabe der Systembedingungen zu beschreiben. Durch die Element-Organisation sind Rahmenbedingungen wie u. a. Personal, Arbeitsmittel, Arbeitszeit etc. vorzugeben, welche für den zu leistenden Transformationsprozess zu berücksichtigen sind. Basierend auf den innerhalb des Element- und System-Monitors für das jeweilige Gestaltungselement erarbeiteten einzelnen Kennzahlen, ist durch die Element-Organisation für den Baustein (präventives) Qualitätsmanagement vorzugeben, welche Kennwerte zur Prozessregelung zu verwenden sind. Bei dieser Eingrenzung ist zu berücksichtigen, dass eine unverhältnismäßig hohe Anzahl an überwachten und ggf. zur Regelung verwendeten Kennzahlen nicht umgehend eine Effizienzsteigerung bewirkt. Zur Beibehaltung der Transparenz und damit zur Anwendbarkeit von Methoden wie der Statistischen Prozess Kontrolle ist die Kennwertauswahl unter der Maßgabe der Auswahl von erforderlichen und nicht von möglichen Regelwerten vorzunehmen. Der eigentliche Transformationsprozess innerhalb eines jeden Gestaltungselements ist unter Verwendung des Prozessketteninstrumentariums zu gestalten. Hierdurch wird die Anwendbarkeit von Gestaltungselementen Outsourcing-Vorhaben vereinfacht, da auf bestehendes Methodenwissen in den Unternehmen zurückgegriffen werden kann sowie bestehende Dokumentationen in Form von bereits beschriebenen Prozessketten in die Gestaltungselemente integriert werden können, wodurch eine Minimierung von Übertragungsfehlern durch Beibehaltung des Mediums erzielt wird. Der Baustein Element- und System-Monitor in einem Gestaltungselement, enthält einerseits im Element-Monitor die zur Leistungsmessung im Gestaltungselement relevanten logistischen, qualitativen und betriebswirtschaftlichen Kennzahlen sowie die u. a. zur Berechnung erforderlichen Vorschriften, andererseits mit den drei Top-Kennzahlen des Element-Monitors einen Teil des System-Monitors des gesamten modellierten Outsourcing-Systems. Eine exemplarische Anordnung zu Verknüpfungen von Element-Monitoren zu einem übergeordneten System-Monitor zeigt Abbildung 4-4.

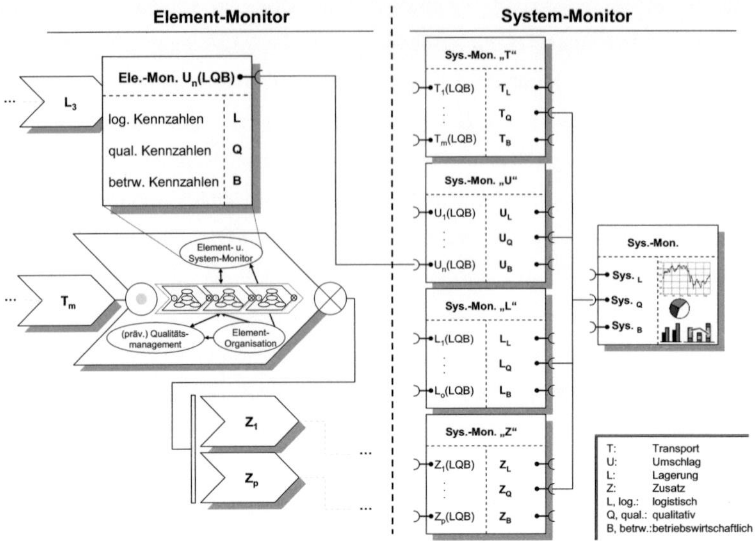

Abbildung 4-4: Schema (Gestaltungs-)Element-Monitore und System-Monitor

Damit wird es in Outsourcing-Vorhaben mithilfe der Gestaltungselemente ermöglicht, Kennwerte zu logistischen, qualitätsrelevanten, betriebswirtschaftlichen oder bereichsübergreifenden Fragestellungen im Gesamtsystem standardisiert, vergleichsweise einfach und ganzheitlich zu erfassen, wodurch ein wesentlicher Transparenzzugewinn erzielt wird. Für jeden dieser Bereiche ist nicht zwangsläufig im Gestaltungselement nur eine Kennzahl als Messgröße darstellbar, sondern basierend auf einzelnen Kennzahlen, welche nach Möglichkeit aus allgemeingültigen, anerkannten Regeln der Technik, wie der VDI-Richtlinienreihe VDI R 4400 Blatt 1 bis 3 oder der VDI-Richtlinie VDI R 4490, je Gestaltungselement und Anwendung zu entnehmen sind, um eine hohe Vergleichbarkeit zwischen verschiedenen Outsourcing-Vorhaben herbeizuführen und damit beispielsweise Benchmarking-Projekte zu unterstützen, ist eine in allen Gestaltungselementen vergleichbare Top-Kennzahl der Bereiche zu aggregieren. Bei der Auswahl der Einzelkennzahlen ist zu berücksichtigen, dass eine Überwachung der 6'r der Logistik, demnach ob die richtigen Güter, hier Leistungsobjekte, zur richtigen Zeit, in der richtigen Menge und der richtigen Qualität, zu den richtigen Kosten, zum richtigen Ort, hier von der richtigen Quelle zur richtigen Senke, transportiert, hier transformiert, werden, erfolgt.

Innerhalb des einzelnen Gestaltungselements ist zu definieren, in welchem Zusammenhang zueinander – Kennzahlensystem – die jeweiligen Kennzahlen stehen. Wichtig für die Möglichkeit zur Verknüpfung sowie zum Vergleich von Kennzahlen einzelner Gestaltungselemente miteinander ist, dass für die aggregierte Kennzahl jeweilig die gleiche Einheit bzw. Basis verwendet wird. Daher wird für alle Gestaltungselemente einheitlich eine Definition von Einheiten getroffen. Ausgehend von der logistischen Top-Kennzahl, welche die erbrachte Leistung eines Elements darzustellen hat, ist ein Durchsatz von ver- bzw. bearbeiteten Leistungsobjekten im Bezugszeitraum anzugeben. Die Auswahl des Bezugszeitraums hat derart zu erfolgen, dass ein Vergleich von Kennzahlen vereinfacht wird. Dies erfordert, dass beispielsweise keine Verfälschung der Kennzahlenaussage durch verschiedene Arbeitszeit- oder auch Schichtmodelle hervorgerufen wird. Daher ist ein Bezugszeitraum wie beispielsweise eine produktive Arbeitsstunde hierbei eine anwendbare Größe. Gleiches gilt für die qualitätsrelevante Top-Kennzahl. Diese hat im Bezugszeitraum die Gesamtanzahl an qualitativ beeinträchtigten Leistungsobjekten darzustellen. Der Bezugszeitraum der logistischen wie auch qualitätsrelevanten Kennzahl ist gleich zu wählen, um die Bildung von Verhältniskennzahlen zu unterstützen. Hierdurch kann der prozentuale Anteil aller qualitativ beeinträchtigten Leistungsobjekte im Bezugszeitraum dargestellt werden. Mittels der betriebswirtschaftlichen Top-Kennzahl sind die Gesamtkosten für die Transformation eines Leistungsobjektes abzubilden, welche jedoch in den in dieser Arbeit enthaltenen Ausführungen zu exemplarischen Gestaltungselementen nicht zu berücksichtigen, sondern der spezifischen Fachliteratur, wie beispielsweise den Ausführungen von Stölzle in „Erfolgsfaktor Kooperation in der Logistik“ (vgl. S. 167 ff [Pfoh04]) oder Weber in „Logistikkostenrechnung“ (vgl. [Webe02]) entsprechend zu gestalten sind. Hierzu sind nicht nur die reinen Betriebskosten, verursacht beispielsweise durch Energieverbrauch oder Löhne, zu berücksichtigen, sondern auch die für das betrachtete Gestaltungselement erforderlich gewordenen Investitionen bzw. die diesem zuzurechnenden Anteile, als auch ebenso zukünftige Ergebnisse.

Anhand des Beispiels der qualitätsrelevanten Top-Kennzahl eines Gestaltungselements Umschlag-Leistung wird ersichtlich, aus welchen verschiedenen Kennzahlen diese zu aggregieren ist. Innerhalb eines Gestaltungselements zum Umschlag von Leistungsobjekten in Outsourcing-Systemen in der Logistik kann in der betrieblichen Praxis eine Vielzahl von unterschiedlichen Qualitätsdefiziten, wie beispielsweise

- Entnahme von Leistungsobjekten aus einer falschen Quelle,
- unsachgemäße Handhabung beim Umschlag,
- Bereitstellung von Leistungsobjekten an einer falschen Senke etc.

auftreten. Die Ursachen für qualitative Beeinträchtigungen – Fehler – können unterschiedlich sein, jedoch ist die Fehlerfolge für den Empfänger des transformierten Leistungsobjektes vergleichbar. Daher ist eine Aggregation zulässig, da keine wesentlichen Inhalte der Kennzahlen abhanden kommen, wodurch ggf. Fehlinterpretationen der Top-Kennzahl durch den Adressaten hervorgerufen werden können. In einem optimalen Outsourcing-System ist jegliche qualitative Beeinträchtigung eines Leistungsobjekts zu minimieren, wenn nicht ggf. gänzlich auszuschließen, um einem ganzheitlichen Qualitätsverständnis, wie diesem gemäß Taguchi (vgl. S. 203 [Heri03]), zu entsprechen und einen höchstmöglichen Kundennutzen – gleich ob systeminterner oder -externer Kunde – für ein transformiertes Leistungsobjekt zu erzielen. Daher ist es für den Adressaten der Top-Kennzahl zur ersten, übergreifenden Information unerheblich, welche spezifischen, qualitativen Beeinträchtigungen vorliegen, sondern dieser benötigt für die Beurteilung, ob Maßnahmen zu ergreifen sind, lediglich die Gesamtanzahl aller Beeinträchtigungen.

Abschließend enthält jedes Gestaltungselement den Baustein (präventives) Qualitätsmanagement, welcher im Wesentlichen zwei Werkzeuge des modernen Qualitätsmanagements berücksichtigt. Einerseits zählt hierzu die zu jedem Gestaltungselement begleitende bzw. anzufertigende sowie kontinuierlich zu pflegende Fehler-Möglichkeiten- und Einfluss-Analyse (FMEA). Mittels einer FMEA ist beim Aufbau von Gestaltungselementen, gleichwohl von Gestaltungselementen für vergleichsweise einfache TUL-Leistungen oder für Zusatz-Leistungen, sicherzustellen, dass möglichst robuste, beherrschte und präventiv getestete Gestaltungselemente in Outsourcing-Vorhaben verwendet werden.

Die jedem Gestaltungselement inhärente, allgemeingültige FEMA ist bei der Implementierung eines Gestaltungselements in ein Gesamtsystem in einem Outsourcing-Vorhaben zu spezifizieren. Zudem ist in der Laufzeit eines Outsourcing-Vorhabens, insbesondere ab der Phase des Outsourcing-Prozesses darauf zu achten, dass die FMEA ggf. zu aktualisieren ist. Eine Aktualisierung kann durch unterschiedliche Ereignisse hervorgerufen werden, welche jedoch in den drei nachfolgenden übergeordneten Gruppen zusammengefasst werden können. Verursachung durch:

- Optimierung und Weiterentwicklung,
- veränderte Anforderungen des Outsourcing-Auftraggebers oder
- veränderte externe Rahmenbedingungen und Auflagen.

Zu beachten bei diesen übergeordneten Gruppen sind die potentiell vorhandenen Optionen, eine jeweilige Ursache durch Nachweis von resultierenden Vor- oder auch Nachteilen in Form einer aktualisierten FMEA für das jeweilige Gestaltungselement bzw. für das gesamte Outsourcing-System rückwirkend ggf. zu revidieren. Optimierungen und Weiterentwicklungen innerhalb eines Gestaltungselements werden vorwiegend durch einen Outsourcing-Auftragnehmer initiiert. Adressaten einer aktualisierten FMEA können hierbei zwei Interessengruppen sein. Sowohl intern beim Outsourcing-Auftragnehmer als auch extern beim -Auftraggeber, falls dessen Zustimmung oder ggf. Mitwirkung bei einer Optimierung notwendig wird, können hierdurch vereinfacht die Rechtfertigung für Investitionen oder aber auch zur Realisierung erforderliche Umstrukturierungen erlangt werden. Konträr zu dieser internen Ursache sind veränderte Anforderungen seitens des -Auftraggebers als Ursache zu bewerten.

Veränderte Anforderungen hinsichtlich des zu transformierenden Leistungsobjektes können vielfältig, wie zeitliche, mengenmäßige, qualitätsbezogene etc. Änderungswünsche sein, bedingen jedoch vielfach Änderungen im Transformationsprozess, den dabei verwendeten Ressourcen wie auch ggf. in der Aufbau- oder auch Ablauforganisation. Oftmals ist die Realisierung veränderter Anforderungen unumgänglich, wobei die Aktualisierung der FMEA des Gestaltungselements dazu beiträgt eine Risikominimierung sowohl für den Outsourcing-Auftraggeber als auch den -Auftragnehmer herbeizuführen.

Jedoch können veränderte Anforderungen auch durch die vermeintliche Optimierung eines Subsystems verursacht werden, wodurch jedoch ggf. für ein Gesamtoptimum eines Outsourcing-Systems oder aber auch eines gesamten Ver- oder Entsorgungsnetzwerks ein Nachteil erzielt wird. Hier trägt die Aktualisierung der FMEA dazu bei, die potentiell entstehenden neuen Risiken und Nachteile, verursacht durch veränderte Anforderungen des Outsourcing-Auftraggebers, zu eruieren.

Veränderte Rahmenbedingungen oder auch Auflagen sind vorwiegend als unbeeinflussbar einzustufen. Dieses können beispielsweise veränderte rechtliche Vorschriften für den Betrieb eines Outsourcing-Systems oder für die Transformation von Leistungsobjekten sein. Rückwirkend ist eine Beeinflussung derartiger Veränderungen oftmals nicht möglich und die Aktualisierung der FMEA dient bei derartigen Ursachen der Risikobeurteilung des Gestaltungselements für die veränderte Systemumgebung sowohl für den Outsourcing-Auftraggeber als auch für den Outsourcing-Auftragnehmer.

Andererseits ist in diesem Baustein eines jeden Gestaltungselements die Statistische Prozess Kontrolle (SPC) verankert. Die Statistische Prozess Kontrolle ist in direkter Verknüpfung zum Baustein Element- und System-Monitor eines jeden Gestaltungselements integriert. Innerhalb der einzelnen Element-Monitore werden je Gestaltungselement, wie bereits zuvor ausgeführt, kennzeichnende Merkmale in Form von logistischen, qualitätsrelevanten sowie betriebswirtschaftlichen Kennzahlen als einzelne, detaillierte wie auch als Top-Kennzahl je Bereich erfasst. Eine reine Erfassung der Kennzahlen sowie ggf. Weitergabe als Baustein zum System-Monitor erschöpft nicht das vollständige Potential dieser Möglichkeit. Insbesondere ist eine einzelne reine Zeitpunktbetrachtung bzw. diese für einen Bezugszeitraum nicht derart aussagekräftig, dass sowohl in der operativen betrieblichen Praxis wie auch in der strategischen Weiterentwicklung eines Transformationsprozesses für Leistungsobjekte und damit direkt bedingt für ein Gestaltungselement, abschließend Maßnahmen eingeleitet werden können. Eine wesentlich höhere Informationsqualität kann durch eine Zeitdauer- und dementsprechend durch eine Zeitreihenbetrachtung, durch den Vergleich von Werten für Kennzahlen in deren zeitlichen Entwicklung, erzielt werden.

Die Statistische Prozess Kontrolle ist aus diesem Grund ein elementarer Beitrag, um die Transformation von Leistungsobjekten in den Gestaltungselementen zu regeln. Wesentlich ist das Merkmal von Regelkreisen. Aufgrund von veränderten Kennzahlen wird nicht ein einfacher Steuerimpuls zur Korrektur der jeweiligen Abweichung ausgelöst, sondern zuvor ist anhand statistischer Auswertungen eine Ergründung möglich, ob ggf. ein einmaliges Ereignis, ein Trend etc. vorliegt, woraufhin die Einleitung von Korrekturmaßnahmen unterschiedlich auszuwählen ist. Zudem erfolgt innerhalb eines Regelkreises eine fortwährende Kontrolle, ob ein Vorgabewert durch eine Korrekturmaßnahme wieder erreicht wird, diese ggf. vorzeitig einzustellen ist, oder unter Umständen bei einer unzureichenden Korrektur weitere ergänzende -maßnahmen einzuleiten sind.

Zur Modellierung von Outsourcing-Systemen, welche in Outsourcing-Vorhaben durch einen Outsourcing-Auftragnehmer zu übernehmen oder ggf. erstmalig für einen -Auftraggeber zu installieren sind, werden vier übergeordnete Gruppen, welche Gestaltungselemente enthalten, die entsprechend der jeweiligen Leistung skalier- und adaptierbar sind, gestaltet. Grundlegend sind die drei Kernfunktionen der Logistik, Transport, Umschlag sowie Lagerung, wie auch die weiterhin betrachtete Zusatz-Leistung. Diese drastische Reduktion der Anzahl an potentiell möglichen Gestaltungselementen trägt maßgeblich dazu bei, die Komplexität in der Systembildung zu reduzieren. Insbesondere ist bei den klassischen Logistikleistungen eine Abbildung von üblicherweise erforderlichen Prozessen als Gestaltungselemente für Outsourcing-Vorhaben möglich.

Transport-Leistungen	Umschlag-Leistungen	Lager-Leistungen	Zusatz-Leistungen
▪ Element extern ▪ Straße ▪ Schiene ▪ (Binnen-)Schiff ▪ Flugzeug ▪ Element intern ▪ manuell ▪ automatisiert ▪ …	▪ Element extern ▪ zw. Verkehrsträgern ▪ zu anderen Elementen ▪ Element intern ▪ zu intern bzw. extern ▪ von manuell zu automatisiert ▪ von automatisiert zu manuell ▪ …	▪ Element extern ▪ für Rohstoffe ▪ für Halbzeuge ▪ für (End-)Produkte ▪ für … ▪ Element intern ▪ statisch ▪ dynamisch ▪ …	▪ Element intern „Kommissionierung und Sequenzierung von Komponenten" ▪ Element intern „Montage von Komponenten zu Baugruppen" ▪ …

Abbildung 4-5: Exemplarische Gestaltungselemente für Outsourcing-Systeme

Eine Übersicht zu Gestaltungselementen wird in der Abbildung 4-5 aufgezeigt. Jedoch ist bei dieser exemplarischen Auswahl zu berücksichtigen, dass auch Gestaltungselemente der Gruppen Transport, Umschlag oder Lagerung ggf. projektspezifisch beliebig komplex ausgestaltet werden können, wodurch die jeweiligen Derivate dieser klassischen Leistungen aufgrund der erlangten Individualität den Zusatz-Leistungen zuzurechnen sind. Für Zusatz-Leistungen kann nicht von üblicherweise erforderlichen Leistungen ausgegangen werden. In diesem Bereich erfolgt keine Auswahl von einzelnen, spezifischen in der betrieblichen Praxis realisierten bzw. geplanten Leistungen. Anhand der zuvor erarbeiteten Strukturierung von Gestaltungselementen sowie dem erörterten Aufbau von exemplarischen Gestaltungselementen ist jedoch dem Anwender direkt eine Umsetzung der jeweilig erforderlichen Leistung als Gestaltungselement möglich. Die Gruppen der Gestaltungselemente sind vergleichbar mit Klassen in einer Simulation. Das Äquivalent bei dieser Analogie zu den Gestaltungselementen stellen Objekte dar.

Die Modularisierung unterstützt demnach ggf. eine Implementierung von Simulationen in der Planungs- und Entwurfsphase. Bei einem Verzicht zur Abbildung in einer Simulationsumgebung wird jedoch ein Wissens- und Elementbestand von vormals nachgefragten bzw. angebotenen sowie von realisierten Outsourcing-Vorhaben sowohl seitens der -Auftragnehmer wie auch seitens der Outsourcing-Auftraggeber etabliert, wodurch den fortwährend verkürzten Bearbeitungszeiträumen für Outsourcing-Vorhaben bestmöglich entsprochen werden kann, ohne Einbußen aus logistischer, qualitätsbezogener sowie betriebswirtschaftlicher Perspektive hervorzurufen. In den folgenden Abschnitten 4.2.1 Gestaltungselemente Transport-Leistungen der Extralogistik bis 4.2.7 Gestaltungselemente Zusatz-Leistungen in der Logistik werden exemplarisch Gestaltungselemente beschrieben.

4.2.1 Gestaltungselemente Transport-Leistungen der Extralogistik

Element-Organisation: Gestaltungselemente Transport-Leistungen der Extralogistik enthalten Transformationsprozesse zur Überbrückung von Wegstrecken zwischen einzelnen Quellen und Senken in überbetrieblichen Ver- oder Entsorgungsnetzwerken. In der Element-Organisation ist zur detaillierten Beschreibung des Transformationsprozesses mittels des Prozesskettenninstrumentariums, die zur einwandfreien Leistungserstellung erforderliche Systemumgebung zu definieren. Dies umfasst die Festlegung des Transportmittels als Ressource, welche zum Transformationsprozess erforderlich wird, sowie des Personals zu deren Einsatz. Am Beispiel der Automobilindustrie können diese spezifisch je Transformationsprozess erforderlichen Vorgaben nachvollzogen werden. Bedeutender Verkehrsträger für die Automobilindustrie in Deutschland bzw. in Europa ist die Straße, respektive der Lkw als Transportmittel. Jedoch spezifiziert dies das Transportmittel nicht hinreichend. Hinreichend wird dies durch Angaben zur Be- und Entladeform – Heck- bzw. Seitenbe- oder -entladung etc. –, zu transportierende Güter bzw. die dazu zu verwendenden Ladehilfsmittel – Gewicht und Dimensionen einer Einheit, Stapelbarkeit von Einheiten etc. –, Bauform des Transportmittels – Lastkraftwagen mit Anhänger oder Sattelzugfahrzeug mit Sattelauflieger etc. – sowie eine Vielzahl an jeden Transformationsprozess weiteren kennzeichnenden Merkmalen.

Hinsichtlich des für die einzelne Ressource erforderlichen Personals sind Angaben zur notwendigen Qualifikation – allgemeine Fahrerlaubnis, spezifisch erforderliche Zusatzqualifikationen aufgrund der zu transportierenden Güter etc. – darzulegen. Hierzu ist in der betrieblichen Umsetzung eine tabellarische Auflistung aller potentiell für einen Transformationsprozess relevanten Merkmale zur Spezifizierung der Gestaltungselemente hilfreich. Neben der Spezifizierung der zum Transformationsprozess erforderlichen Ressourcen sind die Vorgaben durch die Element-Organisation für die innerhalb des Element- und System-Monitors zu erfassenden Kennzahlen des Transformationsprozesses festzulegen sowie für das (präventive) Qualitätsmanagement des Gestaltungselements bzw. die darin integrierte Statistische Prozess Kontrolle, die Festlegungen der zu regelnden Kenngrößen darzulegen. Für die Gestaltungselemente Transport-Leistungen der Extralogistik als verbindendes Element zwischen Quellen und Senken sind insbesondere Kennwerte mit zeitlichem Bezug relevant.

Ebenso wie für die Spezifizierung der Ressourcen ist dies anhand der Ver- bzw. Entsorgungsnetzwerke der Automobilindustrie nachvollziehbar. Durch die Element-Organisation werden die für die Durchführung des Transformationsprozesses zeitlichen Vorgaben – Anlieferung produktionssynchron, Spezifizierung Abhol- sowie Anlieferzeitfenster etc. – gegeben. Diese sind durch die drei Kennwerte realer Abholzeitpunkt, reale Transportdauer sowie realer Anlieferzeitpunkt innerhalb des Element-Monitors zu dokumentieren wie auch die Entwicklung deren charakteristischen Merkmale, wie u. a. durchschnittliche absolute bzw. prozentuale Abweichung, in die Statistische Prozess Kontrolle einzubeziehen.

Element- und System-Monitor: Innerhalb des Element-Monitors sind einerseits die drei durch die Element-Organisation vorgegebenen Kennwerte mit zeitlichem Bezug unmittelbar im Transformationsprozess zu erfassen, andererseits können je nach Spezifizierung der einzelnen Gestaltungselemente relevante Kennzahlen beispielsweise der VDI-Richtlinienreihe VDI R 4400 insbesondere Blatt 1 „Logistikkennzahlen für die Beschaffung“ wie auch Blatt 3 „Logistikkennzahlen für die Distribution“ entnommen und im Transformationsprozess erhoben werden. Die zum Transformationsprozess erfassten Kennwerte werden im Element-Monitor zur Bestimmung der logistischen Top-Kennzahl des Gestaltungselements genutzt. Die Bestimmung der charakterisierenden Merkmale ist auf die Basis einer verhältnismäßig kurzweiligen Einheit, bestmöglich einer Stunde auszulegen, um in der Statistischen Prozess Kontrolle Auswertungen von Tagesganglinien zu ermöglichen. Charakterisierende Merkmale der durch die Element-Organisation vorgegebenen Kennwerte sind je Transformationsprozess die entstehenden Abweichungen vom beabsichtigten Vorgabewert. Hierzu ist je Transformationsprozess die absolute Abweichung zum Soll-Abholtermin, zur Soll-Transportzeit (Soll-Transformationsdauer) und zum Soll-Anliefertermin zu bestimmen. Die absolute Abweichung für Abhol- und Anliefertermin ist als Differenz zum jeweiligen Ist-Abhol- bzw. Anlieferzeitpunkt zu errechnen.

Die absolute Abweichung von der Soll-Transportzeit ist die Differenz der Ist-Transportzeit, welche der Dauer zwischen Ist-Abhol- und Ist-Anliefertermin entspricht, und der Soll-Transportzeit. Bei Transformationsprozessen, welche nicht 1-zu-1-Beziehungen zwischen Quelle und Senke – in der Automobilindustrie sind 1-zu-1-Beziehungen Ganz- bzw. Komplettladungen eines einzelnen Zulieferers –, wie beispielsweise bei Teil- oder Sammelladungen, bei denen mehr als eine Quelle und / oder Senke in den -prozess zu integrieren sind, sind äquivalent die jeweiligen Zeitpunkte für Ist-Abholzeitpunkt und Ist-Anlieferzeitpunkt in entsprechender Häufigkeit zu erfassen. Die Dauer des gesamten Transformationsprozesses bei mehr als einer Quelle und / oder Senke wird bestimmt aus der Summe der Dauern aller Teiltransportstrecken. Hierzu ist eine Erfassung von Ankunft und Abfahrt an den Quellen durchzuführen. Ein Transformationsprozess wird als qualitativ beeinträchtigt definiert, bei welchem eine Abweichung zu einem der drei jeweiligen Vorgabewerte auftritt.

Die qualitätsrelevante Top-Kennzahl eines jeden Gestaltungselements für Transport-Leistungen der Extralogistik gibt entsprechend die absolute Anzahl der zeitlich beeinträchtigen Transformationsprozesse je Stunde an. Eine vergleichbare Aggregation hat für logistische bzw. betriebswirtschaftliche Kennwerte, wenn diese zur Prozesskontrolle erforderlich werden, zur jeweiligen Top-Kennzahl zu erfolgen.

(präventives) Qualitätsmanagement: Einerseits ist in der betrieblichen Umsetzung je Gestaltungselement eine FMEA anzufertigen bzw. die elementinhärente FMEA jeweilig zu detaillieren – besondere Beachtung bei dieser ist bei Transport-Leistungen der Extralogistik für die Systemumgebung, welche nicht unmittelbar durch Maßnahmen zu beeinflussen ist, erforderlich –, andererseits ist die Statistische Prozess Kontrolle entsprechend den Anforderungen des einzelnen Elements zu gestalten. Für Gestaltungselemente zu Transport-Leistungen der Extralogistik sind grundlegend drei Regelkarten für die drei durch die Element-Organisation vorgegebenen Kennwerte mit zeitlichem Bezug zu führen, welche ggf. um weitere Regelkarten zur Regelung von zusätzlich erfassten Kennwerten zu erweitern sind. Die statistische Auswertung der Regelkarten erfolgt grundsätzlich bei Transformationsprozessen ohne aktuelle Auffälligkeiten im offline Verfahren.

Basierend auf den im Element-Monitor je Stunde ermittelten Kennwerten für die jeweilige Anzahl an qualitativ beeinträchtigten Transformationsprozessen, für Abhol- bzw. Anlieferzeitpunkte sowie für die Transportdauer, erfolgt die Auswertung auf Wochenbasis. Die Interpretation der Regelkarten ist nachfolgend sowohl für die gesamte Wochengang- als auch für die einzelnen Tagesganglinien möglich.

4.2.2 Gestaltungselemente Transport-Leistungen der Intralogistik

Element-Organisation: Gestaltungselemente zu Transport-Leistungen der Intralogistik sind zur Überbrückung von Wegstrecken zwischen einzelnen Quellen und Senken in innerbetrieblichen Ver- und Entsorgungsnetzwerken vorgesehen. Durch die Element-Organisation ist vorzugeben, welches Fördermittel für den Transformationsprozess auszuwählen ist. Hier kann am Beispiel Automobilindustrie bzw. deren Produktionsstätten sowie denen derer Zulieferer nicht ein Fördermittel für den innerbetrieblichen Transport als vorwiegend verwendet aufgezeigt werden. Eingesetzt werden sowohl stetige – Rollen- oder Hängebahnen, Förderbänder etc. – als auch unstetige Fördermittel – jegliche Art von Flurförderzeugen, wie Gabelstapler, Schlepper mit Anhänger etc. – für Transformationsprozesse. Zudem sind für Gestaltungselemente Transport-Leistungen der Intralogistik neben den Kennwerten mit zeitlichem Bezug insbesondere Kennwerte mit qualitätsrelevantem Bezug – wesentlich für die Gruppe der unstetigen Fördermittel – bedeutsam. Einheiten, sowohl die eingesetzten Ladehilfsmittel, als auch die darin enthaltenen Komponenten, Baugruppen etc., werden im innerbetrieblichen Transport mit unstetigen Fördermitteln oftmals qualitativ beeinträchtigt und weisen für den ab der jeweiligen Senke nachfolgenden Transformationsvorgang keine uneingeschränkte Eignung auf. Daher ist durch den Element- und System-Monitor bei Gestaltungselementen der Intralogistik der Kennwert der absoluten Anzahl an qualitativ durch den Transformationsvorgang beeinträchtigten Leistungsobjekten, differenziert hinsichtlich stetigem oder unstetigem Fördermittel, zu erheben sowie dieser durch die Statistische Prozess Kontrolle in der zeitlichen Entwicklung zu überwachen. Als Top-Kennzahlen sind diese aus logistischer und qualitätsrelevanter Perspektive durch aggregierte Kennwerte von Beeinträchtigungen zu bilden.

Element- und System-Monitor: Äquivalent zu den Gestaltungselementen für Transport-Leistungen der Extralogistik sind im Element-Monitor der Intralogistik für jeden Transformationsprozess die Kennwerte für Ist-Abhol- und Anlieferzeitpunkt sowie für die Ist-Transportdauer zu erfassen. Zudem sind je Transformationsvorgang die Kennwerte für die Anzahl der durch diesen qualitativ beeinträchtigten Güter sowie dieser der qualitativ beeinträchtigten Ladehilfsmittel zu erfassen. Bei der betrieblichen Implementierung zur Erfassung der Eingabewerte sind der Erfassungspunkt sowie die Zuständigkeit kritisch zu bewerten.

Zur Gewährleistung der Vollständigkeit der Dokumentation der Beeinträchtigungen kann eine Erfassung der Kennwerte durch den dem jeweiligen Transformationsprozess nachfolgenden Prozesseigner geeigneter sein, als eine unmittelbare Eingabe durch den jeweiligen Prozesseigner. Eine Berechnung von Abweichungen, vergleichbar zu den Kennwerten mit zeitlichem Bezug, ist aufgrund der Anforderung zu Transformationsprozessen ohne jegliche Beeinträchtigung der Güter sowie der verwendeten Ladehilfsmittel nicht erforderlich. Getrennt in die Klassen Güter und Ladehilfsmittel wird entsprechend dem für die Kennwerte mit zeitlichem Bezug gewählten Bezugszeitraum die Erfassung dieser Kennwerte durchgeführt. Ein Transformationsprozess für Transport-Leistungen der Intralogistik wird als -prozess mit qualitativen Beeinträchtigungen von Gütern, unabhängig von der Menge an Gütern, welche ohne qualitative Beeinträchtigung in der Einheit beinhaltet sind, klassifiziert, wenn mindestens ein Gut die Kennzeichen erfüllt.

Ebenso erfolgt die Klassifizierung für Ladehilfsmittel. Bei diesen ist es unerheblich, ob ein Mangel oder mehrere Mängel zu beanstanden sind. Die logistische Top-Kennzahl des Gestaltungselements repräsentiert je Bezugszeitraum die absolute Anzahl an Leistungsobjekten, welche mindestens bei einem der drei Kennwerte mit zeitlichem Bezug eine Abweichung aufweisen. Die qualitätsrelevante Top-Kennzahl zeigt die Anzahl an Transformationsprozessen an, bei denen mindestens einer der beiden Kennwerte für qualitative Beeinträchtigungen für Güter oder für Ladehilfsmittel Abweichungen vom Optimum aufweist. Weitere Kennzahlen zur Erfassung relevanter Merkmale in innerbetrieblichen Transformationsprozessen sind u. a. in der VDI-Richtlinienreihe VDI R 4400 Blatt 2 „Logistikkennzahlen für die Produktion" wie auch in der VDI-Richtlinie VDI R 4494 „Operative Logistikkennzahlen von Wareneingang bis Versand" enthalten.

(präventives) Qualitätsmanagement: Ebenso wie für Gestaltungselemente Transport-Leistungen der Extralogistik ist im (präventiven) Qualitätsmanagement einerseits eine Überwachung der Gestaltungselemente ab der Planungsphase – insbesondere für derartige Gestaltungselemente, welche für den Transformationsprozess automatisierte (stetige) Fördermittel erfordern in der Form einer Verfügbarkeitsanalyse – durchzuführen, andererseits die Statistische Prozess Kontrolle zur Überwachung der Kennzahlen des Element-Monitors im zeitlichen Verlauf aufzubauen. Entsprechend sind mindestens fünf Regelkarten vorzusehen, um die Kennwerte mit zeitlichem Bezug, mit Bezug zur Beschaffenheit der Güter und der verwendeten Ladehilfsmittel zu regeln. Die statistische Auswertung erfolgt äquivalent zum vorherigen Gestaltungselement im offline Verfahren sowie auf Wochenbasis wie auch die Interpretation der Ergebnisse in Form von Wochen- und Tagesganglinien.

4.2.3 Gestaltungselemente Umschlag-Leistungen der Extralogistik

Element-Organisation: Gestaltungselemente für Umschlag-Leistungen werden in Ver- oder Entsorgungsnetzwerken zur Verknüpfung der weiteren Gestaltungselemente erforderlich. Kennzeichnend für diese Gestaltungselemente der Extralogistik sind Merkmale wie Transformationsprozesse außerhalb von abgeschlossenen Gebäuden bzw. Werkhallen oder auch außerhalb eines Werkes bzw. Betriebsstandortes. In der Element-Organisation dieser Gestaltungselemente ist zu differenzieren, ob eine Verknüpfung von externen Transport-Leistungen untereinander oder eine Verknüpfung dieser mit externen Lager- oder Zusatz-Leistungen erfolgt. Eine Verknüpfung mit Gestaltungselementen der internen Transformationsprozesse kann durch Umschlag-Leistungen der Extralogistik nicht erfolgen. Hieraus wird offensichtlich, dass in der Element-Organisation detailliert zu spezifizieren ist, von welcher Quelle zu welcher Senke der Transformationsprozess im Gestaltungselement erfolgt. Am Beispiel der Automobilindustrie in Deutschland bzw. Europa sind Beispiele für Transformationsprozesse für Umschlag-Leistungen der Extralogistik einerseits zwischen einzelnen Transportmitteln diese einer Umladung eines Wechselbehälters zwischen zwei Lkw, als -prozess ohne einen Wechsel des Verkehrsträgers bzw. diese einer Verladung eines Wechselbehälters oder eines Sattelaufliegers auf einen Eisenbahnwaggon zum Transport im Kombinierten Verkehr von Straße und Schiene, als -prozess mit einem Wechsel des Verkehrsträgers.

Andererseits sind Beispiele für Transformationsprozesse zwischen einem Transportmittel als Quelle und einem anderen Gestaltungselement der Extralogistik als Senke typischerweise Traileryards in bzw. an den Automobilwerken sowie bei deren Zulieferern, welche vielfach beim Übergang zu innerwerklichen Transformationsprozessen einen koordinierten Verkehrsfluss auf dem Werksgelände sicherstellen. Ein weiteres Beispiel für einen derartigen Transformationsprozess der Extralogistik zwischen einem Transformationsprozess Lager-Leistung der Extralogistik und einem Transformationsprozess Transport-Leistung der Extralogistik ist die erforderliche Umschlag-Leistung in einem Ladehilfsmitteldepot zur Lagerung von Leerbehältern nach der Entleerung durch die Produktion. Ebenfalls ist für Transformationsprozesse Umschlag-Leistungen der Extralogistik durch die Element-Organisation zu spezifizieren, ob und ggf. welche Ressourcen für den Transformationsprozess erforderlich werden. Werden Ressourcen erforderlich, impliziert dies die Notwendigkeit zur gleichzeitigen Angabe des zur Handhabung der Ressourcen erforderlichen Personals. Ressourcen für Umschlag-Leistungen der Extralogistik können wesentlich unterschiedlich sein. Für das Beispiel des Transformationsprozesses zur Verknüpfung der Verkehrsträger Straße und Schiene im Kombinierten (unbegleiteten) Verkehr wird als Ressource zumeist ein (Portal-)Kran erforderlich. Wesentlich unterschiedlich sind die notwendigen Ressourcen im Beispiel des Transformationsprozesses Umschlag-Leistungen in einem Depot für Ladehilfsmittel, wozu als Ressourcen üblicherweise Gabelstapler verschiedener Bauart eingesetzt werden. Kennzeichnend für diese Transformationsprozesse sind ebenso wie für diese der Transport-Leistungen der Extralogistik, Kennwerte mit zeitlichem Bezug, welche durch den Element- und System-Monitor zu erfassen und durch das (präventive) Qualitätsmanagement zu regeln sind. Explizit sind dies Kennwerte zur Dauer des Transformationsprozesses sowie Kennwerte zur Wartezeit auf den Transformationsprozess.

Element- und System-Monitor: Generell zu differenzieren ist bei Transformationsprozessen zu Umschlag-Leistungen der Extralogistik in Kennzahlen für -prozesse ohne und in diese für -prozesse mit erforderlichen Ressourcen. Für Transformationsprozesse ohne zusätzlich erforderliche Ressourcen ist die Erfassung von zwei Zeitpunkten hinreichend. Hier sind der Ist-Zeitpunkt von Einleitung und Beendung des Transformationsprozesses zu dokumentieren. Eine Bestimmung der Abweichung von Ist- und Soll-Zeitpunkt der Einleitung ist nicht notwendig, da diese Abweichung bereits durch Kennwerte des vorausgehenden Gestaltungselements der Transport-Leistung der Extralogistik dokumentiert wird. Eine Bestimmung der Abweichung ist für die Dauer des Prozesses als Differenz zwischen der Soll-Prozessdauer und der ermittelten Ist-Prozessdauer als

Differenz zwischen Ist-Einleitungs- und -Beendungs-Zeitpunkt durchzuführen. Als Bezugszeitraum ist ebenfalls zu den zuvor erörterten Gestaltungselementen eine Stunde ein geeigneter Zeitraum, da hierdurch auch für diese Leistungen eine Interpretation von Tagesganglinien ermöglicht wird. Für Prozesse, zu welchen Ressourcen erforderlich werden, sind ebenfalls diese zwei Zeitpunkte zu dokumentieren. Jedoch werden hiermit sowie durch die Berücksichtigung der Zeitpunkte des Eintreffens eines Transportmittels zum Umschlag als Kennwert, welcher im Gestaltungselement Transport-Leistungen der Extralogistik erfasst wird, die Wartezeit auf die Einleitung des Transformationsprozesses bestimmt. Diese wird ermittelt aus der Differenz zwischen dem Ist-Endzeitpunkt der Transport-Leistung und aus dem Ist-Einleitungszeitpunkt der Umschlag-Leistung. Im Optimum ist anzustreben, dass diese Abweichung gegen Null tendiert und eine unmittelbare Einleitung des Transformationsprozesses erfolgt. Weiterhin ist die Abweichung der Ist-Prozessdauer, als Differenz zwischen dem Ist-Einleitungs- und -Beendungs-Zeitpunkt, von der Soll-Prozessdauer als Differenz der Kennwerte zu bestimmen. Die logistische Top-Kennzahl repräsentiert alle Transformationsprozesse, welche mindestens eine Abweichung von den Soll-Prozessvorgaben aufweisen. Abweichend zu den weiteren Gestaltungselementen kann für dieses nicht auf allgemeine Richtlinien der betrieblichen Praxis zur Übersicht über zusätzlich ggf. relevante Kennzahlen verwiesen werden. Die Logistikprozesse zu Umschlagsleistungen in der Extralogistik finden in diesen keine gesonderte Berücksichtigung.

(präventives) Qualitätsmanagement: Vergleichbar zu den Gestaltungselementen für Transport-Leistungen ist im (präventiven) Qualitätsmanagement einerseits die präventive Qualitätssicherung des Prozesses ab der Planung sicherzustellen. Andererseits ist die Statistische Prozess Kontrolle aufzubauen. Regelkarten sind für die Kennwerte Anzahl der Transformationsprozesse ohne zusätzliche Ressourcen mit Abweichungen der Prozessdauer, Anzahl der Transformationsprozesse mit zusätzlich erforderlichen Ressourcen, welche Wartezeiten enthalten wie auch Anzahl der Transformationsprozesse mit zusätzlich erforderlichen Ressourcen, bei denen Abweichungen von der Soll-Prozessdauer dokumentiert sind, zu führen. Die statistische Auswertung erfolgt gleichfalls wöchentlich im offline Verfahren wie auch die Interpretation von Tages- und Wochenganglinien.

4.2.4 Gestaltungselemente Umschlag-Leistungen der Intralogistik

Element-Organisation: Gestaltungselemente für Umschlag-Leistungen der Intralogistik sind ebenso wie diese der Extralogistik verknüpfende Elemente. Diese dienen dem Umschlag von Leistungsobjekten zwischen Transformationsprozessen der Gestaltungselemente Transport-Leistungen der Intralogistik untereinander oder zur Verknüpfung dieser mit Transformationsprozessen der Gestaltungselemente zu Lager- oder auch Zusatz-Leistungen der Intralogistik. Abweichend zu diesen in Analogie zu Gestaltungselementen für Umschlag-Leistungen der Extralogistik beschriebenen Funktionen des -elements, ermöglicht dieses die Verknüpfung eines Transformationsprozesses eines Gestaltungselements Transport-Leistung der Extralogistik mit intralogistischen Transformationsprozessen. Wesentlich für diese Transformationsprozesse genutzte Ressourcen sind in der Automobilindustrie in Deutschland wie auch in Europa (personengeführte) Flurförderzeuge, respektive jegliche Bauart von Gabelstaplern. Durch die Element-Organisation ist zu präzisieren, welche Ressourcen in welcher Ausprägung für den jeweiligen Transformationsprozess einzusetzen sind. Neben allgemein üblichen Spezifikationen wie maximal zulässiges Hubgewicht, maximale Hubhöhe, Notwendigkeit zum Freihub bei teleskopierbaren Hubgerüsten etc., welche beim Einsatz derartiger Flurförderzeuge obligatorisch sind, sind insbesondere zwei Bauelemente der Ressourcen zu spezifizieren. Einerseits ist je Transformationsprozess die Wahl des Antriebskonzeptes – Differenzierung zwischen Verbrennungskraftmotoren für gasförmige bzw. flüssige Kraftstoffe oder Elektromotoren – wesentlich für die mögliche Prozesseffizienz, wie auch nicht zuletzt maßgeblich für die Auswirkungen des Einsatzes des Flurförderzeugs auf die Systemumgebung. Andererseits ist die Auswahl des erforderlichen Anbaugerätes essentiell, um die Voraussetzungen für eine höchstmögliche Prozesseffizienz zu schaffen.

Insbesondere bei Transformationsprozessen in Gestaltungselementen zu Umschlag-Leistungen der Intralogistik sind die Leistungsobjekte aufgrund der erforderlichen Handhabungsvorgänge erhöhter Gefährdung hinsichtlich qualitativer Beeinträchtigungen ausgesetzt. Aus diesem Grund ist im Element- und System-Monitor dieser Gestaltungselemente eine Dokumentation der Unversehrtheit der transformierten Leistungsobjekte während des Transformationsprozesses zu schaffen. Zudem ist nach Möglichkeit auf die offensichtliche Erhebung von Kennwerten mit zeitlichem Bezug zu verzichten, um einer unsachgemäßen Handhabung von Leistungsobjekten zur Erreichung von Soll-Zeitvorgaben für den Prozess und damit potentiellen Gefährdungen der Leistungsobjekte vorzubeugen. Im Element-Monitor sind, vergleichbar zu den qualitätsrelevanten Kennwerten in Gestaltungselementen zu Transport-Leistungen der Intralogistik, Kennzahlen zur absoluten Anzahl an Transformationsprozessen mit qualitativ beeinträchtigten Gütern sowie zu dieser von qualitativ beeinträchtigen Ladehilfsmitteln als Top-Kennzahl zu dokumentieren. Der Bezugszeitraum ist zur Wahrung der Vergleichbarkeit von Kennwerten verschiedener Gestaltungselemente untereinander ebenfalls auf eine Stunde auszurichten. Zu berücksichtigen sind bei der Gestaltung des Element-Monitors die vielfach von diesen Gestaltungselementen wahrzunehmenden Funktionen des Wareneinbzw. -ausgangs im innerbetrieblichen Materialfluss.

Element- und System-Monitor: Basierend auf den Erkenntnissen der FMEA des spezifischen Gestaltungselements sind die potentiell relevanten Fehlerklassen für Güter als auch für Ladehilfsmittel zu definieren und als Kennzahl im Element-Monitor abschließend zu erfassen. In der Gruppe der Kennzahlen zu qualitativen Beeinträchtigungen ist eine zusätzliche Aggregationsstufe vorzusehen. Die Kennzahlen sind hinsichtlich der übergeordneten Merkmale Verlust von Gütern im Transformationsprozess, Beschädigung von Gütern im Transformationsprozess sowie in Transformation von falschen Gütern zu differenzieren.

Beispiele für diese Gruppen können für Verluste solche sein, die ggf. beim Umschlag von Gütern auftreten, welche als Massengut in Gitterboxpaletten zu handhaben sind, für Beschädigungen jene sein, die durch Einstoß von Gabelzinken in Ladeeinheiten, die bei der Lastaufnahme ggf. auftreten oder diese für die Transformation von falschen Gütern, hervorgerufen durch den Umschlag von Gütern der falschen Quelle, sein. In der Klasse für qualitative Beeinträchtigungen des Ladehilfsmittels im Transformationsprozess ist keine weitere Segmentierung erforderlich. Der Kennwert zeigt die Anzahl aller Transformationsprozesse an, bei denen im Betrachtungszeitraum qualitative Beeinträchtigungen des Ladehilfsmittels entstehen.

In der qualitätsrelevanten Top-Kennzahl ist im Element-Monitor die Aggregation der einzelnen Kennwerte vorzunehmen. Ein Transformationsprozess wird als qualitativ beeinträchtigt im Betrachtungszeitraum verzeichnet, wenn mindestens bei einem der vier verschiedenen qualitätsrelevanten Kennwerte eine Abweichung verzeichnet wird. Ebenfalls ist die Erfassung von qualitativen Beeinträchtigungen sowohl von transformierten Gütern als auch der ggf. dazu erforderlichen Ladehilfsmittel vom Prozesseigner des nachfolgenden Gestaltungselements durchzuführen, um wiederum eine nach Möglichkeit vollständige (objektive) Erhebung der Kennwerte zu erhalten. Zusätzlich relevant können im Element-Monitor zu Gestaltungselementen zu Umschlag-Leistungen der Intralogistik Kennzahlen der VDI-Richtlinienreihe VDI R 4400 insbesondere Blatt 2 „Logistikkennzahlen für die Produktion“ sowie der VDI-Richtlinie VDI R 4490 „Operative Logistikkennzahlen von Wareneingang bis Versand“ sein.

(präventives) Qualitätsmanagement: Durch die FMEA innerhalb des (präventiven) Qualitätsmanagements wird die Basis für die Ableitung der im Element-Monitor begleitend zum Transformationsprozess zu erhebenden Kennzahlen geschaffen, wodurch die FMEA frühestmöglich in der Planung des Gestaltungselements in der betrieblichen Praxis durchzuführen bzw. zum jeweiligen -element zu spezifizieren ist. Durch die Statistische Prozess Kontrolle sind für Gestaltungselemente zu Umschlag-Leistungen der Intralogistik vier Regelkarten zu führen. Durch diese werden die drei Klassen zu qualitativen Beeinträchtigungen von Gütern sowie diese zu Ladehilfsmitteln im offline Verfahren geregelt. Die periodische Abfolge ist gleich zu dieser der vorherig detaillierten Gestaltungselemente.

4.2.5 Gestaltungselemente Lager-Leistungen der Extralogistik

Element-Organisation: Durch Gestaltungselemente zu Lager-Leistungen der Extralogistik wird eine Vielzahl von unterschiedlichen Lageraufgaben in Produktionsver- oder Produktionsentsorgungsnetzwerken abgebildet. Übergeordnet dienen Lager der Überbrückung von Zeit bis zum Bedarf des Lagergutes bei nicht produktionssynchronen Abläufen. Charakteristisch für die Lagerung der Extralogistik der Produktionsversorgung in der Automobilindustrie ist oftmals die Lagerung ganzer Transportbehältnisse – insbesondere Container oder Wechselbehälter jeglicher Bauart und Bauform –, welche als Ressource in Transformationsprozessen zu Transport-Leistungen der Extralogistik verwendet werden. Die Lagerung derartiger Lagereinheiten erfordert keine spezifischen Lagergestelle, welche durch die Element-Organisation vorzugeben wären. In Lagern der Produktionsentsorgung von Automobilwerken bzw. der Produktionsstätten derer Zulieferer können in der Extralogistik zwei Lagerarten voneinander unterschieden werden. Einerseits kann ein Lager der Extralogistik dazu bestimmt sein, ebenso wie ein Lager der Extralogistik zur Produktionsversorgung, als Lagergut ganze Transportbehälter für Transport-Leistungen der Extralogistik zu lagern. Diese Funktion kann sowohl nach den Produktionsstätten der Zulieferer beim Versand großer Transportvolumina über große -distanzen als auch nach den Automobilwerken, beispielsweise für den Versand von Komponenten und Baugruppen bei completely- bzw. semi-knocked-down Sendungen, erforderlich werden.

Andererseits kann ein Lager der Extralogistik dazu bestimmt sein, Fertigprodukte nach der Produktion in einem Automobilwerk zu lagern. Dieses sind fahrbereite Kraftfahrzeuge jeglicher Art, welche bis zum nachfolgenden Transformationsprozess zu lagern sind. Demzufolge ist durch die Element-Organisation zu spezifizieren, welche Funktion durch das Gestaltungselement auszuführen ist. Wesentlich unterschiedlich je definierter Funktion sind die zum Transformationsprozess notwendigen Ressourcen bzw. die zur Lagerung erforderlichen Lagerflächen sowie die zur Lagerbewirtschaftung zusätzlich integrierten Funktionsflächen, welche übergeordnet durch die Element-Organisation zu definieren sind. Kennzeichnend für Lager der Extralogistik ist die Lagerdauer der Lagereinheiten, welche als Top-Kennzahl durch den Element- und System-Monitor zu dokumentieren ist.

Element- und System-Monitor: Im Element-Monitor für Gestaltungselemente zu Lager-Leistungen der Extralogistik sind Kennwerte zu Zeitpunkten und nicht wie bei allen vorherig detaillierten Gestaltungselementen zu einem Zeitraum zu generieren. Der Bezugszeitpunkt wird derart festgelegt, dass dieser dem jeweiligen Anfang bzw. Ende des Betrachtungszeitraums der weiteren Gestaltungselemente entspricht. Zu erfassen ist je Lagereinheit der Ist-Zeitpunkt des Anfangs und der Ist-Zeitpunkt des Endes der Lagerung. Zu überwachen ist im Element-Monitor die jeweilige Abweichung der Ist- von der Soll-Lagerdauer. Die

Ist-Lagerdauer ist je Transformationsprozess als Differenz der erfassten Zeitpunkte zu bestimmen. Ein Transformationsprozess für ein Lagergut wird in der logistischen Top-Kennzahl bei identifizierten Abweichungen zum Zeitpunkt der Generierung der Kennzahl als beeinträchtigt eingestuft.

(präventives) Qualitätsmanagement: Durch die Statistische Prozess Kontrolle ist der Transformationsprozess hinsichtlich der Soll-Lagerdauer zu regeln. Hierzu ist eine Regelkarte für die Lagerdauer zu führen, welche gleich zu den weiteren Gestaltungselementen im offline Verfahren die statistische Auswertung der erhobenen Kennwerte auf Wochenbasis und die Interpretation von Auffälligkeiten anhand von Wochen- und Tagesganglinie ermöglicht.

4.2.6 Gestaltungselemente Lager-Leistungen der Intralogistik

Element-Organisation: Konträr zu den Transformationsprozessen in Gestaltungselementen zu Lager-Leistungen der Extralogistik, sind für diese der Intralogistik Systemumgebungen in von Umwelteinflüssen zumeist abgeschlossenen Lagerstätten obligatorisch. Die durch diese Gestaltungselemente dargestellten Funktionen sind zudem wesentlich vielfältiger im Vergleich zu diesen der Extralogistik. Beispiele für Lager-Leistungen der Intralogistik in allen Stufen der Produktionsversorgung in der Automobilindustrie können Lager zur Sequenzbildung von Bauteilen und Komponenten, Rohmaterialienlager etc. sein. Gleichfalls gibt es in der Produktionsentsorgung der Intralogistik Lager, welche jedoch gemäß der Produktionsstruktur in der Automobilindustrie nur nachfolgend zu einer Produktion von Komponenten und Bauteilen, nicht jedoch zur Montage eines fahrbereiten Kraftfahrzeugs, in die Produktionsentsorgung eingebunden sein können. Durch die Element-Organisation ist die Lageraufgabe zu spezifizieren. Lager-Leistungen der Intralogistik erfordern in der betrieblichen Praxis zumeist spezifische Lagereinrichtungen in Form von Lagergestellen etc.

Eine Differenzierung dieser jedoch umfasst jegliche Lösungen, die in der Lagertechnik etabliert sind, weshalb in diesen allgemeinen Ausführungen zu Gestaltungselementen zu Lager-Leistungen der Intralogistik auf diese verzichtet wird und eine Differenzierung erst bei in der betrieblichen Spezifizierung der Gestaltungselemente erfolgt. Charakterisierend für die Lager-Leistungen der Intralogistik ist ebenso wie in der Extralogistik die Ist-Lagerdauer eines jeden

Transformationsprozesses. Vervollständigend kommt in Lagern der Intralogistik aufgrund der vielfach unmittelbaren Produktionsversorgungsfunktion ein Kennwert für die Verfügbarkeit eines Leistungsobjektes im Lager hinzu. Beide Kennwerte sind im Element- und System-Monitor dazu zu nutzen, die logistische Top-Kennzahl zu aggregieren.

Element- und System-Monitor: Gemäß den Vorgaben der Element-Organisation sind im Element-Monitor die Lagerdauer sowie die Verfügbarkeit je Leistungsobjekt zu dokumentieren. Erhebungen der Kennwerte werden gleichfalls zur Extralogistik zu einem Zeitpunkt, welcher identisch zur Extralogistik zu wählen ist, vollzogen. Zur Generierung der Kennwerte ist die Erfassung des Ist-Einlager- sowie des Ist-Auslagerzeitpunktes je Leistungsobjekt erforderlich, mittels derer die Ist-Lagerdauer sowie die Abweichung von der Soll-Lagerdauer zu bestimmen ist. Für die Verfügbarkeit eines Leistungsobjektes sind durch die Element-Organisation Soll-Vorgaben für den jeweiligen Mindest- und den Meldebestand sowie zur Soll-Wiederbeschaffungsdauer zu definieren. Durch den Element-Monitor sind diese Kennwerte je Transformationsprozess zu dokumentieren. Ein Transformationsprozess zu einem Leistungsobjekt im Lager ist zu beanstanden, wenn eine Abweichung zwischen Soll- und Ist-Wiederbeschaffungszeit – die Ist-Wiederbeschaffungszeit entspricht der Zeitdauer zwischen Ist-Meldebestandszeitpunkt und Ist-Einlagerungszeitpunkt eines Leistungsobjektes – bzw. ein Mindestbestand unterschritten wird.

Die logistische Top-Kennzahl repräsentiert zum Erhebungszeitpunkt die Anzahl aller Transformationsprozesse, bei welchen eine Abweichung zwischen Soll- und Ist-Lagerdauer oder eine Abweichung zwischen Ist- und Soll-Wiederbeschaffungszeit bzw. eine Unterschreitung des Mindestbestands zu verzeichnen ist. Insbesondere gibt es für Transformationsprozesse von Gestaltungselementen zu Lager-Leistungen der Intralogistik vielfältigste Kennzahlenübersichten. Auch sind hierzu u. a. in der VDI-Richtlinienreihen VDI R 4400 sowie der VDI-Richtlinie VDI R 4490 zusätzliche Kennzahlen enthalten.

(präventives) Qualitätsmanagement: Die Statistische Prozess Kontrolle im (präventiven) Qualitätsmanagement bei Gestaltungselementen zu Lager-Leistungen der Intralogistik wird zur Regelung der Kennwerte Anzahl Transformationsprozesse mit Abweichungen von der Soll-Lagerdauer bzw. mit diesen von der Soll-Wiederbeschaffungszeit sowie mit diesen von definierten Mindestbeständen genutzt. Dazu sind je Gestaltungselement drei Regelkarten zu führen, welche im offline Verfahren hinsichtlich Auffälligkeiten in den Wochen- und Tagesganglinien zu untersuchen sind.

4.2.7 Gestaltungselemente Zusatz-Leistungen in der Logistik

Element-Organisation: Gestaltungselemente zu Zusatz-Leistungen sowohl in der Extra- als auch in der Intralogistik erfordern in der Planung und Realisierung wesentlich höheren Aufwand, als die zuvor detaillierten Gestaltungselemente zu Transport-, Lager- oder Umschlag-Leistungen aufgrund der nicht vorhandenen Möglichkeit zur allgemeingültigen Vorbereitung und Modularisierung. In der Automobilindustrie werden durch Logistikdienstleister sowohl innerhalb der Netzwerke zur Produktionsversorgung als auch innerhalb dieser zur Produktionsentsorgung für Automobilwerke sowie für Produktionsstätten der Zulieferer unzählige Zusatz-Leistungen erbracht. Dieses können vergleichsweise einfache Tätigkeiten der Konfektio- oder Kommissionierung ohne grundlegend wertschöpfende Inhalte bis hin zu Tätigkeiten der Herstellung oder Montage sein. Durch die Element-Organisation sind insbesondere bei diesen Gestaltungselementen die Funktion sowie die Interaktion des -elements mit Transport-, Umschlag- oder Lager-Leistungen zu spezifizieren. In der Element-Organisation ist zu erschließen, welche Anforderungen hinsichtlich des Element- und System-Monitors sowie des (präventiven) Qualitätsmanagements bestehen. Diese erlangen vorrangig bei Zusatz-Leistungen besondere Relevanz für eine hochwertige Leistung des Gestaltungselements sowie des aus -elementen gebildeten Outsourcing-Systems.

Element- und System-Monitor – (präventives) Qualitätsmanagement: Innerhalb des Elementmonitors sind für Zusatz-Leistungen grundsätzlich alle drei Top-Kennzahlen zu generieren, um durch eine besondere Aufmerksamkeit für diese Elemente die Leistung für die Outsourcing-Partner einwandfrei zu erbringen. Dieser vermehrte Aufwand ist aufgrund der oftmals vorhandenen kernferne der Leistung für den Outsourcing-Auftragnehmer sowie der zugleich zumeist gegebenen gesteigerten Bedeutung der Leistung für den Outsourcing-Auftraggeber gerechtfertigt. Aus logistischer Sicht ist die zeitgerechte Transformation von Leistungsobjekten zu dokumentieren. Dies ist bei Zusatz-Leistungen oftmals nicht ausreichend durch die Erfassung der Durchlaufzeit durch ein Gestaltungselement, sondern vielfach wird die Erfassung und Dokumentation von einzelnen Teilprozesszeiten, welche beispielsweise in einem Produktionsprozesse im Gestaltungselement einzuhalten sind, erforderlich. Aus qualitätsrelevanter Perspektive sind Kennwerte zur Unversehrtheit der transformierten Leistungsobjekte sowie der zur Handhabung erforderlichen Ladehilfsmittel, wie beispielsweise bei Umschlag-Leistungen der Intralogistik nicht hinreichend.

Für die im Gestaltungselement ggf. integrierten Produktionsprozesse sind alle qualitätsrelevanten, insbesondere sicherheitsrelevanten, Prozess- und Objektparameter je Leistungsobjekt zu dokumentieren. Insbesondere ist bei derartigen Gestaltungselementen der Transformationsprozess hinsichtlich der Einhaltung der betriebswirtschaftlichen Vorgaben, nicht zuletzt zur Sicherung des Unternehmenserfolgs des ausführenden Outsourcing-Auftragnehmers, konsistent zu überwachen. In Gestaltungselementen zu Zusatz-Leistungen der Extra- oder der Intralogistik ist in der Statistischen Prozess Kontrolle eine Regelung jeglicher Einzelkennzahlen obligatorisch.

4.3 Allgemeine und phasenspezifische Anforderungen an ein Vorgehensmodell

Im nachfolgenden Unterkapitel werden einerseits die Anforderungen an ein allgemeingültiges Vorgehensmodell für Outsourcing-Vorhaben in der Logistik aus der Perspektive von potentiellen Outsourcing-Auftraggebern wie auch von -Auftragnehmern abgeleitet, andererseits in den im Unterkapitel enthaltenen Abschnitten die einzelnen Teile zu einem Vorgehensmodell entsprechend der Strukturierung eines Outsourcing-Vorhabens aus Abschnitt 2.1.2 aufgebaut.

Obgleich Outsourcing-Vorhaben in der betrieblichen Praxis vielfach sehr spezifisch gestaltet und oftmals seitens der involvierten Mitarbeiter als einzigartig und vollkommen unvergleichbar mit anderen Outsourcing-Vorhaben eingestuft werden, ist eine Vergleichbarkeit bei den Inhalten in den zu durchlaufenden Phasen herstellbar. Ähnlichkeiten können für diese Merkmale bei den klassischen Planungsaufgaben für Materialfluss- und Logistik-Systeme festgestellt werden. Auch bei diesen Planungsaufgaben hat sich in der betrieblichen Praxis ein allgemeingültiges, vielfach deckungsgleiches Vorgehen in der Planung etabliert, welches beispielsweise in den Richtlinienwerken des Vereins Deutscher

Ingenieure e. V., wie in der VDI R 2498 „Vorgehen bei einer Materialflussplanung“, festgeschrieben ist (vgl. [VDI2498]). Ebenso ist das Ergebnis eines Projektes zur Materialflussplanung vielfach ein äußerst komplexes sowie einzigartiges System. Jedoch werden eine Planungsdurchführung sowie das dabei erzielbare Planungsergebnis maßgeblich durch eine Standardisierung des Planungsvorgehens optimiert. Zudem führt die Standardisierung des Ablaufs zu einer Steigerung der Transparenz für die beteiligten Mitarbeiter, was sich ebenso positiv auf den Projektverlauf auswirkt. Die Arbeitsinhalte einer Materialflussplanung sind in Planungen für Outsourcing-Vorhaben in der betrieblichen Praxis nahezu immer identifizierbar, da bei einer externen Vergabe in der Logistik üblicherweise Materialflusssysteme zu planen und in Betrieb zunehmen sind. Daher ist bei der Ableitung eines allgemeingültigen Vorgehensmodells für Outsourcing-Vorhaben sicherzustellen, dass die Belange der Materialflussplanung in den Phasen Outsourcing-Konzeption und Outsourcing-Projekt berücksichtigt werden. Zusätzlich hat ein allgemeingültiges Vorgehensmodell neben diesen Phasen auch die letzte, die Betriebsphase, als Phase des Outsourcing-Prozesses abzubilden.

Aufgrund der Komplexität, welche in Outsourcing-Vorhaben phasenunabhängig sowohl für Outsourcing-Auftraggeber als auch Outsourcing-Auftragnehmer entsteht, ist es förderlich für die Transparenz im -Vorhaben, wenn diesem ein allgemeingültiges Vorgehen mit einem zugeordneten Modell zugrunde gelegt wird. Modelle sind in der Wissenschaft und Forschung sowie in der Industrie dazu da, die Realität darzustellen und begreifbar zu machen. Gemäß der Richtlinie VDI R 3633 ist ein Modell „eine vereinfachte Nachbildung eines existierenden oder gedachten Systems mit seinen Prozessen in einem anderen begrifflichen oder gegenständlichen System“ (vgl. S. 9 [VDI3633]). Ebenso wie beim Aufbau der Gestaltungselemente für Outsourcing-Vorhaben in der Logistik, trägt die Modellvorstellung für -Vorhaben dazu bei, hierzu ggf. die Simulation als ein Werkzeug der Planung und der Planungsunterstützung zu erschließen. In der Phase der Outsourcing-Konzeption ist zu erörtern, durch welche Werkzeuge das Planungsteam einerseits in der zu bewältigenden Planungsaufgabe unterstützt wird und andererseits, welche Werkzeuge den Aufbau eines Referenzsystems zur Bewertung von in späteren Phasen nachfolgenden Angeboten ermöglichen. Ergänzend ist ab der Phase der Outsourcing-Konzeption auf eine Ganzheitlichkeit der Planung zu achten. Dies impliziert, dass bereits in der Phase der Outsourcing-Konzeption zu erörtern ist, welches die kennzeichnenden Merkmale des Outsourcing-Systems sind, wie diese als Bewertungskriterien in das Referenzsystem sowie zur Bewertung von Systemen zu Angeboten in der Phase Outsourcing-Projekt, aber auch zur Regelung der Abläufe, wie auch zur Vergütung in der Phase Outsourcing-Prozess verwendet werden können. Spätestens ab der Phase des Outsourcing-Projektes ist die präventive Qualitätssicherung für das Outsourcing-System zu forcieren, um vorausschauend, noch vor jeglicher Ausführung und Realisierung potentielle Fehler sowie deren Ursachen zu ermitteln, zu klassifizieren sowie ggf. zu eliminieren. Mittels der Werkzeuge der präventiven Qualitätssicherung sind sowohl das seitens des Outsourcing-Auftraggebers entwickelte Referenzsystem als auch die Systeme zu den jeweiligen Angeboten der potentiellen -Auftragnehmer zu überprüfen und zu bewerten. Diese Bewertung ist als Anteil in die Angebotsbewertung zu integrieren, um ein möglichst qualitätsfähiges System auszuwählen. Bei der Auswahl der Werkzeuge zur präventiven Qualitätssicherung ist sicherzustellen, das anerkannte Regeln der Technik und existierende, wenn möglich branchenunabhängige, Standards verwendet werden, um eine hohe Verwendbarkeit der Werkzeuge zu ermöglichen und auf ein hohes Potential an vorhandenem Fachwissen sowohl bei Outsourcing-Auftraggebern als auch Outsourcing-Auftragnehmern zurückgreifen zu können. Die Abläufe im Vorgehensmodell in der Phase Outsourcing-Projekt sind daraufhin auszurichten, ein bei einer Realisierung eines Outsourcing-Vorhabens erforderliches Anlaufmanagement für das Outsourcing-System bestmöglich vorzubereiten sowie zu unterstützen.

Allgemeine Anforderungen

- Verwendung von Gestaltungselementen für Outsourcing-Vorhaben in der Logistik
- Unterstützung des Projektteams und -managements im Outsourcing-Vorhaben
- Berücksichtigung von immateriellen und materiellen Leistungsobjekten
- Verwendung von anerkannten, nach Möglichkeit branchenunabhängigen Standards und Regeln der Technik

Spezifische Anforderungen Outsourcing-Konzeption	Spezifische Anforderungen Outsourcing-Projekt	Spezifische Anforderungen Outsourcing-Prozess
▪ Aufbau eines Referenzsystems zum Vergleich mit potentiellen Outsourcing-Auftragnehmern ▪ Identifikation von Bewertungsmaßstäben und Kennzeichnen zur Abrechnung ▪ Berücksichtigung der Arbeitsinhalte einer Materialflussplanung	▪ Präventive Qualitätssicherung für das zukünftige Outsourcing-System ▪ Unterstützung des Anlaufmanagements im Outsourcing-System ▪ Berücksichtigung der Arbeitsinhalte einer Materialflussplanung	▪ Regelung des Outsourcing-Systems mittels Verfahren des Qualitätsmanagements aus der industriellen Produktion ▪ Implementierung von Hilfsmitteln zur Unterstützung von Analyse und Optimierung aus der industriellen Produktion

Abbildung 4-6: Anforderungen an ein Vorgehensmodell für Outsourcing-Vorhaben

In der Phase Outsourcing-Prozess ist aufzuzeigen, wie Abläufe im Outsourcing-System wie auch erforderliche Austauschbeziehungen zwischen Outsourcing-Auftraggeber und -Auftragnehmer durch die Anwendung von in der industriellen Produktion etablierten Verfahren des Qualitätsmanagements bestmöglich geregelt werden können. Zu berücksichtigen ist, dass sowohl eine Regelung von produktiven Tätigkeiten, bei welchen die Objekteigenschaften eines materiellen Leistungsobjekts durch den Transformationsprozess manipuliert werden, als auch das eine Regelung von Abläufen der Transformation von immateriellen Leistungsobjekten, respektive von logistischen sowie von Zusatz-Leistungen, zu gewährleisten ist. Zudem ist zu überprüfen, welche Möglichkeiten aus der industriellen Produktion zur Analyse eines als potentiell verschlechtert klassifizierten Ablaufs sowie zur nachvollziehbaren Behebung der bei der Analyse identifizierten Ursache verwendet werden können. Hierbei ist zu berücksichtigen, dass die betrachteten Outsourcing-Systeme von materiellen wie auch immateriellen Leistungsobjekten durchlaufen werden.

In den weiteren Abschnitten werden für die Phasen Outsourcing-Konzeption, Outsourcing-Projekt, Outsourcing-Prozess die einzelnen Teile des allgemeingültigen Vorgehensmodells für Outsourcing-Vorhaben aufgebaut. Dazu werden zu Anfang eines jeden Abschnitts die für die jeweilige Phase relevanten Hilfsmittel und Werkzeuge, insbesondere diese des modernen (technischen) Qualitätsmanagements dargelegt. Nachfolgend zur Erörterung erfolgt eine Beschreibung und Darstellung des einzelnen phasenbezogenen Vorgehens sowie die Definition der jeweiligen Ein- und Ausgabegrößen von vor- sowie nachgelagerten Phasen. Abschließend erfolgt eine kritische Würdigung des Vorgehens sowie eine Bewertung hinsichtlich der in Abbildung 4-6 zusammengefassten Anforderungen.

4.3.1 Vorgehensmodell – Outsourcing-Konzeption

In der Phase der Outsourcing-Konzeption ist der Outsourcing-Auftraggeber der Hauptakteur. Potentielle Outsourcing-Auftragnehmer sind zu diesem Zeitpunkt eines Outsourcing-Vorhabens oftmals nicht aktiv gestalterisch eingebunden. Dies kann in Einzelfällen abweichen, beispielsweise wenn bereits eine langjährige kooperative Partnerschaft zwischen Outsourcing-Auftraggeber und Outsourcing-Auftragnehmer besteht, in der eine Erweiterung eines bestehenden bzw. der Aufbau eines neuen Outsourcing-Vorhabens geplant ist, wobei die Auswahl des Outsourcing-Auftragnehmers nahezu durch die bestehende Geschäftsbeziehung feststeht. Insbesondere kann diese Situation hervorgerufen werden, wenn für das bestehende Outsourcing-Vorhaben ein Gemeinschaftsunternehmen durch die -Partner gegründet und ein langfristig orientiertes Geschäftmodell gewählt wird. In diesen Geschäftsbeziehungen kann bereits in der Phase der Outsourcing-Konzeption eine gemeinsame Bearbeitung der Aufgaben erfolgen. Bei der Anbahnung von neuen Geschäftsbeziehungen für Outsourcing-Vorhaben ist der bzw. sind die potentiellen -Auftragnehmer in dieser Phase zumeist nur rudimentär, wenn überhaupt, involviert. Vielfach wird das seitens eines -Auftraggebers eingesetzte Team durch externe Berater vervollständigt, um existierenden Ressourcenengpässen zu begegnen sowie um bereits in dieser Phase zusätzliches Fachwissen zum jeweiligen Outsourcing-Vorhaben, wie auch zum erforderlichen Projektmanagement für das gesamte Outsourcing-Vorhaben einfließen zu lassen.

Werkzeuge und Hilfsmittel: Die Phase der Outsourcing-Konzeption beinhaltet die klassische „make-or-buy"-Entscheidung – die eigene Erstellung mit unternehmensinternen Ressourcen oder der Fremdbezug der Leistung von spezialisierten Dienstleistern – beim Outsourcing-Auftraggeber. Hierzu sind in der betriebswissenschaftlichen Forschung vielfältige Werkzeuge und Vorgehen zur Entscheidungsunterstützung mit hoher Relevanz für die betriebliche Praxis hervorgebracht worden (vgl. u. a. [Kang03]).

Jedoch besteht die Gefahr bei einer reinen betriebswirtschaftlichen Entscheidung, eine Überbewertung potentieller monetärer Vorteile einer Variante vorzunehmen und ein für das gesamte Ver- und / oder Entsorgungsnetzwerk des Unternehmens des Outsourcing-Auftraggebers eine suboptimale -Entscheidung am Ende der Phase herbeizuführen. Diesem potentiellen Risiko für Outsourcing-Vorhaben gilt es durch die Anwendung von Werkzeugen und Hilfsmitteln des Qualitätsmanagements zu begegnen und ist dazu beizutragen, eine ganzheitliche Entscheidungsgrundlage, welche die Anforderungen, die exakt zu definieren sind, aller relevanten Anspruchgruppen des Outsourcing-Auftraggebers berücksichtigt, zu erarbeiten.

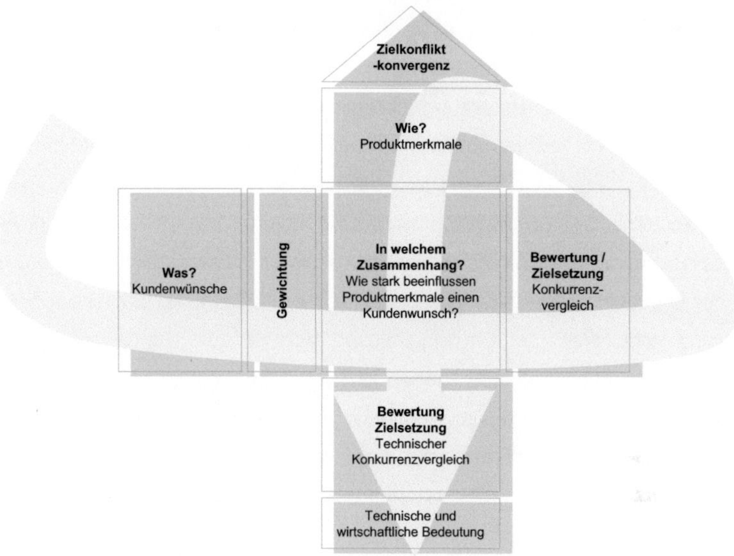

Abbildung 4-7: Schemadarstellung House of Quality (in Anlehnung an [Bruh97])

Im Qualitätsmanagement wurden zur Verbesserung der Produktplanung und -entwicklung sowie zur Steigerung der Kundenzufriedenheit mit neuen bzw. veränderten Produkten Werkzeuge entwickelt, durch deren Verwendung innerhalb der Arbeitsabläufe subjektive Kundenanforderungen und -wünsche in objektive, quantifizierbare Produktmerkmale überführt werden. Hierzu zählt Quality Function Deployment (QFD), dessen zumeist charakterisierendes Element das House of Quality (HoQ) ist, welches als Schemadarstellung in Abbildung 4-7 gezeigt wird. Zudem wird in dieser Abbildung die generelle Reihenfolge zur Bearbeitung des HoQ angezeigt. Ursprünglich war die Produktentwicklung alleiniges Anwendungsgebiet des QFD, doch wurde in der frühen Vergangenheit vermehrt erkannt, welche Potentiale für Dienstleistungen durch die Anwendung von QFD, wenn auch nicht ohne vorherig erforderliche Modifikationen des Werkzeugs sowie des dabei erforderlichen Vorgehens (vgl. S. 99 [Bruh97]), zu erschließen sind (vgl. S. 112 [Heri03]). Besondere Bedeutung kommt bei der Anwendung von QFD einer fundierten und strukturierten Aufnahme der Kundenanforderungen zu. Hierfür ist im Unternehmen zuerst die beabsichtigte Zielgruppe als potentieller späterer Kunde zu spezifizieren.

Nur bei einer genauen Kenntnis des Kunden ist eine Entwicklung von Produkten oder auch Dienstleistungen entsprechend den Kundenanforderungen möglich, wobei der Kundenbegriff sowohl die interne Kunden-Lieferanten- wie auch diese als externe -Beziehung zu berücksichtigen hat. Zu differenzieren bei der Erfassung von Anforderungen ist hinsichtlich des jeweiligen Betrachtungsobjektes, aufgrund dessen, dass die Ableitung von Anforderungen an Konsumgüter vielfach einfacher, als diese an Investitionsgüter ist (vgl. S. 7 f [Cros07a]). Die Erfassung von Kundenanforderungen ist in der betrieblichen Praxis sowohl bei der Produkt- als auch bei der Dienstleistungsentwicklung mit einem hohen Aufwand verbunden. Zur Erfüllung dieser Aufgabe sind Kundenbefragungen oftmals unumgänglich. Diese können in vielfältigster Weise erfolgen, sind jedoch zuvor exakt zu planen, um einerseits potentiellen Kunden nicht durch eine suboptimal gestaltete Umfrage bereits im Vorfeld ein negatives Unternehmensbild zu vermitteln, andererseits um eine exakte Erfassung der realen Wünsche und Bedürfnisse zu erreichen.

Die Art der Kundenbefragung ist jeweilig auf das zu planende Produkt bzw. die Dienstleistung abzustimmen. Grundlegend kann in der Art der Durchführung – Erhebung mittels eigener Ressourcen im Vergleich zur Beauftragung von unabhängigen Marktforschungsinstituten oder Verwendung von existierenden Erhebungen – sowie in der Form des Befragungsmediums – telefonisch, persönlich etc. – unterschieden werden. Zusätzlich zur Erfassung der Kundenwünsche sind eine genaue Markt- und Wettbewerbsanalyse sowie eine Analyse der jeweiligen Äquivalente zum zu planenden Produkt das, bzw. zur zu planenden Dienstleistung die, im Markt etabliert ist bzw. aktuell möglicherweise gleichfalls entwickelt wird, anzufertigen. Zu erfassen sind insbesondere die im Markt als jeweilig kennzeichnend wahrgenommenen oder auch vorausgesetzten Merkmale – positive wie auch negative –, um diese bei der eigenen Planung berücksichtigen zu können. Weiterhin ist für den Erfolg der Anwendung von QFD für die Produkt- oder Dienstleistungsentwicklung, neben der umfassenden Berücksichtigung des Kundenwunsches sowie der Kenntnis über die direkten oder indirekten Marktbegleiter, die Zusammensetzung des durchführenden Teams entscheidend. Dieses Werkzeug des modernen Qualitätsmanagements ist ein teamorientiertes Werkzeug, welches die Kreativität der Gruppe nutzt. Hierbei ist für die Teambildung zu berücksichtigen, dass alle Abteilungen, welche von dem zu planenden Produkt oder der Dienstleistung tangiert werden, mit in das Team einbezogen werden, um eine ganzheitliche Abbildung aller bestehenden Einflussfaktoren zu erlangen. Für das Team ist zur Entfaltung der vollständigen Kreativität auf die Einsetzung von Teammitgliedern der gleichen Hierarchiestufe zu achten. Innerhalb des QFD wird die Spezifizierung des Kundenwunsches – im weiteren Sinn das Lastenheft – zum technischen Merkmal – im weiteren Sinn das Pflichtenheft – vorgenommen. Zur Reduktion des erforderlichen Aufwands sowie zur strukturierten Auswertung von erfassten Anforderungen an Systeme sind die vorhandenen Möglichkeiten zur EDV-Unterstützung dieser Abläufe, u. a. in der Form von Anforderungsmanagementsystemen, vor einer Implementierung zu überprüfen. Wesentlich für die Effektivität dieser Möglichkeiten zur Verarbeitung von Anforderungen ist die Auswahl eines optimalen Softwareproduktes (vgl. S.261 ff [Cros07b]).

Vorgehen: Für eine fundierte, insbesondere im Unternehmen eines potentiellen Outsourcing-Auftraggebers akzeptierte Outsourcing-Konzeption am Ende dieser Phase, ist eine detaillierte Prozesssichtung sowie -beschreibung und -bewertung aus allen relevanten Perspektiven sowie eine Ableitung von Anforderungen an einen bestmöglichen Systemzustand erforderlich. Ausgangspunkt für ein potentielles Outsourcing-Vorhaben ist die Initiierung dieser Phase bzw. des Outsourcing-Vorhabens durch die Unternehmensführung, da eine externe Vergabe von Leistungen eine strategische Unternehmensentscheidung ist. Dieses schließt die Bereitstellung von Ressourcen in Form eines Teams zur Bearbeitung der Phasen im Outsourcing-Vorhaben ein. Die Teamzusammensetzung zu Anfang der Phase -Konzeption hat interdisziplinär zur Wahrung der Interessen aller vom -Vorhaben tangierten Unternehmensbereiche zu erfolgen. Traditionell wird eine Entscheidung über eine externe Vergabe von Leistungen begründet auf einer betriebswirtschaftlichen Analyse getroffen. Zur Berücksichtigung von nicht monetär zu bewertenden oder anderweitig zu quantifizierenden Merkmalen, wird die Entscheidungsgrundlage im Unternehmen vielfach durch eine Nutzwertanalyse, welche „die Analyse einer Menge komplexer Handlungsalternativen mit dem Zweck, die Elemente dieser Menge entsprechend den Präferenzen des Entscheidungsträgers bezüglich eines multidimensionalen Zielsystems zu ordnen“ ist (vgl. S. 45 [Zang71]), zur Berücksichtigung qualitativer Faktoren erweitert.

Beides ist notwendig für eine Outsourcing-Entscheidung, jedoch ist dieses Vorgehen in der betrieblichen Praxis derzeit nicht hinreichend. Hierzu fehlt in der vorbereitenden Arbeit ein Mittel zur Erfassung und Integration aller Interessen in den -Systementwurf – Grobkonzept bzw. Machbarkeitsstudie –, welcher die Basis zur Bewertung bildet. Bislang wird oftmals das gegenwärtige System als Optimum angesehen, welches äquivalent von einem potentiellen Outsourcing-Partner zu übernehmen und zu betreiben ist. In einer geringeren Anzahl werden zuvor -Systemoptimierungen durchgeführt. Diese Optimierungen erfolgen jedoch zur Verbesserung des bestehenden Systems. Hierbei kann es zu Differenzen zwischen dem derzeitigen bzw. ggf. optimierten sowie dem erforderlichen Systemzustand kommen. Erst durch die Anwendung von Werkzeugen des modernen Qualitätsmanagements, welche in der Produkt- und Dienstleistungsentwicklung aktuell eingesetzt werden, kann dieses Missverhältnis dauerhaft vermieden werden. Nachfolgend wird aufgezeigt, wie Quality Function Deployment in der Phase Outsourcing-Konzeption in Outsourcing-Vorhaben sowie die zuvor in dieser Arbeit hergeleiteten Gestaltungselemente für Outsourcing-Vorhaben zu einer ganzheitlichen Outsourcing-Konzeption beitragen.

Elementar hierzu ist zuerst die Erkenntnis zur Notwendigkeit der Erfassung von Anforderungen an ein zu bewertendes System eingangs des -Vorhabens. Anforderungen an ein System entstehen einerseits durch unternehmensexterne Anspruchsgruppen, den dem System vorausgehenden bzw. nachfolgenden Stufen des Ver- und Entsorgungsnetzwerks, wie beispielsweise Endkunden etc., andererseits durch die -internen Anspruchsgruppen, den verschiedenen Fachabteilungen. Diese verschiedenen Anspruchsgruppen sind im weiteren Sinn als Kunden des Systems aufzufassen, deren Bedürfnisse bestmöglich bei einer Umstrukturierung für eine hohe Kundenzufriedenheit zu erfüllen sind. Die potentielle Realisierung eines Outsourcing-Vorhabens ist für den -Auftraggeber – zumeist insbesondere für dessen Mitarbeiter – eine tiefgreifende Veränderung der bislang etablierten Unternehmensabläufe. Diese mögliche Umstrukturierung ist positiv in der Systemgestaltung für einen Abgleich zwischen den realen Bedürfnissen der Kunden und dem bisherigen Verständnis von Bedürfnissen – Anforderungen – zu nutzen. Hierzu ist es in der Phase der Outsourcing-Konzeption notwendig, eine Erfassung der Bedürfnisse aller Anspruchgruppen vor der Systemgestaltung durchzuführen.

Bei der Erfassung der Bedürfnisse der externen Anspruchsgruppen ist eine Differenzierung in Bedürfnisse der unmittelbar nachfolgenden Stufe des Netzwerkes und in Bedürfnisse des Endkunden, wenn dieser nicht die unmittelbar nachfolgende Stufe des Netzwerks darstellt, zur Wahrung der Transparenz sowie zur Gewichtung von Einflüssen der Bedürfnisse hilfreich. Die Erfassung der externen Bedürfnisse kann, wie in der Produkt- oder auch Dienstleistungsentwicklung üblich, durch eine Erhebung dieser in Form einer Markt- oder auch Kundenbefragung erfolgen, jedoch bietet sich für Outsourcing-Vorhaben, nicht zuletzt zur Einhaltung der Verhältnismäßigkeit des Aufwands, eine Ableitung der Bedürfnisse anhand von existierenden Aufschreibungen an.

Dieses sind im Unternehmen üblicherweise Reklamationen, Beschwerden, Nutzungsverhalten zu einzelnen Services, Kundengespräche, Beiträge aus dem betrieblichen Verbesserungs- und Vorschlagswesen etc. Zur Erfassung der Bedürfnisse ist ebenso die klassische Befragung unter Nutzung der verschiedenen möglichen Medien, wie online oder ausgedruckter Fragebogen etc., möglich. Jedoch ist auch hier ein abweichendes Vorgehen besser geeignet. Innerhalb des Teams kann die Erfassung der unternehmensinternen Bedürfnisse in Form eines Brainstormings mit verhältnismäßig geringem Aufwand, in einem beschränkten Adressatenkreis zur Minimierung von Irritationen im Unternehmen und dies jedoch ohne das Defizit der Einseitigkeit, ausgeglichen durch die Interdisziplinarität des Teams, durchgeführt werden. Innerhalb des QFD entsprechen die vorhergehenden Schritte der Erfassung des „Was“ aus Abbildung 4-7.

Insbesondere ist beim Eintrag aller erfassten Bedürfnisse auf eine unverfälschte Übertragung dieser in das HoQ zu achten. Nachfolgend ist eine Gewichtung der drei bzw. zwei Mengen an Bedürfnissen der betrachteten Anspruchsgruppen zueinander wie auch eine solche innerhalb der jeweiligen Gruppe für die einzelnen Bedürfnisse durchzuführen, um eine Fokussierung bei der Systemgestaltung zu ermöglichen. Zudem ist für jedes aufgenommene Bedürfnis ein korrespondierendes technisches Systemmerkmal zu identifizieren und im Bereich von „Wie“ im HoQ einzutragen. Für diese technischen, objektiven Merkmale ist zudem ein jeweiliger Vorgabe- bzw. Zielwert im HoQ vorzugeben sowie eine Zielvorgabe zu definieren – der Zielwert ist ausreichend, sollte gesenkt oder angehoben werden –, damit dem einzelnen Bedürfnis des

Kunden hinreichend entsprochen wird. Wesentlich bei der Festlegung der Vorgabe- bzw. Zielwerte ist die Mess- und Überprüfbarkeit dieser zur späteren Bewertung von verschiedenen Grobkonzepten bzw. dem Vergleich dieser untereinander. Für die Vorgabe- bzw. Zielwerte ist eine Bewertung im Team hinsichtlich der Umsetzungsfähigkeit des -wertes sowie dem damit verbundenen Aufwand vorzunehmen. Nachfolgend ist die Beziehungsmatrix „In welchem Zusammenhang", Abbildung 4-7, auszufüllen. Hier wird durch das Team bewertet, in welcher Beziehung jedes einzelne Bedürfnis zu jedem einzelnem technischen Merkmal auf einer beispielsweise vierteiligen Skala von „keine Beziehung" bis hin zu „starke Beziehung" steht.

Weiterhin ist in der Systementwicklung ein Vergleich mit marktüblichen Leistungen durchzuführen, um Handlungsnotwendigkeiten ableiten zu können. Dieser Vergleich ist in zwei Dimensionen erforderlich. Die erste Vergleichsdimension ist diese mit direkten Marktbegleitern als Anbieter für Äquivalente zum eigenen Produkt – innerhalb des Systemverständnisses äquivalent zum eigenen Leistungsobjekt –. Hierbei ist festzustellen, welche begleitenden Services werden durch diese Marktbegleiter dem Kunden offeriert sowie zu analysieren ob, und wenn ja, wie häufig diese Services vom Kunden nachgefragt – bzw. durch ihn dem Anbieter vergütet – werden. Die zweite Vergleichsdimension zielt auf die zu erwartende Serviceentwicklung bei einer externen Vergabe der Leistung an einen Logistikdienstleister ab. Dieser Vergleich dient primär dazu, zu ergründen, welche potentiellen Vor- und Nachteile mit der Einbindung eines externen Outsourcing-Auftragnehmers verbunden sind. Sekundär ist jedoch bei der Marktsichtung unmittelbar die Grundlage für eine qualifizierte Anbietervorauswahl für die Phase Outsourcing-Projekt, welche bei einer positiven Outsourcing-Entscheidung einzuleiten ist, zu schaffen.

Die Marktsichtung hinsichtlich der potentiellen Outsourcing-Auftragnehmer wird für die erste Erstellung eines Grobkonzeptes – vergleichbar zur Erfassung der Bedürfnisse der internen Anspruchsgruppen – zur Wahrung der unternehmensinternen Ruhe ohne direkten Kontakt zu potentiellen -Auftragnehmern durchgeführt. Werden weiterführende Details bereits zu diesem Zeitpunkt erforderlich, kann ggf. die Möglichkeit genutzt werden, durch einen externen Partner bzw. Berater diese Informationen unverbindlich, anonym einholen zu lassen.

Zum Einbezug dieser Vergleichsdimensionen ist der „Konkurrenzvergleich" im HoQ ebenso zweiteilig auszugestalten und der Vergleich durchzuführen. Die Bewertung des derzeitigen Systems hinsichtlich vorhandener Potentiale zur Verbesserung und zur Erreichung des optimierten, an den Bedürfnissen der Kunden ausgerichteten Systems, erfolgt durch einen paarweisen Vergleich aller technischen Merkmale sowie deren zugeordneten Zielwerten. Die Bewertung wird im HoQ unter „Zielkonflikt / -konvergenz" vorgenommen. Bei der Arbeit im QFD hat sich hierzu eine Symbolsprache etabliert, demnach für eine negative Beeinflussung durch ein negatives Vorzeichen (-), keine Beeinflussung durch eine Null (0) und eine positive Beeinflussung durch ein positives Vorzeichen (+) im HoQ eingetragen wird. Durch diese Visualisierung wird durch die Zielkonfliktanalyse direkt offensichtlich, ob die Handlungsoption zur Realisierung eines optimierten Systems gegeben ist oder diese -option gänzlich unter den gegebenen Systembedingungen entfällt. Bei diesem Ergebnis werden die Bestrebungen zur Realisierung eines Outsourcing-Vorhabens zur Erschließung erforderlicher Optimierungsmöglichkeiten begünstigt. Ein weiteres Ergebnis des QFD für ein Outsourcing-Vorhaben ist die präventive Identifikation von kritischen Systemmerkmalen. Diese wird anhand der technischen Bedeutung eines jeden technischen Merkmals für das Gesamtsystem sowie der jeweilig erwarteten Realisierungsfähigkeit des einzelnen Merkmals abgeleitet.

Basierend auf den Ergebnissen der Erfassung und Umsetzung der unternehmensexternen und -internen Bedürfnisse der verschiedenen Anspruchsgruppen mittels QFD, erfolgt die Systemgestaltung unter der Verwendung von Gestaltungselementen für Outsourcing-Vorhaben in der Logistik für verschiedene Grobkonzepte. Ausgangspunkt ist die Modellierung des derzeitigen Systems als Referenzmaßstab, anhand dessen weitere Grobkonzepte bewertet werden. Zu dieser Modellierung ist eine vollständige Systemsichtung anhand vorhandener Dokumentationen sowie durch Analysen und Aufnahmen im realen System erforderlich, wodurch ein Abgleich zwischen diesen Perspektiven herzustellen ist. Anhand der Ergebnisse der Dokumentensichtung sowie der Aufnahmen im realen System ist abzuleiten, welche Zusatz-Elemente sowie welche Transport-, Umschlag- oder Lager-Elemente der eigentlichen Systemgestaltung vorhergehend zu modellieren oder zu spezifizieren sind.

Das derzeitige System ist unter Berücksichtigung der identifizierten Verbesserungspotentiale – Vergleich von derzeitigem Systemzustand und spezifizierten technischen Merkmalen eines optimalen Systems – derart zu modifizieren, dass den Bedürfnissen bzw. Anforderungen der Kunden entsprochen wird. Abschließend erfolgt die Modellierung eines Grobkonzeptes, welches die Einbindung eines Outsourcing-Partners vorsieht. Diese Modellierung erfolgt unter Berücksichtigung der Erkenntnisse, welche bei der Marktsichtung für potentielle Outsourcing-Auftragnehmer gewonnen wurden. Erst nach der Modellierung der Grobkonzepte kann eine fundierte und ganzheitliche Bewertung der gegebenen Handlungsalternativen erfolgen. Hierzu ist, wie in der derzeitigen betrieblichen Praxis üblich, eine monetäre Bewertung sowie eine Nutzwertanalyse der Grobkonzepte hinsichtlich einmaligem und kontinuierlichem Aufwand und Ertrag durchzuführen. Insbesondere sind bei der Nutzwertanalyse die potentiellen Systemverbesserungen zum derzeitigen Zustand zu berücksichtigen, um die Handlungsnotwendigkeit zur Systemoptimierung in Verbindung mit den Erkenntnissen des paarweisen Vergleichs des QFD, auch bei einer möglichen negativen Outsourcing-Entscheidung, aufzuzeigen.

Bewertung: Übergreifend ist für das Vorgehensmodell der Phase Outsourcing-Konzeption festzustellen, dass ein Vorgehen aus der Perspektive eines potentiellen -Auftraggebers beschrieben wird. Schlussfolgernd ist dies nicht gleichzusetzen mit einer Nicht-Beachtung der Interessen potentieller Outsourcing-Auftragnehmer, sondern erfolgt bewusst, da dessen Interessen eine Teilmenge dieser eines potentiellen Outsourcing-Auftraggebers darstellen. Für Outsourcing-Auftragnehmer erfolgt die Durchführung der Arbeitsinhalte jedoch mit einem anderen Fokus sowie zeitlich bestmöglich entkoppelt von einem realen -Vorhaben. Die Arbeitsinhalte dienen bei Outsourcing-Auftragnehmern vorrangig der strategischen Weiterentwicklung von angebotenen Leistungen anhand der realen Kundenbedürfnisse. Die Bewertung des Vorgehensmodells der Phase Outsourcing-Konzeption erfolgt anhand der zuvor definierten allgemeinen wie auch phasenbezogenen Anforderungen (vgl. Abbildung 4-6). Gestaltungselemente für Outsourcing-Vorhaben in der Logistik werden in der Phase Outsourcing-Konzeption zur Modellierung von Grobkonzepten zur Konkretisierung der bestehenden Handlungsoptionen verwendet, wodurch eine unmittelbare Unterstützung des Projektteams und -managements erfolgt.

Die Unterstützung erfolgt ganzheitlich durch die Anwendung von Quality Function Deployment zur Identifizierung von realen Anforderungen an ein zu gestaltendes System, unabhängig von der Outsourcing-Entscheidung am Ende der Phase. Hierdurch wird auch für die Option, dass eine negative Outsourcing-Entscheidung getroffen wird, ein verwertbares, auf die Systemoptimierung abzielendes Ergebnis hervorgebracht. Der Forderung zur Berücksichtigung von materiellen wie auch immateriellen Leistungsobjekten wird durch die Anwendung von QFD entsprochen. Dieses ist ein Werkzeug, welches sowohl für die (Weiter-)Entwicklung von Produkten als auch von Dienstleistungen etabliert und in der betrieblichen Praxis aufgrund des erwiesenen Nutzens anerkannt ist. Dies impliziert unmittelbar eine Erfüllung der letzten allgemeingültigen Anforderung, dieser zur Verwendung von Standards. QFD ist bislang nicht durch das Deutschen Institut für Normung e. V. vereinheitlicht, jedoch zeigen vielfältige Anwendungen in der betrieblichen Praxis sowie umfangreiche Ausführungen in der etablierten Fachliteratur, welche jeweilig einen vergleichbaren Ablauf aufweisen, die Relevanz für die Anwendung in der Industrie sowie in der Logistik (vgl. u. a. S. 188 ff [Wien02]). Die Anforderung zum Aufbau eines Referenzsystems zum Vergleich nachfolgender Systementwürfe ist durch die vollständige Sichtung und Analyse des dokumentierten und realen Systems sowie dessen Abbildung mittels der Gestaltungselemente erfüllt. Anhand der kritischen Elemente, welche durch das QFD identifiziert werden, kann die Ableitung von kennzeichnenden Merkmalen, auch zur Erarbeitung von Vergütungsmodellen für ein potentielles Outsourcing-System erfolgen. Durch die Identifikation der kritischen Elemente wird zudem die Basis zur Definition von tolerierbaren Abweichungen und damit für Eingriffs- und Warngrenzen geschaffen. Die Anforderung zur Berücksichtigung der Arbeitsinhalte einer Materialflussplanung impliziert für die Phase der -Konzeption, dass eine Aufbereitung der derzeitigen physischen Materialflüsse sowie der diese begleitenden Informationsflüsse zu erfolgen hat. Weiterer Bestandteil einer Materialflussplanung ist die Spezifizierung von Leistungsvorgaben, welche vom zu planenden System zu erfüllen sind. Beiden Aufgaben wird das gewählte Vorgehen mit der Durchführung von QFD und einer anschließenden Modellierung von Grobkonzepten mittels der Gestaltungselemente für Outsourcing-Vorhaben gerecht. Das vollständige Ablaufschema zur Phase Outsourcing-Konzeption ist in Anhang III abgebildet.

4.3.2 Vorgehensmodell – Outsourcing-Projekt

In der Phase Outsourcing-Projekt ist eine Bewertung aller ggf. möglichen Outsourcing-Systeme hinsichtlich potentieller Fehler, deren jeweiligen Ursache(n) sowie der Fehlerauswirkung für die gesamte Leistungsfähigkeit des -Systems durchzuführen, um einen objektiven Vergleich von Alternativen zu erlangen. Hierzu sind Methoden der präventiven Qualitätssicherung anzuwenden, um durch eine möglichst frühe Fehlererkennung und -ursachenidentifikation eine kostenoptimale Realisierung von Outsourcing-Vorhaben nachfolgend zu gewährleisten und ein möglichst qualitätsfähiges sowie robustes Outsourcing-System zu bilden.

Werkzeuge und Hilfsmittel: Elementares Werkzeug des präventiven Qualitätsmanagements ist die Fehler-Möglichkeiten- und Einfluss-Analyse (FMEA) (vgl. u. a. S. 137 ff [Heri03]). Diese kann vorrangig zur qualitativen, jedoch in Ansätzen auch zur quantitativen, Bewertung sowohl für das beim Outsourcing-Auftraggeber in der Phase Outsourcing-Konzeption entwickelte Referenzsystem, als auch für die in der Phase -Projekt durch potentielle -Auftragnehmer vorgestellten Outsourcing-Systeme verwendet werden. Auch für die Anforderungen der Logistik ist die FMEA ein geeignetes Werkzeug, um präventiv Systeme sowie die darin vorgesehenen Abläufe zu analysieren und ggf. Maßnahmen zu deren Modifikation einzuleiten, wie beispielsweise bereits Winz mit der Prozessketten-FMEA (vgl. S. 59 ff [Winz96]) aufgezeigt hat. Die Fehlermöglichkeiten- und Einfluss-Analyse wird in der aktuellen betrieblichen Praxis sowohl zur Bewertung von Produkten als auch von Prozessen / Systemen zu unterschiedlichen Zeitpunkten im Produkt- bzw. Prozess-Lebenszyklus eingesetzt. Je nach Anwendungsfall und Branche wurden unterschiedliche Derivate der FMEA entwickelt. Auch Winz modifiziert seinerseits die FMEA für die Logistik durch Einführung eines Faktors zur Bewertung der Umsetzungsfähigkeit einer Abstellmaßnahme (vgl. S. 73 [Winz96]).

Hierdurch weicht er vom etablierten Standard der FMEA ab. Die vorrangig zu bearbeitende Aufgabe seitens eines Outsourcing-Auftraggebers in der Phase Outsourcing-Projekt ist nicht die Outsourcing-Systemverbesserung, sondern die -Systembewertung und damit der Angebotsvergleich untereinander wie auch der Vergleich mit dem eigenen Referenzsystem. Für die vorliegende Aufgabenstellung ist definiert, anerkannte Regeln der Technik aufzugreifen, um eine möglichst hohe Allgemeingültigkeit des Vorgehensmodells zu erzielen. Die Fehlermöglichkeiten- und Einfluss-Analyse wurde in der Norm DIN EN 60812:2006 „Analysetechniken für die Funktionsfähigkeit von Systemen - Verfahren für die Fehlzustandsart- und -auswirkungsanalyse (FMEA)“ standardisiert und durch das Deutsche Institut für Normung e. V. in eine nationale Norm überführt (vgl. [DIN60812]). Zu beachten bei dieser Norm ist die Definition der Abkürzung FMEA als Fehlzustandsart- und -auswirkungsanalyse. Aktuell gilt ein Überganzzeitraum, in welchem parallel zu dieser die Norm DIN 25448:1990 „Ausfalleffektanalyse (...)“ (vgl. [DIN25448]) weiterhin bis zum 1. März 2009 angewendet werden kann (vgl. S. 2 [DIN60812]), jedoch wird vorliegend bei der Gestaltung des Vorgehensmodell bewusst auf die Verwendung absehbar veralternder Dokumente aus Gründen der Nachhaltigkeit der Entwicklung des Vorgehens verzichtet und es werden durchgehend die derzeit aktuellsten Normen und Richtlinien zum Aufbau des Vorgehensmodells berücksichtigt.

Die Norm DIN EN 60812:2006 ist dazu bestimmt dem Anwender ein „systematisches Vorgehen bei der Analyse eines Systems, um mögliche Fehlzustandsarten, ihre Ursachen und ihre Auswirkungen auf das Systemverhalten zu ermitteln“ zur Verfügung zu stellen. Ein System wird in dieser Norm als ein „Satz von in Wechselbeziehung und Wechselwirkung stehenden Elementen“ definiert. (vgl. S. 6 [DIN60812]) Dieses Verständnis ist deckungsgleich zum Verständnis der zu erfüllenden Aufgabe im Vorgehensmodell sowie zum vorliegenden Systemverständnis. Das Outsourcing-System, welches einem Outsourcing-Vorhaben immanent ist, ist aus Gestaltungselementen (vgl. S. 81 ff, Unterkapitel 4.1 ff) gebildet, die in Wechselwirkung zueinander stehen sowie zur Erreichung eines definierten Systemziels, der vorgegeben Transformation von Leistungsobjekten, zusammengesetzt sind, die im weiteren Sinn den Elementen eines Blockdiagramms zur Systemdarstellung gemäß beispielsweise der Norm DIN EN 61078:2006 entsprechen (vgl. S. 9 ff [DIN61078]). Mittels der Gestaltungselemente ist eine Systemabbildung möglich, wodurch Abhängigkeiten und Austauschbeziehungen der Gestaltungselemente untereinander sowie des Outsourcing-Systems mit vorausgehenden bzw. nachfolgenden Systemen darstellbar sind, wie auch die Voraussetzung zur Durchführung einer FMEA geschaffen wird.

In der Norm DIN EN 60812:2006 wird ebenso eine Erweiterung der Fehlzustandsart- und -auswirkungsanalyse, die Fehlzustandsart-, -auswirkungs- und -kritizitätsanalyse (FMECA) berücksichtigt, durch welche die Möglichkeit geschaffen wird, die Schwere einer Ausfallart bei der Bewertung zu klassifizieren (vgl. S. 7 [DIN60812]), wodurch eine Beurteilung unterstützt wird, mit welcher Dringlichkeit eine (Abstell-)Maßnahme für einen potentiellen Fehler einzuleiten ist. Sowohl die FMEA als auch die FMECA sind induktive Verfahren, durch deren Einsatz ein hoher Informationsgehalt über das zu bewertende System durch das durchführende Team gewonnen wird. Kritisch ist jedoch anzumerken, dass dieses Werkzeug konzipiert wurde, um einzelne Ausfallarten zu analysieren. Abhängigkeiten von Ausfällen sowie Ausfälle, welche aufgrund einer Folge von Ereignissen eintreten, können nicht abschließend analysiert werden. Weiterhin ist die Aussagekraft von Kennwerten, welche durch weiterführende Merkmalswertkombinationen oftmals gewonnen werden, in der Anwendung kritisch zu würdigen, bevor basierend hierauf Entscheidungen getroffen und Maßnahmen eingeleitet werden. Hierzu zählt die in der betrieblichen Praxis oftmals durch Kombination der Merkmalswerte für Schwere / Bedeutung (B), Entdeckungswahrscheinlichkeit (E) sowie Auftretenswahrscheinlichkeit (A) gewonnene Risikoprioritätszahl (RPZ), gemäß DIN EN 60812:2006 – RPN i. V. m. FMECA –. Diese Verwendung der FMEA in der Phase Outsourcing-Projekt zur Bewertung von -Systemen jedoch ist nicht, lediglich die Bestimmung der Merkmalswertausprägungen durch das Expertenteam der FMEA ist erforderlich. Hierdurch kann die FMEA als effizientes Werkzeug zur -Systembewertung herangezogen werden. Die Verwendung der allgemeingültigen Norm des Deutschen Instituts für Normung e. V. für den Aufbau des Vorgehensmodells stellt für die gewählte Referenzbranche der Automobilindustrie sowie deren Outsourcing-Vorhaben im engeren und weiteren Sinn keinen Nachteil durch den Verzicht der Verwendung von brancheneigenen Standardisierungen dieses Werkzeugs dar, da die Inhalte dieser, wie beispielsweise dem Band 4 des VDA (vgl. S. 51 ff [VDA4]), äquivalent zur verwendeten Norm sind.

Vorgehen: Die Outsourcing-Systembewertung zum Vergleich von bestehenden Alternativen ist seitens des Projektteams des -Auftraggebers, falls erforderlich in Ergänzung um Experten – ggf. durch unternehmensinterne Mitarbeiter beispielsweise der Qualitätsmanagement-Abteilung oder je nach intern verfügbaren Ressourcen und / oder Kompetenzen durch externe Berater – zum methodischen Fachwissen hinsichtlich der FMEA sowie, falls erforderlich, durch Experten zu ggf. existierenden speziellen Fachgebieten, welche nicht durch einen ständigen Mitarbeiter im Team zum Outsourcing-Vorhaben repräsentiert werden, jedoch für die Durchführung der FMEA relevant sind, durchzuführen. Hierbei ist sowohl für das Referenzsystem als auch für alle Outsourcing-Systeme der anbietenden potentiellen Outsourcing-Auftragnehmer eine FMEA zu erstellen. Die FMEA ist nach Möglichkeit jeweilig für das vollständige Outsourcing-System zu erstellen. Je nach ggf. mangelnder vorhandener Durchführungszeit bzw. unter Umständen durch vorhandenes spezifisches Fachwissen hinsichtlich mehrmalig zuvor in anderen Outsourcing-Vorhaben realisierten Gestaltungselementen, kann eine Beschränkung der FMEA auf einzelne Teil- oder Sub-Systeme erfolgen.

Die Festlegung, welche Auslassungen in der FMEA möglich sind, ist durch das die FMEA durchführende Team zu treffen. Auslassungen sind, wenn sie vorgenommen werden, durchgehend einheitlich für alle Outsourcing-Systeme vorzunehmen, um durch eine einheitliche Basis der Bewertung die Vergleichbarkeit der Aussagen der einzelnen Analysen aufrecht zu erhalten. Bei Zweifeln hinsichtlich der Notwendigkeit des Einbezugs eines Gestaltungselements bzw. eines Teil- oder Sub-Systems, ist aus Gründen der Nachhaltigkeit und der präventiven Qualitätssicherung einer umfassenderen FMEA Vorrang einzuräumen. Hierdurch wird innerhalb des zum Outsourcing-Vorhaben eingesetzten Teams wie auch innerhalb des gesamten Unternehmens des -Auftraggebers dazu beigetragen, durch Offenheit und Transparenz, hinsichtlich eventuell bestehender Risiken durch das Outsourcing-Vorhaben, existierenden Widerständen zu begegnen sowie diese zu beiseitigen. Die Durchführung der FMEA zum Referenzsystem sowie diese zu den -Systemen der potentiellen -Auftragnehmer werden im Phasenverlauf bestmöglich zu verschiedenen Zeitpunkten durchgeführt, um einen möglichst hohen Informationszugewinn für diese Phase sowie für das gesamte -Vorhaben zu verzeichnen. Die FMEA zur Bewertung des auftraggebereigenen Referenzsystems ist möglichst direkt nach Abschluss des -Systementwurfs zum Ende der Phase Outsourcing-Konzeption, noch vor einer positiven bzw. negativen -Konzeption, durchzuführen, um bereits bei dieser präventives Qualitätsmanagement ausreichend zu berücksichtigen.

Hierdurch wird eine Risikominimierung für das Outsourcing-Vorhaben wie auch für das Unternehmen des Outsourcing-Auftraggebers erzielt, da aufgrund des strukturierten Vorgehens zur Fehler- sowie -ursachenidentifikation eine voraussichtlich höchstmögliche Anzahl an potentiellen Ablaufhemmnissen identifiziert wird. Unter Umständen können mittels der FMEA derart viele potentielle Störstellen bei einer externen Vergabe des definierten Leistungsumfangs identifiziert werden, welche nicht durch Modifikationen des Outsourcing-Systems zu eliminieren bzw. in einem erforderlichen Umfang zu reduzieren sind, so dass eine negative Outsourcing-Konzeption zu treffen sowie das Outsourcing-Vorhaben, zumindest zum einzelnen Zeitpunkt, einzustellen ist.

Spätestens ist die FMEA für das Referenzsystem zu Anfang der Phase Outsourcing-Projekt zu erstellen, um einerseits den bereits bei einer zeitlich früheren Durchführung beabsichtigten Nutzen zu diesem Zeitpunkt erzielen zu können und um andererseits bestmöglich auf Fragen, Konzeptvorschläge und Änderungswünsche von potentiellen Outsourcing-Auftragnehmern im Ausschreibungs- und Angebotszeitraum vorbereitet zu sein. Die FMEA trägt dazu bei, das gesamte -System kritisch zu hinterfragen, entworfene Abläufe hinsichtlich Erfordernis und Design zu prüfen, wie auch die Schnittstellen zwischen den Teil- und Sub-Systemen detailliert zu analysieren. Hierdurch werden das Systemverständnis des Teams zum Outsourcing-Vorhaben verfestigt sowie ggf. zu diesem Zeitpunkt enthaltene Systemschwachstellen identifiziert. Diese sind durch Maßnahmen zur Optimierung des Entwurfs zum Referenzsystem zu eliminieren, bevor eine Einforderung von Angeboten einschließlich der erforderlichen -Systemvorschläge von potentiellen -Auftragnehmern erfolgt. Die FMEA zu den einzelnen Outsourcing-Systemen ist nach Erhalt aller angefragten Angebote der potentiellen -Auftragnehmer zu erstellen. In der Anfrage bei den potentiellen Outsourcing-Auftragnehmern ist darauf hinzuweisen, dass Bestandteil der Angebots- und Systembewertung die Durchführung einer FMEA durch das Team des Outsourcing-Auftraggebers – ggf. jeweilig in Ergänzung um einen Vertreter des einzelnen -Auftragnehmers – ist. Zudem ist durch den -Auftraggeber zu definieren, ob ein Merkmal, und wenn ja, bei welcher Merkmalsausprägung, zu einem Ausschluss eines -Systems in der Bewertung mittels der FMEA führen kann. Durch diese offene Kommunikationspolitik wird einerseits den -Auftragnehmern ermöglicht, die eigenen Systementwürfe mittels einer FMEA zu analysieren, wodurch eine Qualitätssteigerung der dem -Auftraggeber zur Verfügung gestellten Angebote erzielt wird. Andererseits führt dies seitens des -Auftraggebers dazu, dass eine Identifikation von essentiellen Elementen innerhalb des -Systems vor der Anfrage bei potentiellen Outsourcing-Auftraggebern zu erfolgen hat. Indikatoren können die innerhalb des Quality Function Deployments identifizierten kritischen Elemente sein, wodurch eine intensive Durchdringung des eigenen Referenzsystems im Zuge der erforderlichen FMEA zum Referenzsystem zur Identifikation dieser Elemente obligatorisch wird. Hierdurch wird das Fachwissen zum Outsourcing-Vorhaben geprüft wie auch verstärkt. Die Aufnahme der Anforderung einer durchgeführten FMEA als Bestandteil der einzureichenden Angebote seitens potentieller -Auftraggeber ist zu diesem Zeitpunkt bzw. für den beabsichtigten Zweck der FMEA zum Angebots- und Systemvergleich nicht erfolgsversprechend. Die Analysen würden einzeln seitens der Teams potentieller Outsourcing-Auftraggeber durchgeführt.

Hierdurch ist die Einheitlichkeit der Durchführung, der Einschätzung und der Bewertung nicht gewährleistet. Für den Angebots- und Systemvergleich ist der entstehende Aufwand seitens des Outsourcing-Auftraggebers gerechtfertigt, da insbesondere zu frühen Zeitpunkten eines Outsourcing-Vorhabens, äquivalent zu jeder Entwicklung eines Produktes oder eines Prozesses, sehr kosteneffizient zur Fehler- und damit Schadensprävention beigetragen werden kann. In einer Gesamtkostenbetrachtung für ein Outsourcing-Vorhaben, insbesondere bei der Option des Scheiterns nach der oder am Ende der Phase -Projekt im Anlaufmanagement, ist im Allgemeinen der Aufwand für Fehlerverhütungskosten – hier dieser der FMEA – wesentlich geringer einzuschätzen, als der Aufwand für Fehler- sowie Fehlerfolgekosten durch einen mangelhaften Systementwurf, welcher nicht durch präventive Qualitätssicherungsmaßnahmen geprüft wurde. Die Analysen für Outsourcing-Systeme der -Auftragnehmer sind zur Wahrung der Objektivität sowie der Vergleichbarkeit durch das gleiche Team zu erstellen, welches zuvor diese für das Referenzsystem erstellt hat.

Entsprechend der Komplexität des Outsourcing-Systems ist das Team bei der Durchführung der FMEA jeweilig um einen Vertreter des einzelnen potentiellen Outsourcing-Auftragnehmers zu ergänzen, um bei der Durchführung der Analyse auftretende Fragen klären zu können bzw. Fehlinterpretationen von

-Systemmerkmalen aufgrund einer Beschränkung der Auswertung auf vorliegende Dokumente zu minimieren. Nach Möglichkeit sind für die Erstellung der einzelnen Analysen der Auftragnehmer-Systeme ein zusammenhängender Zeitraum sowie jeweils ein vergleichbarer zeitlicher Umfang, wie dieser, der für das Referenzsystem aufgewendet wurde, zu wählen. Sowohl für die FMEA zum Referenzsystem als auch für diese zu den einzelnen Auftraggeber-Systemen ist dasselbe Vorgehen zu verwenden. Obligatorisch für eine FMEA ist ein tabellarischer Aufbau zum Arbeitsdokument. Beispiele hierzu sind im Anhang zur DIN EN 60812 (vgl. S. 36 ff [DIN60812]) sowie ist ein Beispiel im Anhang dieser Arbeit enthalten (vgl. S. 214, Anhang I).

Für die Aufgabe der Angebots- und Systembewertung in Outsourcing-Vorhaben ist bei einer Orientierung an der DIN EN 60812 das Vorgehen vergleichbar zu einer FMECA geeignet. Hierbei werden nicht lediglich alle Fehler, deren Bedeutung (B), die einzelnen Entdeckungsmöglichkeiten (E) wie auch die jeweiligen Auftretenswahrscheinlichkeiten (A) aufgelistet, sondern zusätzlich erfolgt eine Bewertung der Ausprägungen zu den Merkmalen B, E und A. Hierzu werden in der Praxis, insbesondere in der Automobilindustrie (vgl. S. 174 ff [VDA4]), vielfach Skalenwerte im Bereich von 1 bis 10 verwendet. Exemplarisch sind Skaleneinteilungen für B in der Tabelle 4-1, für E in der Tabelle 4-2 wie auch für A in der Tabelle 4-3 für die Bewertung von Outsourcing-Systemen in Outsourcing-Vorhaben enthalten. Jedoch können Modifikationen dieser Skaleneinteilungen aufgrund von unternehmensspezifischen Gegebenheiten erforderlich werden. Aus Gründen der Kontinuität sind die Skaleneinteilungen einheitlich im Unternehmen zu definieren, damit dies nicht erneut in jedem Outsourcing-Vorhaben erforderlich ist. Dies ist insbesondere wichtig, wenn eine Bewertung eines Outsourcing-Systems im Zuge einer erneuten Ausschreibung eines vormals ausgeschriebenen Outsourcing-Vorhabens erfolgt, damit objektive Vergleiche zwischen den Outsourcing-Vorhaben ermöglicht werden. Vorgaben zur formalen Gestaltung der Tabellen zur Analyse – gleich ob die Analyse EDV-basiert oder Papier behaftet durchgeführt wird – werden durch die Norm nicht festgelegt. Wesentliche Arbeitserleichterungen und -aufwandsreduzierungen können durch die Nutzung von Software-Produkten erzielt werden, wodurch diese Alternative zu bevorzugen ist. Insbesondere wird damit eine bestmögliche Unterstützung der Standardisierung und Modularisierung erzielt.

<table>
<tr><th>Rang</th><th>Bedeutung (B)</th><th>Beschreibung / Kriterien / Indikatoren</th></tr>
<tr><td>1</td><td>Keine: Gestaltungselemente sowie das Gesamtsystem werden nicht in der Funktion vom Eintritt des Fehlers beeinträchtigt</td><td rowspan="7">Kosten, Entschädigungen, Strafen
▪ Kosten für Ausschuss, zusätzlich erforderliche Leistungsobjekte
▪ Kosten für zusätzlich erforderliche Transformationsprozesse
▪ Aufwand für Eillieferungen, Sonderfahrten
▪ Strafen für Lieferverzögerungen
▪ Rückrufaktionen bei nicht innerhalb der eigenen Systemgrenzen erkannten Fehlern
▪ ...

Sicherheit, Arbeits- und Betriebssicherheit
▪ Gefährdung von Personen im Gesamtsystem, außerhalb der Systemgrenzen innerhalb nachfolgender Prozesse
▪ Gefährdung von Unbeteiligten am Prozess
▪ Gefährdung des (End-)Kunden
▪ Krankenstand in Subsystemen sowie im Gesamtsystem
▪ ...

Allgemeine Vorschriften, Bestimmungen
▪ nationale und internationale Gesetze und Verordnungen
▪ Regeln der Technik, Normen, Richtlinien
▪ ...

Qualität
▪ Wahrnehmung / Ruf des Unternehmens in der Öffentlichkeit, Image
▪ Langfristigkeit des Geschäftserfolgs
▪ Beschwerde- / Reklamationsquote
▪ ...</td></tr>
<tr><td>2
3</td><td>Nahezu keine: Ein Gestaltungselement, in welchem der Fehler auftritt wird marginal in der Funktion eingeschränkt; das Gesamtsystem erfährt keine Beeinträchtigung</td></tr>
<tr><td>4
5</td><td>Gering: Ein Gestaltungselement wird in der Funktion eingeschränkt; verbleibende Kapazität verhindert eine Beeinträchtigung des Gesamtsystems; Redundanzen werden nicht in Anspruch genommen</td></tr>
<tr><td>6
7</td><td>Bedeutsam: Ein oder mehrere Gestaltungslement(e) wird / werden wesentlich in der Funktion eingeschränkt; verbleibende Kapazität sowie Gestaltungselement als Redundanz verhindern eine Beeinträchtigung des Gesamtsystems</td></tr>
<tr><td>8</td><td>Kritisch: Gestaltungselement fällt vollständig aus; Gestaltungselemente als Redundanzen können Transformationsprozess zusätzlich ausführen</td></tr>
<tr><td>9</td><td>Sehr kritisch: Gestaltungselement fällt vollständig aus; Gestaltungselemente als Redundanzen werden überbeansprucht</td></tr>
<tr><td>10</td><td>Katastrophal: Die Funktion des Gesamtsystems wird vollständig verhindert; keine Redundanzen vorhanden</td></tr>
</table>

Tabelle 4-1: Merkmalswerte der Bedeutung / Schwere (B)

<table>
<tr><th>Rang</th><th>Entdeckungswahrscheinlichkeit (E)</th><th>Beschreibung / Kriterien / Indikatoren</th></tr>
<tr><td>1</td><td>Sicher: Merkmal zur Fehlererkennung bekannt; 100-%-Kontrolle der Leistungsobjekte im Transformationsprozess; SPC zur Prozessregelung</td><td rowspan="7">Vorgesehene Maßnahmen im Gestaltungselement
▪ Identifizierte, überwachte, geregelte (Qualitäts-) Merkmale der zu transformierenden Leistungsobjekte
▪ Stichprobenkontrollen zu Leistungsobjekten vor, während und nach der Transformation
▪ Prüfpläne zur Gewährleistung der Funktionen von Gestaltungselementen sowie zur Überwachung der verwendeten Messmittel
▪ ...

Festgelegte Maßnahmen im Gesamtsystem
▪ Standardisiertes Monitoring der Gesamtsystemleistung
▪ Durchführung von Lang- und Kurzeit-Fähigkeitsuntersuchungen
▪ Regelung der Leistung aller (relevanten) enthaltenen Gestaltungselemente (SPC)
▪ Änderungsdienst zur Integration von veränderten Anforderungen (Leistungsobjekte, Transformationsprozesse) seitens des Outsourcing-Auftraggebers
▪ ...

Maßnahmen außerhalb der Systemgrenzen
▪ Durchführung von Stichprobenkontrollen bei Zulieferern
▪ Geplante und ungeplante Auditierung von Zulieferern
▪ Besichtigung der dem Gesamtsystem nachfolgenden Stufen zur Kenntnis des Verwendung der transformierten Leistungsobjekte
▪ ...</td></tr>
<tr><td>2
3</td><td>Nahezu sicher: Merkmal zur Fehlererkennung bekannt; Kurz- und Langzeit-Prozessfähigkeit nachgewiesen; geplante Stichproben zu Leistungsobjekten beim Verlassen der Gestaltungselemente und des Gesamtsystems</td></tr>
<tr><td>4
5</td><td>Sehr wahrscheinlich: Merkmal zur Fehlererkennung bekannt; Kurzzeit-Prozessfähigkeit nachgewiesen; geplante Stichproben zu Leistungsobjekten beim Verlassen der Gestaltungselemente und des Gesamtsystems</td></tr>
<tr><td>6
7</td><td>Wahrscheinlich: Merkmal zur Fehlererkennung bekannt; geplante Stichproben zu Leistungsobjekten beim Verlassen der Gestaltungselemente und des Gesamtsystems</td></tr>
<tr><td>8</td><td>Gering: Merkmal zur Fehlererkennung bekannt; ungeplante Stichproben zu Leistungsobjekten beim Verlassen der Gestaltungselemente und des Gesamtsystems</td></tr>
<tr><td>9</td><td>Sehr gering: Merkmal zur Fehlererkennung unbekannt; ungeplante Stichproben zu Leistungsobjekten beim Verlassen des Gesamtsystems</td></tr>
<tr><td>10</td><td>Ausgeschlossen: keine Merkmale zur Identifizierung von Fehlern im Gesamtsystem überwacht</td></tr>
</table>

Tabelle 4-2: Merkmalswerte der Entdeckungswahrscheinlichkeit (E)

Rang	Auftretenswahrscheinlichkeit (A)	Beschreibung / Kriterien / Indikatoren
1	**(Nahezu) ausgeschlossen:** mehrfach implementierte Gestaltungselemente; vergleichbare Gesamtsysteme als Referenz vorhanden; bekannte Leistungsobjekte	**Definierte Maßnahmen, Reaktionsmöglichkeiten** ▪ Äquivalente Gestaltungselemente als Redundanz ▪ Freie Kapazität innerhalb der Gestaltungselemente ▪ Servicelevel verwendeter Ressourcen ▪ Vorgesehene Instandhaltungsmaßnahmen ▪ Definierte Notfallpläne und Durchführung von Notfallübungen zu Ausnahmesituationen ▪ …
2 3	**Sehr gering:** mehrfach implementierte Gestaltungselemente; vergleichbare Gesamtsysteme als Referenz vorhanden; weiterentwickelte, bekannte Leistungsobjekte	
4 5	**Gering bzw. möglich:** mehrfach implementierte Gestaltungselemente; kein vergleichbares Gesamtsystem bislang vorhanden; bekannte Leistungsobjekte	**Durchgeführte Prävention** ▪ Durchführung von FMEA, FTA in der System-Entwicklung und -Realisierung ▪ Einführung eines Kontinuierlichen Verbesserungsprozesses (KVP) ▪ Zusammensetzung des eingesetzten (Planungs-) Teams, Interdisziplinarität ▪ Kooperatives Verhalten von Outsourcing -Auftraggeber und -Auftragnehmer ▪ Mitarbeiterweiterbildung, vorhandene -qualifikation und -motivation ▪ …
6 7	**Wahrscheinlich:** mehrfach implementierte Gestaltungselemente; kein vergleichbares Gesamtsysteme bislang vorhanden; neuentwickelte, unbekannte Leistungsobjekte	
8	**Sehr wahrscheinlich:** modifizierte Gestaltungselemente; kein vergleichbares Gesamtsystem bislang vorhanden; weiterentwickelte, bekannte Leistungsobjekte	**System, -umgebung, -einflüsse** ▪ Neuigkeitsgrad / Entwicklungsstand der Leistungsobjekte ▪ Entwicklungsstand des Transformationsprozesses ▪ Bekanntheit, Vertrautheit der genutzten Ressourcen ▪ Anzahl / Erfolg vorhandener spezifischer Referenzen ▪ …
9	**Nahezu sicher:** neuentwickelte Gestaltungselemente; kein vergleichbares Gesamtsystem bislang vorhanden; weiterentwickelte, unbekannte Leistungsobjekte	
10	**Sicher:** neues Gesamtsystem sowie neue Ressourcen zur Transformation neuentwickelter, unbekannter Leistungsobjekte; keine Erfahrungswerte vorhanden	

Tabelle 4-3: Merkmalswerte der Auftretenswahrscheinlichkeit (A)

Im Unternehmen ist jedoch, auch wenn keine Vorgaben zur formalen Gestaltung der Analyse durch die Norm gemacht werden, ein einheitlicher, unternehmensweiter Standard zu etablieren. Zudem ist, basierend auf den vorhandenen Freiheiten zur Gestaltung, ein zyklischer Prozess zur Überprüfung des etablierten Standards zu implementieren, damit auftretende Unzulänglichkeiten oder technische Neuerungen u. a. in der Softwareentwicklung aufgegriffen und entstehende Potentiale genutzt werden. Für die Struktur der Tabellen ist obligatorisch, dass eine Spaltenbelegung in der Reihenfolge B, E, A nachfolgend zur Fehlerbenennung und ggf. -beschreibung erfolgt.

In der Tabellenstruktur für die Analyse wird üblicherweise die Möglichkeit vorgesehen, die identifizierten potentiellen Fehler nach einer, basierend auf den Ergebnissen der Analyse veranlassten und durchgeführten, Systemoptimierung erneut anhand der Merkmale B, E, A zu bewerten. Aufgrund der Verwendung der Analyse zur Systembewertung sowie zum Angebotsvergleich ist in dieser Phase auf Spalteneinträge für diese Merkmalswerte zu verzichten. Diese Möglichkeit zum Einsatz der FMEA ist jedoch in der Phase Outsourcing-Prozess zu nutzen. Hierbei ist als Ausgangspunkt für die erste Analyse eines realisierten

Outsourcing-Systems die Analyse dieser Phase zu nutzen, um im realen Outsourcing-System einen Abgleich von als potentiell möglich erachteten und realen Gegebenheiten vorzunehmen. Auf die Berechnung der Risikoprioritätszahl je identifiziertem potentiellen Fehler als Produkt der jeweiligen Merkmalswerte für B, E und A wird aufgrund der vorhergehenden Ausführungen unter „Werkzeuge und Hilfsmittel" verzichtet. Durch die Verwendung der Riskikoprioritätszahl (RPZ) sowie zuvor definierter Schwellwerte einer linearen Skala des Produktes zu B, E und A für die Initiierung von Maßnahmen bzw. in der vorliegenden Anwendung für eine mögliche Ausschlussbewertung beim Erreichen eines festgelegten maximalen Wertes für die RPZ, besteht die Gefahr potentiell sehr bedeutende Fehler, welche geringe Auftretenswahrscheinlichkeiten und gute Entdeckungsmöglichkeiten aufweisen, zu missachten und resultierend daraus ein unerkannt hohes Systemrisiko zuzulassen. Wesentlich aussagekräftiger ist die Darstellung der Ergebnisse in einem dreidimensionalen Diagramm in Gitternetzstruktur. Die drei Dimensionen werden durch die Skalen für B, E und A gebildet. In den entstehenden Knotenpunkten erfolgt die Anzeige der Häufigkeit von Merkmalswertkombinationen. Durch diese Möglichkeit der Ergebnisaufbereitung kann eine feinere Differenzierung als bei einer Beschränkung auf die RPZ erfolgen. Jedoch bedingt diese Art der Darstellung gleichzeitig eine detaillierter durchgeführte Vorbereitung der Analyse aufgrund der hohen Anzahl an Merkmalswertkombinationen – bei der Verwendung der Skalen aus Tabelle 4-1 bis Tabelle 4-3 eine Gitternetzstruktur mit 1.000 Kombinationsmöglichkeiten –. Relevant für die Darstellung sowie die darauf basierende Auswertung sind hingegen weniger Knotenpunkte, welche zuvor entsprechend den Anforderungen des Projektes zu definieren sind. Unstrittig ist die Definition des Knotenpunktes der Kombination aller Maximalwerte – in diesem Fall B = 10, E = 10, A = 10 – als kritischen Punkt. Zudem können potentiell kritische Punkte in der durch einen Maximalwert von B, E, A in Kombination mit allen weiteren möglichen Merkmalswertkombinationen der zwei jeweilig verbleibenden Merkmale gebildeten Flächen verortet sein. Entsprechend den spezifischen Erfordernissen eines jeweiligen -Vorhabens können zudem alle weiteren möglichen Merkmalswertkombinationen bzw. Mengen einzelner -kombinationen als kritische Punkte bzw. Mengen definiert werden. Die Definition von kritischen Punkten und Mengen ist vor der Bewertung des eigenen Referenzsystems abzuschließen.

Basis hierfür sind einerseits die festgelegten Leistungs- sowie Qualitätsanforderungen an ein zukünftiges -System aus der Phase -Konzeption wie auch andererseits das vorhandene Expertenwissen im Unternehmen. Hinreichend ist die reine Definition einzelner Punkte oder Mengen von Punkten als kritisch für die Bewertung von Outsourcing-Systemen jedoch nicht. Die Definition ist ein Teilschritt der Analyse. Unter der Berücksichtigung, dass in den Knotenpunkten die jeweilige Häufigkeit einer Merkmalswertkombination angezeigt wird, ist für diese eine jeweilige Schwellwertdefinition für Punkte oder auch Mengen von Punkten vorzunehmen. Zur Wahrung der Übersicht ist maximal eine Dreiteilung der Skalen für Schwellwerte relevant. Äquivalent zum Ampelprinzip, welches in der Automobilindustrie oftmals zur Visualisierung von Prozesszuständen verwendet wird, ist für die vorliegende Aufgabe die Einteilung in

- Ohne Einschränkung: GRÜN,
- Tolerierbare Einschränkungen: GELB sowie
- Inakzeptable Einschränkungen: ROT

bestmöglich geeignet. Zur Reduzierung des Vorbereitungsaufwands ist ggf. eine digitale Bewertung mittels zweier Skalenwerte – ohne Einschränkung (GRÜN) sowie inakzeptable Einschränkungen (ROT) – möglich. Bei der Definition von Schwellwerten ist eine absolute Wertvorgabe gegenüber einer relativen zu präferieren, damit die Vergleichbarkeit der Systembewertungen erhalten bleibt. Die Klassifizierung des Knotenpunktes, welcher zur Darstellung der Maximalwerte für die Kombination aus B, E und A enthalten ist, ist vergleichsweise eindeutig. Eine Bewertung erfolgt nur als „ohne Einschränkung“, sofern kein Eintrag enthalten ist. Alle weiteren Definitionen zu Schwellwerten sind unternehmens- bzw. vorhabensspezifisch. Unabhängig davon, welche Skaleneinteilung angewendet wird, ist die Berücksichtigung der Abhängigkeiten zwischen den Skalenwerten für die einzelnen kritischen Punkte und Mengen zur Ableitung von Folgen der Bewertung erforderlich. Ein Outsourcing-System, welches eine Bewertung als „ohne Einschränkung“ für den Maximalwertknoten aufweist, kann in einer Gesamtbetrachtung als ein inakzeptables -System klassifiziert werden aufgrund dessen, dass, für weiterhin als kritisch definierte Punkte, gesamt ein maximal zu tolerierender Wert an Einträgen überschritten wird.

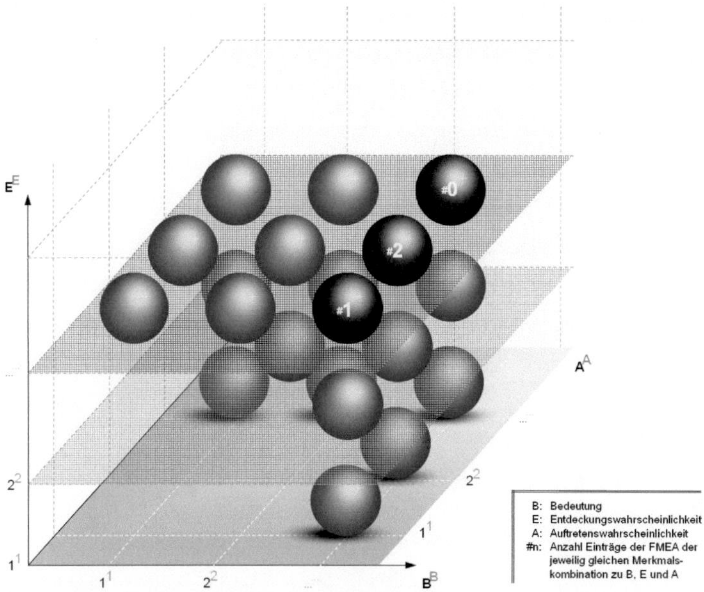

Abbildung 4-8: Visualisierung der Merkmalswerte B, E, A

Ein Gestaltungsbeispiel zur Visualisierung ist in Abbildung 4-8 dargestellt, welche ein inakzeptables Outsourcing-System zur Ausschlussdefinition von nicht mehr als zwei Werten in der Kante der Maximalwerte von B und E darstellt. Im Unternehmen ist eine Implementierung einer dreidimensionalen Darstellung von FMEA-Ergebnissen in die im Unternehmen etablierte Qualitätsmanagementsoftware bzw. das einzelne Software-Produkt für die FMEA vorzunehmen. Im Gestaltungsbeispiel sind exemplarisch die für eine Beurteilung irrelevanten Schnittpunkte von B, E, A exkludiert. Auslassungen sind je Anwendung spezifisch zu definieren.

Bewertung: Nachfolgend wird eine qualitative Bewertung der vorhergehenden Ausführungen zur Nutzung der FMEA in der Phase Outsourcing-Projekt zur System- sowie Angebotsbewertung anhand der zu Anfang des Unterkapitels 4.3 definierten allgemeinen und phasenspezifischen Anforderungen, welche in Abbildung 4-6 zusammengefasst sind, vorgenommen. Zuerst erfolgt die Bewertung hinsichtlich der Berücksichtigung der allgemeinen Anforderungen an ein Vorgehensmodell. Der Anforderung zur durchgehenden Verwendung der entworfenen Gestaltungselemente für Outsourcing-Vorhaben, wird bei der Anwendung der FMEA in der Phase Outsourcing-Projekt durchgehend entsprochen. Die Gestaltungselemente sind Eingangsvoraussetzung für die Durchführung der Analyse. Mit ihnen erfolgt die Systemabbildung im Sinne eines Blockdiagramms. Zu beachten hierbei ist, dass in einem Blockdiagramm üblicherweise in einem Element keine Redundanzen vorhanden sind, welche Ausfälle bzw. Störungen im Element kompensieren. Die Gestaltungselemente für Outsourcing-Vorhaben in der Logistik bieten jedoch die Möglichkeit, beispielsweise die Ressourcen, welche für einen Transformationsvorgang vorgesehen werden, zusammenzufassen. Bei dieser Gestaltungsvariante ist darauf zu achten, dass die Gestaltungselemente eine umfassende eigene Analyse aufweisen und die Analyseergebnisse als Merkmale des Gesamtelements in die Analyse zur Outsourcing-Systembewertung einbezogen werden.

Die zweite definierte allgemeine Anforderung an das zu erstellende Vorgehensmodell, die Unterstützung des Projektteams bzw. des -managements, wird ebenfalls erfüllt. Durch die FMEA wird ein strukturiertes Vorgehen für das Projektmanagement zur Verfügung gestellt, welches sowohl die Entscheidungsfindung zwischen den Alternativen positive Outsourcing-Konzeption ja bzw. nein am Ende der Phase Outsourcing-Konzeption, als auch die Entscheidungsfindung in der Phase Outsourcing-Projekt bestmöglich unterstützt. Durch das Konzept der interdisziplinären Teamarbeit wird eine bestmögliche Durchdringung des Outsourcing-Systems erzielt und darauf basierend werden optimale Voraussetzungen für präventive Qualitätssicherungsmaßnahmen geschaffen. Zudem wird durch die Analyse die Transparenz und Nachvollziehbarkeit in den Entscheidungsfindungsprozessen verbessert, wodurch eine höhere Akzeptanz der Entscheidungen im Unternehmen des Outsourcing-Auftraggebers für diese erzielt wird.

Den Anforderungen der Punkte drei und vier, der Berücksichtigung von materiellen und immateriellen Leistungsobjekten sowie zur Verwendung von etablierten, nach Möglichkeit branchenneutralen Standards und anerkannte Regeln der Technik, wird durch die Verwendung der Norm DIN EN 60812:2006 zur Gestaltung der Analyse in der Phase Outsourcing-Projekt entsprochen. Diese Norm ist das derzeit aktuellste Regelwerk hinsichtlich der gewählten Analyse sowie ein

Regelwerk, welches sowohl für die Analyse von materiellen wie auch immateriellen Leistungsobjekten entwickelt wurde. Phasenspezifisch wurden für die des Outsourcing-Projektes, drei Anforderungen abgeleitet. Die erste spezifische Anforderung ist diese nach einer präventiven Qualitätssicherung für das potentielle Outsourcing-System sowie für alle ggf. nachfolgenden Maßnahmen sowie Phasen im Outsourcing-Vorhaben. Durch Verwendung der FMEA, einem etablierten und anerkannten Werkzeug des präventiven Qualitätsmanagements, zur System- und Angebotsbewertung wird diese Anforderung erfüllt. Die zweite Anforderung zur Unterstützung des Anlaufmanagements bei einer Realisierung eines Outsourcing-Vorhabens wird dadurch erfüllt, dass durch die wissensbasierte Analyse in der Entwurfs- und Planungszeit eine Identifikation von potentiellen Hemmnissen und Störstellen erfolgt. Diese sind besonders im Anlaufmanagement eines Outsourcing-Systems zu beobachten, um ggf. auf entstehende Defizite schnellstmöglich reagieren zu können. Zusätzlich zur Identifikation von potentiellen Hemmnissen und Störstellen erfolgt die Identifikation bzw. die Verifizierung dieser in der Phase Outsourcing-Konzeption identifizierten wesentlichen Leistungselementen des Outsourcing-Systems, welche unabdingbar für die Funktionsfähigkeit eines gesamten Logistiknetzwerkes, in welches das Outsourcing-System integriert ist, sind.

Damit wird die besondere Beobachtung dieser Elemente im Anlaufmanagement ermöglicht und bestmöglich potentiellen Defiziten im, im Zeitraum des Anlaufmanagements zumeist instabilen Outsourcing-System, vorgebeugt. Der dritten und letzten spezifischen Anforderung wird die alleinige Durchführung einer FMEA zum Referenzsystem sowie zu den Outsourcing-Systemen der potentiellen Outsourcing-Auftragnehmer nicht vollständig gerecht. Bestandteil einer Materialflussplanung ist zumeist eine Analyse der Verfügbarkeit des entworfenen Materialflusssystems. Diese quantitative Analyse ist durch eine FMEA aufgrund der bereits ausgeführten Restriktionen, wie beispielsweise der Unmöglichkeit zur Berücksichtigung von abhängigen Fehlern sowie von Fehlern, welche aufgrund einer Folge von Ereignissen hervorgerufen werden, nicht abschließend möglich. Daher ist zur Gestaltung eines umfassenden Vorgehensmodells für Outsourcing-Vorhaben, welches vollständig alle definierten Anforderungen erfüllt, eine weitere Möglichkeit zur präventiven, quantitativen Qualitätssicherung in die Phase Outsourcing-Projekt zu implementieren.

Werkzeuge und Hilfsmittel: Aufgrund der Bewertung der FMEA hinsichtlich der Erfüllung der definierten Anforderungen, respektive der spezifischen Anforderung zur Berücksichtigung der Arbeitsinhalte einer Materialflussplanung in der Phase Outsourcing-Projekt, ist ein weiteres Werkzeug des Qualitätsmanagements im Vorgehensmodell erforderlich, um der ggf. bestehenden Anforderung zur Bestimmung der Verfügbarkeit eines Outsourcing-Systems in der Teilaufgabe Materialflussplanung zu entsprechen. In der DIN EN 60812:2006 wird darauf verwiesen, dass die FMEA als induktives Verfahren zur Analyse von abhängigen Fehlern mit Verfahren, wie u. a. der Fehlzustandsbaumanalyse (FTA), zu kombinieren ist (vgl. S. 31 [DIN60812]). Die Standardisierung erfolgt mit der DIN EN 61025:2007 „Fehlzustandsbaumanalyse (...)" (vgl. [DIN61025]). Ebenso gilt für diese Norm, wie bereits für die DIN EN 60812:2006, ein Übergangszeitraum, in welchem parallel zu dieser existierende nationale Normen bis zum 1. März 2010 angewendet werden können. Im Gegensatz zur FMEA ist die FTA „ein deduktives Analyseverfahren (...) mit dem Ziel, die Kombination von Ursachen besonders hervorzuheben, die zum festgelegten Hauptereignis führen können. Abhängig vom Untersuchungsziel kann die Analyse qualitativer oder quantitativer Art sein." (vgl. S. 9 [DIN61025])

An dieser Definition wird der wesentliche Unterschied zur FMEA ersichtlich. Voraussetzung für eine Fehlzustandsbaumanalyse ist die Festlegung eines Hauptereignisses, das unerwünschte Ereignis bzw. der unerwünschte Systemzustand. Ausgehend davon erfolgt die Analyse, welche Ereignisse sowie Ursachen einzeln, wie auch in Kombination zum Eintritt des Hauptereignisses, mit welcher Wahrscheinlichkeit führen. Bei einer qualitativen Fehlzustandsbaumanalyse ist die Quantifizierung der Wahrscheinlichkeit des Eintretens der Primärereignisse im System nicht oder nur mit unverhältnismäßigem Aufwand möglich. Hierbei erfolgt eine verbale Beschreibung der jeweiligen Wahrscheinlichkeiten. Ziel einer qualitativen Analyse ist die Identifikation des Minimalschnitts, der Menge an Ereignissen und Ursachen, welche zum Eintritt des Hauptereignisses führen. Ist eine Bestimmung der Wahrscheinlichkeit des Eintretens der Primärereignisse möglich oder sind diese bereits vorgegeben, kann, wenn dies für das zu analysierende System erforderlich ist, eine quantitative Fehlzustandsbaumanalyse durchgeführt werden. Bei dieser ist neben der Bestimmung des Minimalschnitts zudem die Bestimmung der Wahrscheinlichkeit des Eintretens der im Fehlzustandsbaum beinhalteten Zwischen- sowie des durch das Analyseteam festgelegten Hauptereignisses möglich. Zu berücksichtigen, sowohl für die qualitative, als auch für die quantitative Fehlzustandsbaumanalyse, ist der mit diesem Analyseverfahren einhergehende Aufwand zur Anfertigung sowie ggf. zu Pflege der Analyse im Produkt- bzw. Prozesslebenszyklus. Daher ist vor der Einleitung einer FTA, insbesondere einer quantitativen FTA, eine Abwägung des Erfordernisses unumgänglich, um einen unverhältnismäßigen Aufwand auszuschließen. Ebenso wie für die FMEA gibt es für die FTA vielfältige Software-Produkte, welche die Analyse unterstützen. Zu beachten ist bei der Verwendung, dass abweichende Darstellungen zu Bildzeichen zu diesen der Norm DIN EN 61025:2007 enthalten sein können. Dies ist jedoch kein Hemmnis für dieses Analysewerkzeug, sogleich die Bildzeichen konsistent in einer Analyse wie auch durchgehend im Unternehmen verwendet werden. (vgl. S. 8 [DIN61025])

Vorgehen: Die Fehlzustandsbaumanalyse kann für zwei Aufgaben in der Phase Outsourcing-Projekt eingesetzt werden. Beide Aufgaben sind im zeitlichen Phasenablauf nach der FMEA zur Bewertung des auftraggebereigenen Referenzsystems wie auch der Outsourcing-Systeme der potentiellen Outsourcing-Auftragnehmer sowie nach einer Entscheidung zur externen Vergabe der Leistung an einen der anbietenden Outsourcing-Auftragnehmer terminiert. Einerseits ist die Analyse des Fehlzustandsbaums dazu geeignet, für ein zu realisierendes Materialflusssystem die Angabe eines Wertes für die Wahrscheinlichkeit des Eintretens eines definierten Hauptereignisses zu ermöglichen. Andererseits bietet dieses Analyseverfahren die Möglichkeit für das gesamte Outsourcing-System bzw. -Vorhaben zur Unterstützung des Anlaufmanagements. Wird im -Vorhaben der Aufbau komplexer Materialfluss- oder ggf. Produktions- / Montagesysteme erforderlich, kann mittels einer FTA eine Aussage zum Eintritt eines unerwünschten Ereignisses getroffen werden. Anhand der zuvor im Outsourcing-Vorhaben entwickelten Systemabbildung mittels der Gestaltungselemente, kann eine (Sub-)Systemabgrenzung für die durchzuführende FTA erfolgen. Analysewürdige Sub-Systeme können in Outsourcing-Vorhaben u. a. automatisierte innerbetriebliche Lager- und Fördersysteme, Anlagen und Maschinen sowie die zu deren Materialzu- und -abführung erforderlichen innerbetrieblichen, automatisierten, zumeist ortsfesten Transportsysteme etc. sein.

Hierbei wird mittels der FTA eine Analyse eines abgrenzbaren Sub-Systems im Outsourcing-Vorhaben präventiv in der Entwicklung des Outsourcing-Systems durchgeführt, um sowohl für den -Auftraggeber als auch für den Outsourcing-Auftragnehmer die Risikobeurteilung im gesamten Outsourcing-Vorhaben zu unterstützen. Voraussetzungen für eine quantitative FTA eines Sub-Systems in einem Outsourcing-Vorhaben sind, dass

- eine eindeutige Abgrenzung des Sub-Systems im gesamten Outsourcing-System anhand der Systemabbildung vorgenommen wird,
- die Ausfallwahrscheinlichkeiten bzw. die Ausfallraten der Sub-Systembestandteile bekannt sind bzw. deren Ermittlung mit vertretbarem Aufwand möglich ist und
- eine eindeutige Definition gemeinsam von Outsourcing-Auftraggeber und Outsourcing-Auftragnehmer für ein unerwünschtes Ereignis, das Hauptereignis, getroffen wird.

Kennwerte der jeweiligen Sub-Systembestandteile sind bei den betroffenen Outsourcing-Systemen vorwiegend Inhalt der technischen Beschreibungen oder Spezifikationen der Hersteller – Hersteller von Lager- und Transportsystemen, Maschinen- und Anlagenbauer für Produktions- und / oder Montagemaschinen etc. –. Im Optimum können zudem bei der Verwendung von bereits bekanntem und erprobtem Equipment Übertragungen aus bestehenden Outsourcing-Vorhaben zur Verbesserung der verfügbaren Daten bzw. zu deren Verifizierung vorgenommen werden. Die Definition des Hauptereignisses erfolgt gemeinsam durch Outsourcing-Auftraggeber und -Auftragnehmer, um umfassend die Interessen der -Partner zu berücksichtigen.

Die mittels einer FTA zu analysierenden Sub-Systeme stellen im gesamten Outsourcing-System überwiegend elementare Funktionen bereit. Aufgrund dessen wird das Hauptereignis voraussichtlich oftmals den Ausfall der Funktionsfähigkeit und damit der Funktion des gesamten -Systems als Konsequenz darstellen. Mit Bezug zur Automobilindustrie ist dies beispielsweise eine Montagelinie für Baugruppen, welche aus Komponenten gebildet werden, die durch den Outsourcing-Auftragnehmer beschafft und nachfolgend zu einer Montage durch den -Auftragnehmer produktionssynchron zum Automobilwerk angeliefert werden. Der Ausfall der Montagelinie als Hauptereignis ist eine direkte Gefährdung der Sicherheit der Produktionsversorgung des Outsourcing-Auftraggebers. Basierend auf dem definierten Hauptereignis wird in der Analyse der Fehlerbaum deduktiv über die enthaltenen Zwischenereignisse bis hin zu den Primärereignissen / Ursachen bzw. zu nicht weiter zu zerlegenden Ereignissen entwickelt.

Elementar für die Gestaltung von komplexen Fehlzustandbäumen ist die Nutzung von verfügbaren Software-Produkten, insbesondere zur Bestimmung der Wahrscheinlichkeit des Eintretens eines definierten Hauptereignisses, welche in Software-Produkten durch automatische Umsetzung des gestalteten Fehlzustandsbaums sowie der angegebenen Wahrscheinlichkeiten des Eintretens erfolgt. Das Ergebnis der Analyse ist eine detaillierte sowie quantitative Aussage zur potentiellen Systemgefährdung durch Eintritt eines unerwünschten Ereignisses. Das Ergebnis ist in Form eines Analyseberichts gemeinsam durch die Teams von Outsourcing-Auftraggeber sowie -Auftragnehmer zu dokumentieren. Anhand dieses Berichts erfolgt eine Maßnahmeneinleitung, welche u. a. -Systemmodifikationen, Ableitungen von Instandhaltungs- und Wartungsplänen oder Definitionen von Eskalationsstrategien zur Einleitung von Notfallabläufen im Fall des Eintretens beinhaltet. Die FTA kann weiterhin in der qualitativen Ausprägung als Teil des erforderlichen Anlaufmanagements am Ende der Phase Outsourcing-Projekt eingesetzt werden. In dieser Anwendung ist die FTA hilfreich, um im gesamten -System eine Lenkung von Aufmerksamkeiten und Priorisierungen zur Bedeutung von Teilfunktionen vorzunehmen. Hierdurch kann im Anlaufmanagement zum gesamten Outsourcing-System eine optimierte Ressourcenallokation vorgenommen werden. Voraussetzung für die qualitative FTA ist einerseits die gemeinsame Definition des Hauptereignisses durch Outsourcing-Auftraggeber und -Auftragnehmer als Ausgangspunkt für den qualitativen Fehlzustandsbaum. Andererseits eine genaue -Systemabbildung, welche vorhergehend bereits im Outsourcing-Vorhaben mittels der Gestaltungselemente vorgenommen wurde.

Spezifische, exakte Kennwerte zu Ausfallwahrscheinlichkeiten oder -raten sind dazu nicht obligatorisch. Deren Ermittlung bzw. Zusammenstellung für alle Bestandteile im gesamten Outsourcing-System wäre unverhältnismäßig zum beabsichtigten Ziel, der Unterstützung des Anlaufmanagements. Vorhandene quantitative FTA-Ergebnisse von Sub-System-Analysen können einbezogen werden, um die Einschätzungen zu potentiellen Ausfallwahrscheinlichkeiten der enthaltenen Bestandteile des Expertenteams zu bekräftigen. Das Ergebnis der qualitativen FTA ist ein Bericht zu potentiellen Gefährdungen im geplanten Outsourcing-System, welche ggf. im Systemanlauf besonders relevant werden. Basierend darauf erfolgt die Festlegung, für welche Notfallstrategien zu erarbeiten sind, aufgrund dessen, dass das Eintreten des Hauptereignisses maßgeblich beeinflusst wird. Die qualitative FTA bildet den Initialpunkt für den gemeinsamen KVP von Outsourcing-Auftragnehmer und Outsourcing-Auftraggeber, um in kooperativer Zusammenarbeit mit Beginn der Realisierung des gesamten Outsourcing-Systems dieses ganzheitlich zu optimieren.

Bewertung: Die Fehlzustandsbaumanalyse ist eine Möglichkeit, der durch die FMEA nicht erfüllten Anforderung zur Unterstützung einer ggf. erforderlichen Materialflussplanung in Outsourcing-Vorhaben zu entsprechen. Hierdurch wird im Vorgehensmodell für die Phase Outsourcing-Projekt durch die Kombination von FMEA und FTA eine umfassende präventive Qualitätssicherung eingeleitet. Zu beachten ist der potentiell hohe Aufwand zur Erstellung einer FTA sowie das spezifische Wissen zur Erstellung von Fehlzustandbäumen, insbesondere zu quantitativen Fehlzustandbäumen. Das Analysevorgehen ist nicht derart intuitiv, wie dieses der FMEA und kann bei Fehlanwendungen zu wesentlichen Falscheinschätzungen im Outsourcing-Vorhaben führen. Daher ist insbesondere eine kritische Überprüfung der verfügbaren personellen Ressourcen durchzuführen wie auch die bestehende Möglichkeit zum Einbezug von externem Expertenwissen zu berücksichtigen. Das vollständige Ablaufschema zur Phase Outsourcing-Projekt ist in Anhang IV abgebildet.

4.3.3 Vorgehensmodell – Outsourcing-Prozess

Im Vorgehensmodell von Outsourcing-Vorhaben ist die Phase Outsourcing-Prozess gemäß Abbildung 2-4 abschließend in der Phaseneinteilung. In der DIN EN ISO 9000:2005 wird ein Prozess als „Satz von in Wechselbeziehung oder Wechselwirkung stehenden Tätigkeiten, der Eingaben in Ergebnisse umwandelt“ (vgl. S. 23 [DIN9000]) definiert. Äquivalent ist das Verständnis in Outsourcing-Vorhaben für die Phase Outsourcing-Prozess. Nachfolgend zur Phase Outsourcing-Projekt, in welcher ein -System aufgebaut und in Betrieb genommen wird, für diese das erforderliche Anlaufmanagement den Abschluss der

Phase kennzeichnet, wird in der Phase -Prozess der Regelbetrieb für das Outsourcing-System aufgenommen. Dies impliziert, dass das -System in einen eingeschwungenen, stabilen Betriebszustand zu überführen, wenn dieses nicht bereits Resultat des Anlaufmanagements ist, und ganzheitlich zu optimieren ist. Hierzu sind im Outsourcing-System Regelkreise zu implementieren, mithilfe derer eine Überwachung – gleich ob stetige oder diskrete – der zwischen den -Partnern vereinbarten, das -System sowie die darin vorgesehene Transformation von Leistungsobjekten kennzeichnenden Merkmale erfolgt.

Hierdurch wird es erforderlich in der Phase Outsourcing-Prozess den Systemmonitor, wie dieser in Abbildung 4-4 beispielhaft dargestellt ist und die Verknüpfung der Element-Monitore zur Sub-System-Überwachung zu einem ganzheitlichen Leitstand des Outsourcing-Systems aufzeigt, umzusetzen. Jedoch ist der Aufbau der reinen Monitoringfunktionalitäten in dieser Phase nicht abschließend. Elementar für die Phase ist die Implementierung des Kontinuierlichen Verbesserungsprozesses (KVP) sowie der Statistischen Prozess Kontrolle (SPC), deren Nutzen für die Logistik bereits in anderen Arbeiten erörtert wurde (vgl. u. a. S. 82 ff [Winz97]), als regelndes Werkzeug. Ziel der Phase ist eine abschnittsweise Erlangung der durchgehenden Prozessbeherrschung, wie diese in Abbildung 4-9 dargestellt ist.

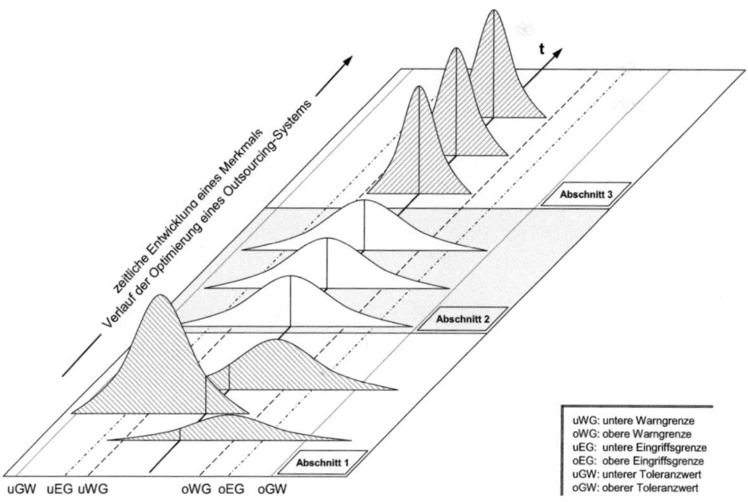

Abbildung 4-9: Schema Kennwertentwicklung bei Statistischer Prozess Kontrolle

Werkzeuge und Hilfsmittel: Kennzeichnendes Werkzeug des modernen Qualitätsmanagements in der Phase Outsourcing-Prozess ist die Statistische Prozess Kontrolle (SPC), für die Gerboth allgemein erörtert hat, dass durch deren Anwendung Potentiale bei der Erbringung von Dienstleistungen durch eine Überwachung von charakteristischen Prozesskenngrößen sowie durch den permanenten Abgleich dieser mit zuvor je Merkmal definierten Vorgaben erschlossen werden können (vgl. S. 74 ff [Gerb02]). Ursprünglich ist die Statistische Prozess Kontrolle ein Werkzeug, welches für die Regelung von Produktionsprozessen in der industriellen Serien- bzw. Massenfertigung entwickelt wurde. Charakteristisch für die Statistische Prozess Kontrolle von Produktionsprozessen ist ein dreiteiliges Vorgehen, welches die Teilaufgaben

- Maschinenfähigkeitsuntersuchung (MFU),
- Prozessfähigkeitsuntersuchung (PFU) sowie nachfolgend die
- Prozessüberwachung mittels Qualitätsregelkarten (QRK)

beinhaltet. (vgl. S. 223 ff [Heri03])

In den ersten Teilaufgaben werden unterschiedliche, voneinander abhängige Teilziele verfolgt, um basierend auf deren gemeinsamer Erfüllung die Voraussetzung für eine gesicherte Prozessüberwachung mittels Qualitätsregelkarten als Resultat zu schaffen. Die Maschinenfähigkeitsuntersuchung ist als erste Teilaufgabe eine „Kurzzeituntersuchung an Maschinen oder Anlagen hinsichtlich der Erfüllung vorgegebener Qualitätsanforderungen für die gestellte Fertigungsaufgabe“ (vgl. S. 226 [Heri03]). Für die MFU wird eine verhältnismäßig große Stichprobe n an Teilen – vielfach wird ein Mindestumfang der Stichprobe von 50 Teilen angegeben – aus dem Produktionsprozess erforderlich. Diese Stichprobe wird hinsichtlich der Erfüllung der definierten Qualitätsanforderungen mittels statistischer Werkzeuge analysiert, wobei zu identifizieren ist, welchen Einflüssen die Produktion des Teils unterliegt. Hierzu wird für die Kurzzeitstreuung eines Merkmals durch das Deutsche Institut für Normung e. V. definiert, dass es sich um die „Streuung der Werte eines Produkt- oder Prozessmerkmals (...) in kurzen Zeitspannen, in denen keine nichtzufälligen Veränderungen des Erwartungswertes (...) angenommen werden“ (vgl. S. 2 [DIN55350|33]) handelt.

Wesentlich an der Definition ist die Einschränkung „keine nichtzufälligen Veränderungen". Durch diese Einschränkung wird verhindert, dass Aussagen der Analyse der Kurzzeituntersuchung durch Erscheinungen wie Werkzeugverschleiß, Mitarbeiterermüdung, Chargenunterschiede etc. beeinflusst, wodurch Fehlinterpretationen der Analyse hervorgerufen werden. Zu berücksichtigen sind zudem die in der Norm enthaltenen Anmerkungen zur Definition der Kurzzeitstreuung. Einerseits wird festgehalten, dass eine Festlegung der Zeitspanne für eine Kurzzeituntersuchung auf eine einheitliche Dauer nicht möglich ist. Gemäß Anmerkung 1 der Norm ist zu berücksichtigen, „je nach Anwendungsfall können die kurzen Zeitspannen Bruchteile von Sekunden oder Tage oder noch größere Zeitspannen sein" (vgl. S. 2 [DIN55350|33]).

Dies ist bei der Planung der Maschinenfähigkeitsuntersuchung zu berücksichtigen und die Zeitspanne passend zur zu beurteilenden Produktion bzw. deren Maschine(n) oder Anlage(n) zu spezifizieren. Andererseits wird in Anmerkung 2 ausgeführt, dass der in der betrieblichen Praxis vorwiegend in einer Kurzzeituntersuchung ermittelte charakterisierende Kennwert die Standardabweichung s des Merkmals ist (vgl. S. 2 [DIN55350|33]), welche gemäß Formel 1 (vgl. S. XV) berechnet wird. In der Analyse der Stichprobe der MFU ist zu ermitteln, ob für den ermittelten Kennwert des Produktes oder des Prozesses eine Normalverteilung, welche gemäß Hering eine notwendige Bedingung für eine positive Beurteilung in der MFU darstellt (vgl. S. 230 [Heri03]), festzustellen ist.

Das Ergebnis der Maschinenfähigkeitsuntersuchung ist die Beurteilung der Qualitätsfähigkeit einer Maschine oder Anlage, in Übereinstimmung mit der DIN EN ISO 9000:2005, die Beurteilung zum Vorliegen der „Eignung (...) eines Systems oder eines Prozesses zum Realisieren eines Produktes, das die Anforderungen an dieses (...) erfüllen wird" (vgl. S. 19 [DIN9000]). Kenngrößen, die zur Beschreibung der MFU zu ermitteln sind, sind die Spannweite R, Berechnung entsprechend Formel 2 (vgl. S. XV), welche die Differenz von maximalem und minimalem Kennwert darstellt, sowie die Maschinenfähigkeit cm, Berechnung entsprechend Formel 3 (vgl. S. XV), und ebenso der Maschinenfähigkeitskennwert cm_k, Berechnung entsprechend Formel 4 (vgl. S. XV). (vgl. S. 232 [Heri03])

Hinreichende Bedingungen für eine positive Beurteilung der Maschinenfähigkeit sind Werte für die Maschinenfähigkeit von mindestens 1,67 sowie für den Maschinenfähigkeitskennwert von mindestens 1,33 (vgl. S. 235 [Heri03]). Nach einer positiven Maschinenfähigkeitsuntersuchung erfolgt mit der zweiten Teilaufgabe die Prozessfähigkeitsuntersuchung (PFU) der betrachteten Maschine(n) und Anlage(n) bzw. Prozesse.

Dieses ist im Vergleich eine Langzeituntersuchung, welche komplementär zur Kurzzeitstreuung die Untersuchung der Langzeitstreuung eines Kennwertes, die entsprechend durch das Deutsche Institut für Normung e. V. definiert ist, als „Streuung der Werte eines Produkt- oder Prozessmerkmals (...) in langen Zeitspannen, in denen nichtzufällige Veränderungen des Erwartungswertes angenommen werden" (vgl. S. 2 [DIN55350|33]), beinhaltet. Ziel der PFU ist, die systematischen, nichtzufälligen Einflüsse auf das Ergebnis der Produktion zu eliminieren und den Nachweis der Prozessbeherrschung und damit zur langzeitfähigen, reproduzierbaren Produktion zu erlangen. Äquivalent zur Kurzzeitstreuung sind im übertragenen Sinn die bereits zuvor zitierten Anmerkungen der Norm sowie die Folgerungen daraus zu berücksichtigen.

Konträr zur einzelnen großen Stichprobe der Kurzzeituntersuchung wird für die Prozessfähigkeitsuntersuchung eine Menge m an einzelnen (kleinen) Stichproben n – üblicherweise in einem Umfang von 5 Teilen, mindestens jedoch je Stichprobe von 3 Teilen (vgl. S. 232 [Heri03]) – erforderlich, die mindestens eine Grundgesamtheit von 125 Teilen ergeben, benötigt. Für die Menge m an Stichproben ist zuerst anhand der jeweiligen Kennwerte aus Formel 5, Formel 6 und Formel 7 (vgl. S. XV) zu ermitteln, ob ebenfalls eine Normalverteilung der Kennwerte aller entnommenen Stichproben in der PFU als notwendige Bedingung vorliegt. Für Stichproben mit 5 Teilen „gilt mit hinreichender Genauigkeit" (vgl. S. 233 [Heri03]) der Zusammenhang, dass der Schätzwert für die Standardabweichung der Momentanstreuung, Berechnung gemäß Formel 8 (vgl. S. XVI) dem 0,4-fachen des arithmetischen Mittelwertes der Spannweiten, Berechnung gemäß Formel 6 (vgl. S. XV) der einzelnen Stichproben entspricht. Hinreichende Bedingung für eine positive Prozessfähigkeitsuntersuchung sind Werte von mindestens 1,33 für die Prozessfähigkeit, Berechnung gemäß Formel 9 (vgl. S. XVI), und von mindestens 1,00 für den Prozessfähigkeitskennwert, Berechnung gemäß Formel 10 (vgl. S. XVI). Anzumerken zu den Ausführungen zur Maschinen- wie auch Prozessfähigkeitsuntersuchung ist, dass in der betrieblichen Praxis neben der Normalverteilung von Kennwerten weitere Verteilungsmodelle auftreten, welche in den Ausführungen aufgrund der beabsichtigten Allgemeingültigkeit der vorliegenden Arbeit, nicht weiter betrachtet werden. Als Konsequenz einer negativen Prozessfähigkeitsuntersuchung ist primär durch die Beseitigung von systematischen Einflüssen die Prozessbeherrschung anzustreben. Ist diese primäre Handlungsalternative aufgrund einer Unmöglichkeit, hervorgerufen durch beispielsweise nicht technische Umsetzbarkeit bzw. aufgrund einer Unverhältnismäßigkeit des Aufwands einer technischen Modifikation, nicht realisierbar, ist eine sekundäre, zweiteilige Handlungsalternative zu überprüfen. Einerseits besteht ggf. die Möglichkeit, die Toleranzvorgaben für das betroffene Merkmal zu erweitern, wenn dieses legitim für den beabsichtigten Verwendungszweck ist, oder andererseits ist die Option zum Wechsel der Maschine(n) oder Anlage(n) bzw. des Prozesses hin zu einer fähigeren Alternative zu überprüfen.

Als Resultat einer positiven Maschinen- sowie Prozessfähigkeitsuntersuchung wird im Zuge der dritten Teilaufgabe die Prozessüberwachung mittels Qualitätsregelkarten, welche in der ureigensten Form ein „Rationalisierungsmittel der Fertigungssteuerung“ sind (vgl. S. 61 [Kirs98]), für die analysierte(n) Maschine(n) oder Anlage(n) eingeleitet.

Vorgehen: Nachfolgend wird erörtert, wie das dreiteilige Vorgehen der allgemeinen Statistischen Prozess Kontrolle in die Phase Outsourcing-Prozess zu implementieren ist. Hierbei werden die Arbeitsinhalte chronologisch dem Zeitstrahl im Outsourcing-Vorhabenverlauf folgend sowie in Entsprechung zur Abbildung 4-9 aufbereitet. Die Voraussetzungen zum Einsatz der Statistischen Prozess Kontrolle als regelndes Werkzeug im Outsourcing-Vorhaben werden überwiegend in den Phasen Outsourcing-Konzeption und Outsourcing-Projekt geschaffen. Wesentlich für die Anwendung ist die Erkenntnis der Wirksamkeit des Werkzeugs auch für logistische Leistungen seitens des Outsourcing-Auftraggebers. Bereits in den frühen Überlegungen zu einem -Vorhaben erfolgt die Definition von kennzeichnenden Merkmalen bzw. für das erforderliche Outsourcing-System zur einwandfreien Einbindung dessen in die Ver- und /

oder Entsorgungsnetzwerke eines Outsourcing-Auftraggebers. Die kennzeichnenden Merkmale werden in Form von Schnittstellenbeschreibungen seitens des Outsourcing-Auftraggebers zumeist am Ende der Phase Outsourcing-Konzeption bei der Gestaltung des Referenzsystems vorgegeben. Eine weitere Spezifizierung erfolgt nachfolgend gemeinschaftlich zwischen den Outsourcing-Partnern in den Arbeitsaufgaben der Phase -Projekt. Diese werden in der Vertragsgestaltung wesentlich für die spätere Bewertung der erbrachten Leistung sowie für die dafür seitens des Outsourcing-Auftraggebers zu leistende Vergütung. Vertraglich werden die kennzeichnenden (Leistungs-)Merkmale, die je Merkmal für den Outsourcing-Auftraggeber erforderlichen und für den -Auftragnehmer realisierbaren Toleranzgrenzen wie auch die Zusammenhänge zwischen den einzelnen kennzeichnenden Merkmalen je Gestaltungselement zur Generierung der Bereichs- und Topkennzahlen für ein jeweiliges gesamtes Outsourcing-System – Element-Monitore und System-Monitor – vereinbart. Diese gemeinschaftlich vereinbarten, kennzeichnenden Merkmale sind ab der Realisierung des Outsourcing-Systems zu erfassen und mittels der Statistischen Prozess Kontrolle zu regeln. Hierzu ist seitens des Outsourcing-Auftraggebers einleitend die Erfassung aller das Outsourcing-System sowie die zum Aufbau dessen erforderlichen Gestaltungselemente beeinflussenden Parameter erforderlich. Allgemein gibt es dafür verschiedene Vorgehensweisen. Beispielsweise können Parameter anhand von entstandenen Fehlern, welche mittels Fehlersammelkarten dokumentiert werden, erfasst werden. Dieses Vorgehen impliziert eine abgeschlossene Realisierung für ein zu regelndes Outsourcing-System sowie eine zurückliegende Betriebsdauer, um eine ausreichende Anzahl an Einträgen in Fehlersammelkarten verzeichnen zu können. Ein überwiegend präventiv orientiertes Vorgehen zur Bestimmung von Einflussfaktoren ist die Anfertigung eines Ursache-Wirkungs-Diagramms – oftmals als Ishikawa- oder Fischgrät-Diagramm bezeichnet – für das -System bzw. selbiger für die enthaltenden Gestaltungselemente, deren Transformationsprozesse mittels SPC zu regeln sind. Dieses Vorgehen ist aufgrund der präventiven Ausrichtung und der damit verbundenen voraussichtlichen Minimierung von Fehler- und Fehlerfolgekosten im Anlauf eines Outsourcing-Systems in Outsourcing-Vorhaben zu präferieren. Eine beispielhafte, nicht abschließende Auflistung von Einflussfaktoren auf -Systeme in der Logistik ist in Abbildung 4-10 enthalten.

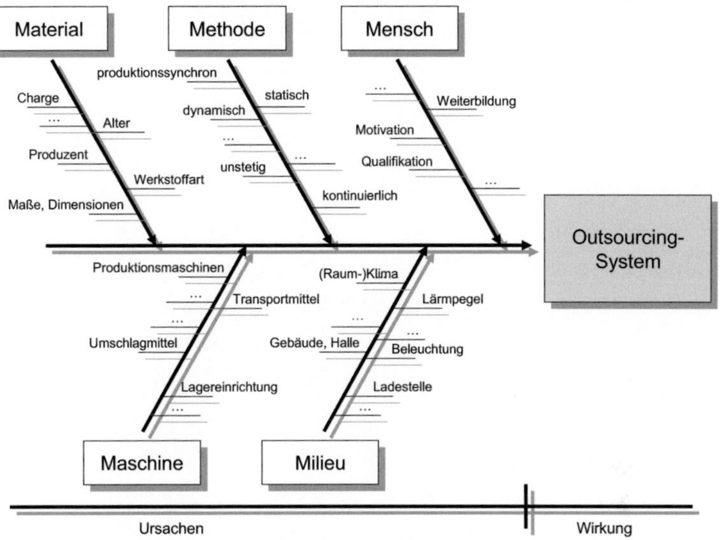

Abbildung 4-10: Einflussfaktoren auf Outsourcing-Systeme

Die Aufnahme aller potentiellen Einflussfaktoren auf ein Outsourcing-System erfolgt zu Anfang des Abschnitts 1 aus Abbildung 4-9. Dieser Abschnitt ist im Outsourcing-Vorhabenverlauf bereits parallel zum Ende der Phase Outsourcing-Projekt zu initiieren. Während des Outsourcing-Systemaufbaus und der dabei obligatorischen Funktions- und Ablauftests für errichtete Produktionsmaschinen und Materialflusskomponenten sowie für entworfene Logistik- und Zusatzprozesse ist eine aufwandsarme Erfassung der potentiellen Einflussfaktoren möglich. Zudem enthalten die Erkenntnisse aus der FMEA sowie ggf. aus der FTA Indikatoren für etwaig zu berücksichtigende Einflussfaktoren.

Basierend auf dieser Analyse ist die erste der zwei Fähigkeitsuntersuchungen für das Outsourcing-System, die Maschinenfähigkeitsuntersuchung, einzuleiten. Im Systemaufbau sind einzelne Maschinenfähigkeitsuntersuchungen für Gestaltungselemente, welche für den Transformationsprozess technische (automatisierte) Komponenten bedingen, einzuleiten. Typische Beispiele für derartige Komponenten sind unter anderem erforderliche Produktions- und / oder Bearbeitungsmaschinen für Komponenten, aber auch technische Einrichtungen der Bereiche Transport, Umschlag oder Lager.

Allgemein in der betrieblichen Praxis üblich und aus der rechtlichen Perspektive erforderlich, gehören zum Abnahmeprozess durch den Kunden – in Outsourcing-Vorhaben je nach Vertragsgestaltung des Outsourcing-Vorhabens der -Auftragnehmer, der -Auftraggeber oder gemeinschaftlich beide -Partner – derartiger technischer Einrichtungen zusätzlich zu einer reinen Funktionsüberprüfung, Tests zur Ermittlung der realen Leistungsfähigkeit der Maschine oder Anlage zur Überprüfung der Übereinstimmung des Gelieferten mit dem vertraglich Vereinbarten (vgl. S. 2 [DIN69905]). Diese Leistungstests einer jeweiligen technischen Einrichtung eignen sich für die Entnahme einzelner Stichproben an den Schnittstellen der jeweiligen Gestaltungselemente. Eine positive Abnahme einer technischen Einrichtung für ein Gestaltungselement erfolgt entsprechend erst bei einer positiven Maschinenfähigkeitsuntersuchung. Die Kurzzeitfähigkeitsuntersuchung des gesamten -Systems ist nachfolgend zum Aufbau des Gesamtsystems sowie der positiven Fähigkeitsuntersuchung der beinhalteten technischen, zu überprüfenden Komponenten möglich. Oftmals wird in Outsourcing-Vorhaben zur externen Vergabe von logistischen sowie von Zusatz-Leistungen eine Fähigkeitsuntersuchung anhand eines quantitativen Produktmerkmals als charakterisierenden Kennwert für das gesamte -System nicht hinreichend sein, sondern eine Quantifizierung von als mangelfrei gekennzeichneten, das Outsourcing-System passierten Leistungsobjekten, erforderlich werden.

Ziel des Anlaufmanagements ist eine Inbetriebnahme des gesamten Outsourcing-Systems, die Herbeiführung eines stabilisierten Systemzustands sowie der Nachweis der Kurzzeitfähigkeit des Outsourcing-Systems in Form einer positiven Beurteilung im Ergebnis der Maschinenfähigkeitsuntersuchung. Diese Einordnung der Durchführung der Maschinenfähigkeit für das gesamte Outsourcing-System ist zudem anhand der Abbildung 4-9 nachzuvollziehen. Innerhalb des 1. Abschnitts ist ein instabiles Outsourcing-System gegeben, welches nicht fähig ist. Im Phasenverlauf wird die Instabilität durch Outsourcing-Systemoptimierungen, wie Mitarbeiterschulungen, Beseitigung von externen Einflüssen durch evtl. noch vorhandene Baumaßnahmen etc. eliminiert. Nach einer erfolgreichen Inbetriebnahme eines gesamten Outsourcing-Systems sowie der Erreichung des geforderten Ausbringungsgrades im stabilen Systemzustand ist umgehend die Prozessfähigkeitsuntersuchung für das gesamte Outsourcing-System sowie für die zuvor in der Maschinenfähigkeitsuntersuchung berücksichtigten Gestaltungselemente bzw. deren technische Einrichtungen einzuleiten. Das Vorgehen bei der Prozessfähigkeitsuntersuchung ist äquivalent zur Kurzzeituntersuchung, aufsteigend von den Gestaltungselementen hin zum gesamten Outsourcing-System durchzuführen.

Als Folge einer positiven Prozessfähigkeitsuntersuchung für das Outsourcing-System wird die Prozessüberwachung mittels zwischen Outsourcing-Auftragnehmer und Outsourcing-Auftraggeber abgestimmten Qualitätsregelkarten eingeleitet. Diese sind zur Wahrung der Transparenz und Handhabbarkeit von Qualitätsmanagementbestrebungen im Outsourcing-Vorhaben in EDV-Systeme zu überführen. Grundlage für die Prozessüberwachung ist der entworfene und je Outsourcing-Vorhaben zu spezifizierende System-Monitor. Im System-Monitor erfolgt regulär eine offline Überwachung der kennzeichnenden Merkmale gemäß den Qualitätsregelkarten. Offline impliziert eine Erhebung der kennzeichnenden Merkmale während der einzelnen Transformationsprozesse in den Gestaltungselementen. Nachfolgend, entkoppelt von den Transformationsprozessen, werden die Analyse der Kennwerte sowie die Aggregation der übergeordneten Kennzahlen wie auch deren statistische Auswertung vorgenommen. Basierend auf den Ergebnissen dieser Analysen erfolgt bei der Überschreitung einer unteren oder oberen Warngrenze (u- bzw. oWG) oder einem erkannten Trend in der zeitlichen Entwicklung eines Merkmals der Wechsel zur online Überwachung. Dieser Wechsel bedeutet eine besondere Überwachung des jeweiligen Transformationsprozesses, um ggf. anhaltend negativ entwickelnden Kennwerten unverzüglich durch Prozesseingriffe – u. a. der Austausch von Bearbeitungswerkzeugen, Formen, Handhabungsgeräten – oder durch Optimierungsmaßnahmen entgegen zu wirken und die Prozessbeherrschung fortwährend zu gewährleisten.

Eine zusätzliche Handlungsalternative als Reaktion auf eine Auffälligkeit in der offline Überwachung ist die Initiierung eines unplanmäßigen Audits des betroffenen Transformationsprozesses bzw. des beinhaltenden Gestaltungselements. Das Audit wird durch ein Team von Experten des Prozesses sowie von externen objektiven Vertretern des Outsourcing-Auftragnehmers ggf. in Erweiterung um diese des Outsourcing-Auftraggebers durchgeführt. Ziel eines derartigen unplanmäßigen Audits ist die konsistente Überprüfung aller Vorgänge hinsichtlich der bestehenden Vorgaben zu deren Ausführung. Ausgangspunkt für die Auditierung bildet die Aufbereitung aller potentiellen Einflussfaktoren auf das Outsourcing-System, welche Eingangs zur Einführung der Statistischen Prozess Kontrolle im -Vorhaben durchgeführt wird. Das Ergebnis des Audits wird in Form eines Auditberichts durch das Team zusammengefasst. Der Bericht beinhaltet einerseits ein Gutachten zum auditierten Bereich, andererseits Maßnahmenvorschläge zur Reaktion auf die in der offline Überwachung identifizierten Auffälligkeiten. Wesentlich restriktiver ist bei einer Überschreitung einer unteren bzw. oberen Eingriffsgrenze (u- bzw. oEG) oder ggf. im ungünstigsten Fall eines unteren oder oberen Grenzwertes, Toleranzwertes (u- bzw. oGW) vorzugehen. Derartige Überschreitungen stellen eine unmittelbare Gefährdung der Leistung des gesamten Outsourcing-Systems dar. Ebenso zu einer Überschreitung einer u- bzw. oWG ist umgehend eine online Überwachung des betroffenen Transformationsprozesses einzuleiten.

Jedoch ist dieser nicht nur einer besonderen Beobachtung zu unterziehen, sondern es sind umgehend Sofortmaßnahmen durch den Outsourcing-Auftragnehmer zur Korrektur des identifizierten Qualitätsdefizits durchzuführen. Zur Gewährleistung der Nachvollzieh- und Wirksamkeit ist für Sofortmaßnahmen ein standardisiertes Vorgehen im Outsourcing-Vorhaben sowie bestmöglich im Unternehmen zu implementieren. Ein Beispiel hierfür ist der 8D-Report (vgl. Abbildung 2-15), wie dieser in der Automobilindustrie zur Dokumentation von Maßnahmen aufgrund von Qualitätsdefiziten in der Fertigung derzeit vielfach verwendet wird.

Die Umsetzung von Maßnahmen, welche basierend auf einem derartigen Report zur Abstellung der Ursachen eingeleitet werden, ist hinsichtlich ihrer Wirksamkeit durch die Auditierung des betroffenen Transformationsprozesses zu verifizieren. Das Ergebnis des Audits ist ebenso wie bei einer Überschreitung einer Warngrenze in Form eines Auditberichts zu dokumentieren, jedoch ist bei der Feststellung der Unwirksamkeit der eingeleiteten Maßnahmen die Option zur Einsetzung einer Taskforce, wie diese in der Automobilindustrie bei anhaltenden Schlechtleistungen üblich sind, zur operativen Unterstützung des Transformationsprozesses sowie des ausführenden Personals vorzusehen.

Zur Sicherstellung einer kontinuierlichen Verbesserung des Outsourcing-Systems sowie aller im Weisungsbereich befindlichen Outsourcing-Systeme, ist, basierend auf eingeleiteten und realisierten Maßnahmen in einem Transformationsprozess bzw. im beinhaltenden Gestaltungselement, die Notwendigkeit zur Modifikation artgleicher Gestaltungselemente im jeweiligen Outsourcing-System sowie in dieses Gestaltungselement weiterhin beinhaltenden Systemen zu überprüfen sowie ggf. vergleichbare Maßnahmen wie auch Wirksamkeitskontrollen einzuleiten. Ebenfalls ist das in der Menge für Planungsaufgaben enthaltene, vorhabensneutrale jeweilige Gestaltungselement hinsichtlich einer bestehenden Modifikations- bzw. Optimierungsnotwendigkeit zu überprüfen.

Bewertung: Die Bewertung des Vorgehensmodells der Phase Outsourcing-Prozess erfolgt ebenso wie vorausgehend diese der Phasen -Konzeption und -Projekt anhand der definierten allgemeingültigen und phasenspezifischen Anforderungen, wie diese in Abbildung 4-6 zusammengefasst sind. Die erste allgemeingültige Anforderung zur Anwendung der erarbeiteten Gestaltungselemente für Outsourcing-Vorhaben ist Grundvoraussetzung für die Einführung von SPC in Outsourcing-Vorhaben in der Logistik. Hierdurch wird gewährleistet, dass im Outsourcing-System die für eine Prozessregelung erforderlichen kennzeichnenden Merkmale für den Transformationsprozess sowie für die enthaltenen Teilprozesse verfügbar sind. Demnach wird in der Phase -Prozess dieser Forderung vollständig entsprochen.

Die zweite Anforderung zur Unterstützung der Projektteams und Projektmanagements im gesamten Vorhaben wird durch den Transparenzzugewinn und die Analysen von Kennwerten im zeitlichen Verlauf mittels statistischer Auswertungen erfüllt. Die Berücksichtigung von materiellen wie auch immateriellen Leistungsobjekten im Transformationsprozess sowie den dazu erforderlichen Regelungsmöglichkeiten, als dritter allgemeingültiger Anforderung, wird durch die Statistische Prozess Kontrolle sowie durch die Definition von kennzeichnenden Merkmalen sowohl für Transformationen von Produkten, Komponenten etc. als auch für Transformationsprozesse in Form von logistischen, immateriellen Leistungen begegnet. Auch die Regelung von immateriellen Transformationsprozessen wird durch die Quantifizierung von mangelfrei das -System passierten Leistungsobjekten ermöglicht. Die vierte allgemeine Anforderung, diese zur

Verwendung von etablierten und nach Möglichkeit branchenunabhängigen Standards, ist durch die Anwendung von SPC, welche ein in der betrieblichen Praxis anerkanntes, wirksames Werkzeug des Qualitätsmanagements ist, wie dies zudem durch die Normenreihe DIN 55350 offenkundig wird, erfüllt.

Spezifisch für die Phase Outsourcing-Prozess sind zwei Anforderungen zu erfüllen. Einerseits diese zur Regelung von -Systemen mittels Verfahren des Qualitätsmanagements, welche in der industriellen Produktion erprobt sind und deren Wirksamkeit verifiziert ist. Diese Anforderung ist, wie die allgemeingültige zur Verwendung unabhängiger Standards, wie ausgeführt, durch die Charakteristika der SPC erfüllt. Andererseits wird der zweiten Anforderung zur Implementierung von Hilfsmitteln zur Analyse und Optimierung durch die Ableitung von Handlungsalternativen bei negativ veränderten Kennwerten entsprochen. Zwei verschiedene Handlungsoptionen, die Auditierung wie auch der 8D-Report, werden als geeignete Hilfsmittel aufgezeigt. Das vollständige Ablaufschema zur Phase Outsourcing-Prozess ist in Anhang V abgebildet.

4.4 Zusammenfassung

Im Kapitel 4 wird ein Modulbaukasten zur ganzheitlichen Planung, Analyse und Optimierung von Outsourcing-Vorhaben in der Logistik erarbeitet. Hierzu wird eine übergeordnete Zweiteilung vorgenommen.

Einerseits wird zur besseren Modularisierung von zu vergebenden und anzubietenden klassischen TUL- sowie Zusatz-Leistungen eine Struktur für Gestaltungselemente in Outsourcing-Vorhaben in der Logistik entwickelt. Unter Berücksichtigung der Erkenntnisse aus den theoretischen und die die derzeitige betriebliche Praxis kennzeichnenden Kapiteln werden drei Anwendungsfälle identifiziert: Planung und Realisierung, Betrieb, Analyse und Optimierung. Ausgangspunkt für die Herleitung der Struktur für Gestaltungselemente ist die Feststellung von anwendungsfallübergreifenden und -spezifischen Anforderungen.

Zur Minimierung des Implementierungsaufwands wird das etablierte Prozessketteninstrumentarium bzw. das Prozesskettenelement in die Struktur der Gestaltungselemente integriert. Diese bildet eine die Hauptprozessketten überlagernde, aggregierende Ebene und wird durch die Bestandteile Element-Organisation, Element- und System-Monitor sowie (präventives) Qualitätsmanagement charakterisiert. Exemplarisch werden abschließend für Transport-, Umschlag-, Lager- und Zusatz-Leistungen Beschreibungen für Gestaltungselemente aufgezeigt. Diese dienen dem Anwender in der betrieblichen Praxis als Referenz, anhand der der Aufbau einer unternehmensspezifischen Modularisierung nachzuvollziehen ist.

Andererseits wird ein allgemeingültiges Vorgehensmodell für Outsourcing-Vorhaben sowohl aus der Perspektive von potentiellen Outsourcing-Auftraggebern als auch von Outsourcing-Auftragnehmern entlang der Phasen Outsourcing-Konzeption, Outsourcing-Projekt und Outsourcing-Prozess aufgebaut. Das Vorgehensmodell bezieht die erarbeiteten Gestaltungselemente konsistent ein und zeigt Möglichkeiten im modernen technischen Qualitätsmanagement, anerkannte Werkzeuge zur Verbesserung der Arbeitsergebnisse in den einzelnen Phasen zu nutzen. Generell enthält das Vorgehensmodell ein Ablaufschema zur Erfassung von Anforderungen an ein Outsourcing-Vorhaben sowie zur Überführung derer in technische, kennzeichnende Merkmale in der Phase Outsourcing-Konzeption, zur präventiven Bewertung von auftraggebereigenen Referenzsystemen und angebotenen Outsourcing-Systemen mittels der Werkzeuge FMEA und FTA in der Phase Outsourcing-Projekt sowie abschließend zum Aufbau von Regelkreisen zum optimierten Betrieb von Outsourcing-Systemen in der Phase Outsourcing-Prozess.

5 Modulbaukasten – Verifizierung in der betrieblichen Praxis

Im Kapitel 5 Modulbaukasten – Verifizierung in der betrieblichen Praxis erfolgt nach der Herleitung der Inhalte des Modulbaukastens für Outsourcing-Vorhaben in der Logistik respektive dessen Bestandteilen, einerseits den Gestaltungselementen, andererseits des Vorgehensmodells, die Einschätzung des voraussichtlichen Nutzens der erzielten Ergebnisse durch Experten der betrieblichen Praxis. Hierdurch wird die jeweilige Bewertung der Inhalte im Kapitel 4 vervollständigt sowie insbesondere der Praxisbezug der Arbeit gestärkt. Die Verifizierung der erarbeiteten Erkenntnisse und abgeleiteten Vorgehensweisen erfolgt anhand von Interviews mit Experten, welche einerseits strategische Entscheidungskompetenz im Unternehmen, andererseits fundiertes Fachwissen zum Themenkomplex in der betrieblichen Praxis einbringen.

Es wird die Perspektive von potentiellen Outsourcing-Auftragnehmern gewählt, da hierdurch die Möglichkeit zur branchenunabhängigen bzw. branchenübergreifenden Erfassung des erwarteten Nutzens erschlossen wird. Die Interviewform gewährleistet eine bestmögliche Aufbereitung der Inhalte des Modulbaukastens für den befragten Experten. Zur Aufbereitung des durch die betriebliche Praxis erwarteten Nutzens ist das Kapitel in einen deskriptiven Teil zur Darlegung der Interviewvorbereitung und -durchführung und einen analytischen Teil zur qualitativen Auswertung der in den einzelnen Interviews gewonnenen Ergebnisse gegliedert.

5.1 Vorbereitung der Experteninterviews

Zur Verifizierung des entwickelten Modulbaukastens bzw. zu dessen Inhalten wird in dieser Arbeit die Form des Experteninterviews gewählt. Dies erfolgt aufgrund themenspezifischer Gegebenheiten, welche

- die Form der Verifizierung mittels einer Umfrage anhand eines Fragebogens, gleich ob online, postalisch oder als Anlage zu einer E-Mail,
  - – unmöglich aufgrund der Komplexität der Inhalte des Modulbaukastens, wodurch die Umfrageergebnisse aufgrund von zu erwartenden, nicht erschlossenen Inhalten und Zusammenhängen nicht durchgehend aussagkräftig wären – oder

- die Form der Verifizierung mittels eines Vergleichs de Ergebnisse und Auswirkungen bei einer realen Anwendung mit bestehenden Aufzeichnungen

  - – Outsourcing-Vorhaben in der Logistik, welche eine Kombination von Transport-, Umschlag- oder Lager- mit Zusatz-Leistungen bedingen, sind nahezu ausschließlich einmalig in der jeweiligen Ausprägung sowie in der jeweiligen Historie, wodurch ein Vergleich von durchzuführenden Anwendungen mit in der betrieblichen Praxis existierenden Referenzen ausgeschlossen wird bzw. die bei einem derartigen Vergleich gewonnenen Erkenntnisse nicht aussagekräftig aufgrund unterschiedlicher Voraussetzungen wären –

für die in der Arbeit erforderliche Verifizierung ausschließen. Aufgrund dessen wird die Befragung von Experten zu deren Einschätzung und Beurteilung gewählt. Die dabei gewonnenen Ergebnisse werden qualitativ ausgewertet wie auch ggf. festgestellte Optimierungsansätze hinsichtlich der jeweiligen Realisierungsfähigkeit analysiert. In der Verifizierung wird von den in dieser Arbeit diskutierten Perspektiven, dieser des Outsourcing-Auftraggebers, des eine Leistung vergebenden Unternehmens, sowie dieser des -Auftragnehmers, des eine Leistung erbringenden Dienstleisters der transportierenden Wirtschaft im weiteren Sinn, die Perspektive des Outsourcing-Auftragnehmers gewählt. Dies erfolgt einerseits aufgrund der damit verbundenen Möglichkeit zur branchenübergreifenden Einschätzung des Nutzens, andererseits insbesondere aufgrund der Betrachtung der Umsetzungs- und Integrationsmöglichkeiten des erarbeiteten Modulbaukastens in die betriebliche Praxis. Eine vollständige und ganzheitliche, unmittelbare Umsetzung der gesamten Inhalte ist aufgrund des tiefgreifend erforderlichen Wandels des Verständnisses von Outsourcing-Vorhaben sowie der dazu erforderlichen Outsourcing-Partnerschaften und der kooperativen Geschäftsbeziehungen nicht zeitnah, vielmehr ist die Erschließung der Inhalte des Modulbaukastens in einem schrittweise erfolgenden, langfristigen Wandel zu erwarten.

Elementar für den Erfolg in der betrieblichen Umsetzung und Integration ist die Akzeptanz des dieser Arbeit zu Grunde liegenden Verständnisses von Outsourcing-Beziehungen der Outsourcing-Partner, welche in die betriebliche Praxis bestmöglich zuerst durch die die Leistung erbringenden Outsourcing-Auftragnehmer zu erzielen ist. Die konträre Wahl der Perspektive der Outsourcing-Auftraggeber bzw. der Ansatz zur Erschließung der Inhalte des Modulbaukastens aus deren Perspektive, bietet in einer ersten Betrachtung den vermeintlichen Vorteil einer schnelleren Umsetzung aufgrund der gegebenen Marktmacht und damit verbunden der Möglichkeit zur Vorgabe der Umsetzung. Jedoch wird in einer tieferen Durchdringung offenkundig, welche wesentlichen Nachteile gleichzeitig hervorgerufen werden.

In Analogie zum modernen Qualitätsmanagement ist bei einem derartigen Vorgehen eine wesentlich geringere bzw. nicht vorhandene Akzeptanz der Inhalte seitens der Outsourcing-Auftragnehmer zu erwarten. Vergleichbare Beobachtungen konnten bei der Einführung von Qualitätsmanagementauflagen in der produzierenden Industrie bei der Vergabe von Leistungen an Zulieferer in der frühen Vergangenheit festgestellt werden. Hier erfolgte die Vorgabe zum Aufbau sowie zur unabhängigen Zertifizierung von Qualitätsmanagementsystemen durch die Auftraggeber als Grundvoraussetzung für eine mögliche Vergabe von Aufträgen an potentielle Auftragnehmer. Jedoch minimierte dies zuerst den möglichen Nutzen dieser Systeme aufgrund dessen, dass nur die Erlangung der Zertifizierung angestrebt wurde, hingegen unternehmensintern die Inhalte von allen Beteiligten der verschiedenen Hierarchieebenen nicht konsistent verinnerlicht und umgesetzt wurden.

Diesen möglichen Hemmnissen wird durch den Ansatz zur Verifizierung seitens potentieller Outsourcing-Auftragnehmer und damit durch die Erhebung ggf. vorhandener Optimierungspotentiale hinsichtlich des Modulbaukastens begegnet. Bei der Verifizierung sind die verschiedenen, in der betrieblichen Praxis etablierten Geschäftsmodelle seitens der Outsourcing-Auftragnehmer, wie diese in der Systemabgrenzung in Abbildung 3-5 dargestellt sind, falls jeweilig relevant für die erörterte Logistikleistung, zu berücksichtigen.

Dies impliziert für die Zusammensetzung der Gruppe von zu befragenden Experten, dass sowohl Vertreter für kleine bzw. mittlere Unternehmen, als auch diese für Großunternehmen einzubeziehen sind. Zudem sind bei der Zusammensetzung der Gruppe ebenso Unternehmen mit und ohne eigene Transportressourcen wie auch Unternehmen, welche zum Angebot von -leistungen in Kooperationen organisiert sind, zu berücksichtigen. Hinsichtlich der Auswahl der zu befragenden Experten ist eine notwendige Bedingung, dass diese im jeweiligen Unternehmen auf eine interdisziplinäre und vorhabensübergreifende Expertise zurückgreifen können. Hierdurch wird der Teilnehmerkreis auf Mitarbeiter seitens der Outsourcing-Auftragnehmer mit Leitungsfunktion und strategischer Handlungskompetenz eingegrenzt. Beispiele für zu befragende Experten sind Geschäftsführer bzw. Betriebsleiter und Projektmanager wie auch Fachbereichsverantwortliche. Hinsichtlich der Interviews ist eine einheitliche Vorgehensweise zur Gewährleistung der Vergleichbarkeit der Ergebnisse zu berücksichtigen. Hierzu ist für die Experteninterviews ein einheitlicher Gesprächsleitfaden zu verwenden, welcher den Interviewteilnehmern die Inhalte des Modulbaukastens für Outsourcing-Vorhaben in der Logistik vermittelt sowie deren Einschätzung zum erwarteten Nutzen je Interview vergleichbar erfassbar gemacht. Jedoch ist bei der Gestaltung des Gesprächsleitfadens auf nicht zu beschränkende und den Interviewteilnehmer zu leitende Fragestellungen zu achten, wodurch qualitative Aussagen und Übertragungen der vorgestellten Inhalte auf dem Interviewteilnehmer bekannte Outsourcing-Vorhaben zu ermöglichen sind. Der Gesprächsleitfaden ist zur Wahrung der Vergleichbarkeit der Ergebnisse aufgrund eines nach Möglichkeit gleichen Kenntnisstands den Interviewteilnehmern erst unmittelbar zur Interviewdurchführung zu übergeben.

5.2 Durchführung der Experteninterviews

Als Grundlage der Interviews dient eine Zusammenfassung der wesentlichen Bestandteile und Ergebnisse dieser Arbeit. Komprimiert werden in einem dreiteiligen Gesprächsleitfaden, dessen Struktur in Tabelle 5-1 enthalten ist, den befragten Experten

- die hergeleitete, allgemeingültige Struktur,
- die zwei formulierten Teilziele der Arbeit,
- die Vorgehensweise zur Erreichung sowie die erarbeiteten Ergebnisse des ersten Teilziels, der Modularisierung von Leistungen,
- die Vorgehensweise zur Erreichung sowie die erarbeiteten Ergebnisse des zweiten Teilziels, der Standardisierung des Vorgehens

für Outsourcing-Vorhaben sequentiell in einer Befragung erörtert. Einschätzungen und Kommentierungen werden kontinuierlich sowie zudem jeweilig für die Teilziele nach der einzelnen Erörterung anhand der abschließenden Fragen „Einschätzung des Nutzens (…) im Hinblick auf das eigene Unternehmen“ wie auch „Einschätzung des Nutzens (...) für Outsourcing-Vorhaben in der Logistik im Allgemeinen" erfasst. Die Gesprächsprotokolle dokumentieren zudem in anonymisierter Form die Typisierung des befragten Unternehmens sowie des befragten Experten bzw. dessen Funktion im Unternehmen. Zur Steigerung der Beurteilungsmöglichkeiten der potentiellen Integrationsfähigkeit des entwickelten Modulbaukastens sowie der Gestaltungselemente und des Vorgehensmodells werden im Gesprächsverlauf zudem Angaben zum vorhandenen Methodenwissen bzw. zu bereits verwendeten Werkzeugen erhoben. Gegenstand sind die zum Aufbau des Modulbaukastens verwendeten Methoden und Werkzeuge wie auch in den Unternehmen vorausgesetzten Gegebenheiten. Erfasst werden schlussfolgernd Angaben der Experten zum Prozesskketteninstrumentarium, zu Quality Function Deployment (QFD), zur Statistischen Prozess Kontrolle (SPC), zur Fehler-Möglichkeiten- und Einfluss-Analyse (FMEA), zur Fehlerbaumanalyse (FTA) sowie zur eingesetzten Qualitätsmanagementsoftware.

Leitfaden	Inhalt
Allgemeingültige Strukturierung von Outsourcing-Vorhaben **vgl. Abbildung 2-4**	▪ Erläuterung der Phasen und Arbeitsinhalte - der Outsourcing-Konzeption, - des Outsourcing-Projektes, - des Outsourcing-Prozesses ▪ Herleitung der zwei Teilziele - Modularisierung von Leistungen und - Standardisierung des Vorgehens in Outsourcing-Vorhaben
Modularisierung von Leistungen in Outsourcing-Vorhaben **vgl. Abbildung 4-3**	▪ Darlegung der Integration des Prozessketteninstrumentariums ▪ Erläuterung der drei wesentlichen Merkmale, - der Element-Organisation, - des Element- und System-Monitors, - des (präv.) Qualitätsmanagements ▪ Erfassung des voraussichtlichen Nutzens - bezogen auf das eigene Unternehmen, - bezogen auf Outsourcing im Allgemeinen
Standardisierung des Vorgehens in Outsourcing-Vorhaben **vgl. Anhang III - V**	▪ Darlegung der Integration der allgemeingültigen Struktur für Outsourcing-Vorhaben ▪ Erläuterung der jeweiligen Inhalte für - Outsourcing-Auftraggeber und - Outsourcing-Auftragnehmer entsprechend den Phasen Outsourcing-Konzeption, Outsourcing-Projekt und Outsourcing-Prozess ▪ Erfassung des voraussichtlichen Nutzens - bezogen auf das eigene Unternehmen, - bezogen auf Outsourcing im Allgemeinen

Tabelle 5-1: Struktur zum Gesprächsleitfaden Experteninterview

Die dokumentierten Einschätzungen und Kommentierungen werden nachfolgend zum Interview in Form eines einheitlich strukturierten Gesprächsprotokolls übertragen sowie durch die Experten hinsichtlich der Vollständigkeit und Richtigkeit der Dokumentation überprüft. Die Inhalte zu den geführten Experteninterviews zur Verifizierung des erwarteten Nutzens des Modulbaukastens sowie zu den Inhalten Modularisierung von Leistungen durch Gestaltungselemente wie auch Standardisierung der Abwicklung von Outsourcing-Vorhaben durch ein allgemeingültiges Vorgehensmodell sind im Anhang dieser Arbeit als Anhang VI bis Anhang XI auf den Seiten 219 bis 249 enthalten.

5.3 Praxisrelevanz der allgemeingültigen Strukturierung

Übergreifend wird in den durchgeführten Experteninterviews einheitlich die in dieser Arbeit hergeleitete, allgemeingültige Strukturierung für Outsourcing-Vorhaben in der Logistik, welche in Abbildung 2-4 dargestellt ist, als „der derzeitigen betrieblichen Praxis entsprechend" bestätigt.

Bei einer Analyse der Interviewergebnisse sind die Aspekte,

- Einbindung von potentiellen Outsourcing-Auftragnehmern bzw. Beratern in die Phase der Outsourcing-Konzeption seitens potentieller Outsourcing-Auftraggeber,
- Einbindung von potentiellen Outsourcing-Auftragnehmern bzw. Beratern in die Phase des Outsourcing-Projektes seitens potentieller Outsourcing-Auftraggeber wie auch
- Notwendigkeit der Teilphasen „Ramp-Up" und „Ramp-Down"

in der Strukturierung auffällig, welche nachfolgend, chronologisch dem virtuellen Zeitstrahl der Strukturierung eines Outsourcing-Vorhabens folgend jeweilig erörtert werden. Die Outsourcing-Entscheidung in einem vergebenden Unternehmen ist in der aktuellen betrieblichen Praxis nicht unumgänglich eine rein interne Unternehmensentscheidung. Seitens der befragten Experten werden verschiedene Aspekte erörtert, welche zu einer notwendigen Ausdehnung des Projektmanagements eines potentiellen Outsourcing-Auftragnehmers in die Phase der Outsourcing-Konzeption führen können. Für diese Aspekte ist eine Clusterung in positive Aspekte, welche in zukünftigen -Vorhaben zu berücksichtigen, wie auch negative Aspekte, welche nach Möglichkeit in zukünftigen -Vorhaben auszuschließen sind, möglich.

Zwei Aspekte, welche dem positiven Cluster zuzuordnen sind, sind die notwendige Erweiterung des Projektmanagements von potentiellen Outsourcing-Auftragnehmern aufgrund einer langfristig zum Outsourcing-Auftraggeber existierenden Geschäftsbeziehung bzw. vorgenommenen Kooperationsvereinbarung sowie diese, hervorgerufen durch eine „aktive Vertriebsstrategie“ eines potentiellen Outsourcing-Auftragnehmers.

Im ersten Auftretensfall hat ein vergebendes Unternehmen zur Minimierung der internen Koordinationsaufgaben sowie Koordinationskosten für Dienstleisterbeziehungen ein langfristiges Kooperationsmodell mit einem Outsourcing-Auftragnehmer gewählt, welches als ein Merkmal zukünftiger Entwicklungen für Outsourcing-Vorhaben in der Logistik in der durchgeführten Systemabgrenzung dieser Arbeit bei der Analyse aktueller Studien zum Themenkomplex aufgezeigt wurde, wodurch eine aktive Einbringung des gewählten Outsourcing-Auftragnehmers in die Phase der Outsourcing-Konzeption unabdingbar wird.

Erst bei einer „tiefgreifenden Verzahnung“ von vergebendem und ausführendem Unternehmen ist eine bestmögliche Nutzung beiderseitig bestehender Potentiale und Synergien nachhaltig möglich. Insbesondere kann diese aktive Einbringung des Outsourcing-Auftragnehmers in den unternehmensinternen Ablaufoptimierungsprozess des Outsourcing-Auftraggebers zu einer langfristigen Sicherung des geschlossenen Kooperationsverhältnisses der Outsourcing-Partner und einhergehend zu einer Sicherung des Unternehmenserfolgs führen.

Im zweiten Auftretensfall, der „aktiven Vertriebsstrategie“ eines potentiellen Outsourcing-Auftragnehmers, bestehen Überschneidungen zum Ersteren, jedoch keine Deckungsgleichheit. Wesentliches Unterscheidungsmerkmal ist die noch nicht bzw. nicht mehr bestehende Geschäftsbeziehung zum potentiellen -Auftraggeber. Das Projektmanagement dient in diesem Auftretensfall zur strukturierten, aktiven Marktsichtung seitens des -Auftragnehmers, zur Identifikation von potentiellen -Auftraggebern sowie spezifisch zu dieser einzelner, potentiell relevanter -Vorhaben. Aufgrund eines seitens des Outsourcing-Auftragnehmers erarbeiteten Konzeptes erfolgt die aktive Gewinnung von neuen -Auftraggebern bzw. bestmöglich die Rückgewinnung vormaliger -Auftraggeber. Beide Aspekte sind nachfolgend bei der Analyse der Experteneinschätzung hinsichtlich der Modularisierung und Standardisierung bzw. bei der Ableitung von ggf. vorhandenen Optimierungspotentialen des Modulbaukastens zu berücksichtigen. Inbegriffen im Cluster der negativen Aspekte ist dieser, der Einbindung eines Outsourcing-Auftragnehmers seitens des Outsourcing-Auftraggebers binnen der Phase Outsourcing-Konzeption zum Entwurf eines Grobkonzeptes bzw. zur Durchführung der erforderlichen Machbarkeitsstudie, hervorgerufen u. a. durch unzureichende Personalressourcen oder auch unvollständige Fachkompetenz der verfügbaren Personalressourcen. Auch dieser Aspekt bedingt in der betrieblichen Praxis notwendigerweise eine Erweiterung des Projektmanagements von Outsourcing-Auftragnehmern bis in die Phase der -Konzeption hinein, jedoch bewirkt potentiell wesentliche Nachteile, wie nicht ausschließlich vorhandene Objektivität und Neutralität etc. für ein -Vorhaben. Seitens der befragten Experten wird für diesen Auftretensfall und zur Vermeidung der potentiellen negativen Auswirkungen für ein -Vorhaben die Nutzung eines „objektiven, unabhängigen Beraters“, welcher einerseits die erforderliche Fachkompetenz, andererseits das notwendigerweise erforderliche Projektmanagementwissen seitens eines potentiellen Outsourcing-Auftraggebers vervollständigen kann, als elementar angesehen. Ebenso ist dieser Aspekt bei der nachfolgenden Analyse des Modulbaukastens hinsichtlich erforderlicher Optimierungen zu überprüfen. Die Einschätzung der befragten Experten zum Outsourcing-Projekt bzw. zur Bearbeitung der einzelnen Arbeitsinhalte ist vergleichbar zu dieser der Outsourcing-Konzeption. Das Projektmanagement eines potentiellen -Auftragnehmers hat nicht ausschließlich die Belange der Ausschreibungsbearbeitung respektive zur Formulierung eines entsprechenden Angebots hierauf zu berücksichtigen, sondern gleichfalls kann die Notwendigkeit bestehen, bereits in vorausgehenden Arbeitsinhalten bei einem potentiellen Outsourcing-Auftraggeber eingebunden zu sein sowie diese durch ein eigenes Projektmanagement strukturiert durchführen zu können.

In der betrieblichen Praxis sind -Vorhaben identifizierbar, bei denen, ebenso wie bei dem zuvor beschriebenen Auftretensfall in der Outsourcing-Konzeption, die seitens eines -Auftraggebers verfügbaren Personalressourcen quali- oder auch quantitativ nicht ausreichend sind, woraufhin die Personalressourcen eines -Auftragnehmers zur Vervollständigung genutzt werden. Diese Vorgehensweise zur Vorbereitung einer Ausschreibung – Sichtung und detaillierte Abgrenzung der auszuschreibenden Leistungen, Formulierung der Ausschreibungsunterlagen, Festlegung der Bewertungskriterien etc. – birgt jedoch elementare Nachteile, welche einerseits diesen der Outsourcing-Konzeption entsprechen, andererseits maßgeblich zusätzlich die Akzeptanz eines Outsourcing-Vorhabens intern im Unternehmen eines -Auftraggebers beeinträchtigen. Insbesondere ist die Integration von potentiellen Outsourcing-Auftragnehmern in das Projektteam eines Outsourcing-Auftraggebers in der betrieblichen Praxis durch die Nutzung von „unabhängigen, objektiven Beratern" zur Minimierung von „unumgänglichen Interessenskonflikten eines einbezogenen -Auftragnehmers" zu vermeiden. Die Option zur Nutzung von Beratern wird durch die befragten Experten nahezu durchgängig als wesentlicher Beitrag zur zudem identifizierten Notwendigkeit zur qualitativen Verbesserung von Ausschreibungsprozessen und -unterlagen seitens der vergebenden Unternehmen gesehen. Dieser Umstand bedingt die Notwendigkeit zur Überprüfung der Zugänglichkeit des Modulbaukastens für unabhängige Dritte.

Die Teilphasen Ramp-Up sowie Ramp-Down, entsprechend die Inbetriebnahme sowie die Betriebseinstellung eines Outsourcing-Systems, in einem Outsourcing-Vorhaben sind Inhalt des dritten, durch die befragten Experten identifizierten, auffälligen Aspekts. Beide Teilphasen sind entsprechend der Experteneinschätzung, sowie konsistent zur aktuellen Forschung, wie dies u. a. durch die Studie ‚Ramp-Up in der Kontraktlogistik' (vgl. [Waib07]) aufgezeigt wird, elementar für den Erfolg von Outsourcing-Vorhaben und bedürfen, entsprechend der nahezu einheitlichen Experteneinschätzung, aufgrund des zumeist partiell und temporär instabilen Outsourcing-Systems bei der Inbetriebnahme sowie der potentiellen Gefährdung der Qualität der Leistungen bei einer Betriebseinstellung bzw. dem Übergang auf einen nachfolgenden Outsourcing-Auftragnehmer oder diesem bei einer Insourcing-Konzeption auf den Outsourcing-Auftraggeber, besonderer Berücksichtigung in der allgemeingültigen Strukturierung und der betrieblichen Praxis.

Hingegen differieren die jeweiligen Vorgehensweisen innerhalb und Meinungen zur Anordnung der Teilphasen. Kennzeichnend für diese Teilphasen sind die Charakteristika der Einmaligkeit, der zeitlichen Beschränktheit und des dazu gewöhnlicherweise erforderlichen Teams zum Vollzug der Arbeitsaufgaben, die die Eingruppierung des Ramp-Up sowie des Ramp-Down als eigenständiges Projekt in einem Outsourcing-Vorhaben hervorrufen.

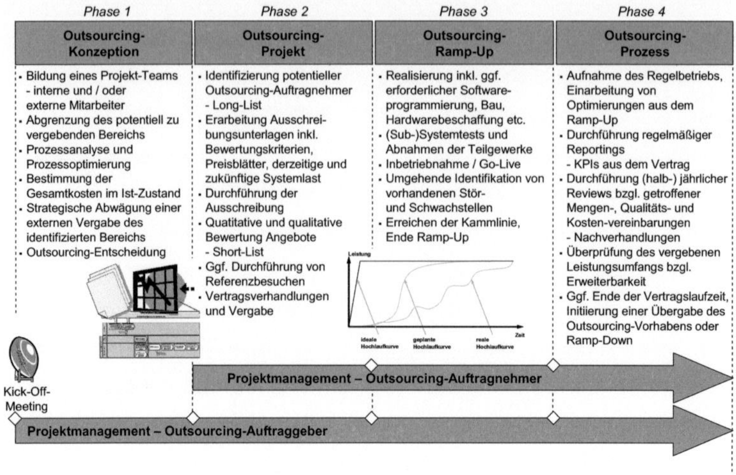

Abbildung 5-1: Variation Phaseneinteilung im Outsourcing-Vorhaben

In Abbildung 5-1 ist eine modifizierte Variante der in dieser Arbeit hergeleiteten, dreiteiligen Strukturierung für Outsourcing-Vorhaben in der Logistik einschließlich einer zusätzlichen, separaten Phase Outsourcing-Ramp-Up aufgezeigt. In der betrieblichen Praxis ist zu eruieren, welche Verbesserungen in diesen Phasen durch Ansätze des strukturierten Fehlermanagements, dessen hohes Potential bereits in anderen Forschungsarbeiten ausgewiesen ist (vgl. [Cros05]), hinsichtlich einer gesicherteren Bearbeitung der Phaseninhalte ggf. erzielbar sind.

5.4 Erwarteter Nutzen des Modulbaukastens

Übergeordnet zu den Experteneinschätzungen, einerseits hinsichtlich der Modularisierung durch Gestaltungselemente, andererseits zur Standardisierung durch das allgemeingültige Vorgehensmodell für Outsourcing-Vorhaben in der Logistik, werden während der Verifizierung in den Experteninterviews bzgl. des entworfenen Modulbaukastens generelle Erkenntnisse zum voraussichtlichen Nutzen sowie zu Anforderungen zur Einführung des Konzeptes in der betrieblichen Praxis gewonnen. Diese werden der spezifischen Nutzenauswertung der Modularisierung und Standardisierung vorhergehend aufbereitet. Konsistent ist zu verzeichnen, dass die Experten der betrieblichen Praxis kritisch zu bedenken geben, dass das Konzept des Modulbaukastens nicht den Ansatz einer erneuten Normung und damit einhergehend einer zusätzlichen Bürokratisierung, ohne offenkundigen Nutzen für das Unternehmen, verfolgen darf. Insbesondere wird diese Forderung für Unternehmen kleiner bzw. mittelständischer Größe aufgrund flacher Hierarchien und damit einhergehend begrenzter, administrativer Personalressorcen gültig. Als praxisgerecht werden durch die befragten Experten die durchgehende Verwendung bereits existierender Werkzeuge und Methoden sowie die anwendungsspezifische Kombination dieser eingestuft. Dies entspricht gleichwohl den Erkenntnissen anderer wissenschaftlicher Arbeiten zum praxisgerechten Qualitätsmanagement, wie dies beispielsweise durch Riedler (vgl. u. a. S. 355 ff [Ried97]) gezeigt wurde und bestätigt den in dieser Arbeit gewählten Ansatz. Jedoch bedingt dieser Ansatz zur Verwendung einheitlicher und nach Möglichkeit branchenneutraler Standards die Anforderung bei der Implementierung des Konzeptes sowohl an vergebende als auch an ausführende Unternehmen zur Einrichtung eines Zugangs zu den verwendeten Dokumenten, einerseits unternehmensintern in Form von Datenbanken oder Dokumentenmanagementsystemen, andererseits extern des Unternehmens in Form von Zugängen zu den Herausgebern zur Gewährleistung der Verwendung der jeweils gültigen Standards, da diese dem stetigen Wandel und Fortschritt unterliegen.

In den Experteninterviews wird ein identisches Bild zu aktuellen Veröffentlichungen (vgl. u. a. S. 224 f [Schi06]) ersichtlich, dass ein wesentlicher Erfolgsfaktor für effiziente und für beiderseitig nutzenbringende Geschäftsbeziehungen eine tiefgreifende Interaktion der Outsourcing-Partner, basierend auf einer exakten Aufgaben- und Leistungsdefinition der Outsourcing-Partner, ist. Dies entspricht der Systemvorstellung der vorliegenden Arbeit und wird durch den Ansatz des Entwurfs des Modulbaukastens entsprechend den Anforderungen sowohl für Outsourcing-Auftraggeber als auch dieser der -Auftragnehmer belegt. Jedoch zeigen die Kommentare der befragten Experten durchgehend, dass in der betrieblichen Praxis weiterhin Potential zur Optimierung der kooperativen Zusammenarbeit von Outsourcing-Partnern vorhanden ist. Diese ist jedoch nicht gleichbedeutend mit einer durchgehenden, gemeinschaftlichen Bearbeitung aller Aufgaben in Outsourcing-Vorhaben, sondern vielmehr die beiderseitige Bereitschaft die Zuständigkeitsbereiche des -Partners zu akzeptieren sowie die darin etablierten Abläufe nachzuvollziehen.

Die Experteninterviews legen offen, dass nicht nur seitens der in Outsourcing-Vorhaben involvierten -Auftragnehmer tiefgreifendes Produkt-, Prozess- und Branchenverständnis für den jeweiligen Outsourcing-Partner für effiziente Outsourcing-Vorhaben unerlässlich ist, sondern das auch seitens der Outsourcing-Auftraggeber bei einer externen Vergabe von Leistungen fortwährend Personalressourcen mit logistischem Fach- und Prozesswissen zur Durchdringung von etablierten Outsourcing-Systemen sowie der hierzu seitens des Outsourcing-Auftragnehmers eingeleiteten Optimierungsmaßnahmen erforderlich ist. „Der Outsourcing-Auftraggeber muss die Prozesse des Logistikdienstleisters nachvollziehen können, damit jeweilig entsprechend wandelnder Leistungsanforderungen eine treffende Beurteilung der Machbarkeit erfolgen kann und damit Differenzen zwischen den Outsourcing-Partnern minimiert werden." Dies impliziert Anforderungen an die Personalqualifikation der Outsourcing-Auftraggeber für die Phase Outsourcing-Prozess. Die Querschnittsfunktion eines „Logistiklieferantenmanagers" in der Form eines Generalisten ist seitens der Outsourcing-Auftraggeber im Unternehmen zu schaffen, welcher äquivalent zum Lieferantenmanager für extern bei Zulieferern beschaffte Produkte, eine Betreuung des Outsourcing-Vorhabens während der Phase -Prozess wahrnimmt. Bestmöglich ist dies ein Teammitglied, welches zuvor seitens des Outsourcing-Auftraggebers die Phasen -Konzeption und -Projekt aktiv mitgestaltet hat, wodurch Einarbeitszeiten und Wissensverluste minimiert werden. Zudem ist durchgängig durch die Expertengespräche feststellbar, dass die Notwendigkeit zur Integration eines derartigen Konzeptes in die Unternehmensstrategie, sowohl bei Outsourcing-Auftraggebern, als auch bei Outsourcing-Auftragnehmern, zur Generierung des möglichen Nutzens unumgänglich ist. Sinngemäße Kommentare wie „ein derartiges Konzept muss von allen Hierarchieebenen gelebt werden" zeigen auf, welche Bedeutung der Implementierung zur Erzielung des möglichen Nutzens zukommt. Beiderseitig ist in den involvierten Unternehmen im Management zu eruieren, welche langfristigen Ziele und Strategien verfolgt werden sowie ob diese konform zur kooperativen Gestaltung von Geschäftbeziehungen dieses Konzeptes, dem Modulbaukasten für Outsourcing-Vorhaben in der Logistik einschließlich der Inhalte der Modularisierung von Leistungen sowie der Standardisierung des Vorgehens zur Abwicklung von -Vorhaben, ist bzw. welche Veränderungen der Unternehmensziele und -strategien zur Erreichung der Konformität erforderlich werden. Daher erlangt die Gewinnung aller Personalressourcen für das Konzept, entsprechend der erkannten Notwendigkeit zur Nutzung des Potentials aktiver Mitarbeiter – „Motivierte und engagierte Mitarbeiter, denen die Möglichkeit gegeben wird, sich aktiv an Verbesserungen zu beteiligen, stellen ein bisher wenig genutztes Potential in Unternehmen dar." (vgl. S. 68 [Cros03]) – hohe Bedeutung bei der Implementierung. Aktiv ist durch das Management ein kooperativer Führungsstil vorzuleben sowie das Konzept des Kontinuierlichen Verbesserungsprozesses, wie dies Bestandteil des Vorgehensmodells ist, in der Unternehmenskultur zu verankern.

Dies entspricht den getroffenen Experteneinschätzungen und Anforderungen, wie dies die Kommentierung „Durchgängig ist eine Kultur zu etablieren, welche (...) das Erkennen eines Fehlers als Chance zur Verbesserung, jedoch nicht als Notwendigkeit zur „Verschleierung" sieht" zeigt. Bestandteil von Outsourcing-Vorhaben hat entsprechend seitens der Outsourcing-Auftragnehmer die Honorierung von Leistungen und konstruktiven Vorschlägen insbesondere der operativen Mitarbeiter zu sein, um ein Anreizsystem zur Einbringung von eigenem Gedankengut in Outsourcing-Vorhaben zu bewirken. Dies ist nicht unumgänglich an ein finanzielles Anreizsystem gekoppelt, sondern vielmehr sind vermehrt die verschiedenen, betrieblichen Kommunikationsmedien – Aushang, Betriebszeitung, Anzeigetafel, Betriebsfeier etc. – hierzu zu nutzen. Maßgeblich werden hierdurch die Unternehmenskultur sowie die Identifikation der Mitarbeiter mit dem Unternehmen bzw. mit dem Outsourcing-System positiv beeinflusst.

5.5 Erwarteter Nutzen der Gestaltungselemente

In den Experteninterviews ist konsistent eine einhellige Einschätzung zum potentiellen Nutzen des Konzeptes der Modularisierung zu verzeichnen, welche in den Abschnitten 5.5.1 und 5.5.2 entsprechend den Perspektiven differenziert wird. Übergreifend wird zuvor eine in den Gesprächen verzeichnete Auffälligkeit diskutiert. Einheitlich ist in den Interviews beginnend zur Vorstellung des Ansatzes der Modularisierung von Leistungen in Form von Gestaltungselementen für Outsourcing-Vorhaben in der Logistik eine skeptische erste Einschätzung zu verzeichnen, welche erst durch die detaillierte Erörterung des Konzeptes wesentlich positiv beeinflusst wird. Kennzeichnend sind singgemäße Einschätzungen der Experten wie „zu rechnen ist bei einer Einführung des Konzeptes der

Modularisierung mit mentalen Hemmnissen“, welchen nur durch eine aktive Darlegung des Konzeptes sowie der inbegriffenen, unstrittigen Vorteile begegnet werden kann. Bewusst ist mit diesem potentiellen Hemmnis bei der Implementierung umzugehen, um unausgesprochene Einwände oder auch Widerstände erkennen und diesen entgegenwirken zu können. Durchgängig ist bei der Implementierung des Konzeptes darauf zu achten, dass ein „lebendes“ Konzept sowie ein Konzept „der Standardisierung mit höchstmöglicher, kundenspezifischer Flexibilität“ vermittelt wird, um hohe eine Akzeptanz unmittelbar zu erzielen.

5.5.1 Expertenperspektive der Outsourcing-Auftragnehmer

In den Expertengesprächen wird festgestellt, dass das Konzept der Modularisierung von Leistungen durchgehend durch die befragten Experten als Möglichkeit zur Verbesserung von Outsourcing-Vorhaben in der Logistik bzw. als diese zur Minimierung von unnötigem bzw. unproduktivem Aufwand nachvollzogen wird. In der betrieblichen Praxis ist insbesondere eine Tendenz zur entsprechenden Modularisierung von Leistungen seitens der Großunternehmen zu verzeichnen, welche die Vorteile dieser Strategie identifiziert haben sowie anfangen die möglichen Potentiale zu erschließen. Zudem sind seitens der betrieblichen Praxis vergleichbare, pragmatische Ansätze, wie Sichtung von und Übertragung aus vorherigen Angeboten äquivalenter Ausschreibungen während der Angebotserstellung, zur Erschließung ähnlicher Vorteile offenkundig, welche jedoch erfahrungswissenbasierte und mitarbeiterzentrierte Lösungsansätze darstellen, wodurch die Erschließung der möglichen Potentiale nicht unmittelbar gewährleistet ist. Aus den Expertengesprächen sind hinsichtlich der Perspektive von -Auftraggebern drei Diskussionspunkte wesentlich auffällig, welche in den nachfolgenden Passagen hinsichtlich des erarbeiteten Konzeptes zur Modularisierung von Leistungen in Outsourcing-Vorhaben in der Logistik diskutiert werden.

Auffällig in allen Gesprächen ist die durch die Experten identifizierte, voraussichtlich zu verzeichnende Gefahr in den Unternehmen bei der Einführung des Konzeptes der Modularisierung einen Schwund an Fachkompetenz zu vollziehen, welcher beim Eintreten unmittelbar gleichbedeutend mit einer nachhaltigen Gefährdung des Unternehmens sowie dessen Geschäftserfolgs wäre. Einheitlich wird durch die Experten der gewählte Ansatz des Konzeptes zur bestmöglichen Unterstützung und Entlastung des Planers und Projektingenieurs unterstützt. Nachvollziehbar wird durch die befragten Experten für die drei verschiedenen Anwendungsfälle Planung und Realisierung, Betrieb sowie Analyse und Optimierung belegt, welches spezifische Fachwissen bei der Einführung des Konzeptes der Modularisierung erforderlich ist. Elementar ist der Einbezug des umfassenden Branchen-, Produkt- sowie Prozessfachwissens ab der Einführung des Konzeptes der Modularisierung im Unternehmen. Interdisziplinär und projektübergreifend ist der in realisierten Outsourcing-Vorhaben in der Logistik gewonnene Wissensfundus aller Mitarbeiter bei der Implementierung des Konzeptes in einem jeweiligen Unternehmen zu nutzen. Anhand der Erfahrungen der Mitarbeiter sind die Strukturierung der Modularisierung sowie eine mögliche Kategorisierung von Modulklassen zu identifizieren.

Die Struktur in einer Modulklasse hat zur Gewährleistung der Relevanz für die Anwendung der Modularisierung die durch die Mitarbeiter gewonnene, allgemeingültige Gliederung von inbegriffenen Outsourcing-Systemen aufzuzeigen. Übergeordnete Modulklassen entsprechen den seitens eines Outsourcing-Auftragnehmers als relevante Geschäftbereiche identifizierten Branchen, deren Anforderungen an die zu etablierenden Module derart differieren, dass keine Synergien in einer vereinigten Betrachtung der Branchen zu erwarten sind. Nur durch den konsistenten Einbezug des Fachwissens der betrieblichen Experten kann ein „lebendes“ Konzept, welches bestmöglich die Belange der als relevant identifizierten Outsourcing-Auftraggeber berücksichtigt, implementiert werden. Im Anwendungsfall der Planung und Realisierung erfolgt der Einsatz von Gestaltungselementen zur Gestaltung eines den Anforderungen einer Ausschreibung eines Outsourcing-Auftraggebers entsprechenden Outsourcing-Systems.

Die Notwendigkeit zur Erfüllung der Anforderungen eines Outsourcing-Auftraggebers zeigt offenkundig die fortwährend gegebene Notwendigkeit zum Vorhandensein fach- und branchenspezifischer Planungskompetenz. Die befragten Experten zeigen gleichfalls die unter Umständen gegebene Problematik der durch eine implementierte Modularisierung von anzubietenden Leistungen hervorgerufenen Unterschätzung der Komplexität einer Planungsaufgabe, welche zu einer suboptimalen Outsourcing-System-Gestaltung führt. Begegnet werden kann dieser potentiellen Negativauswirkung in den Unternehmen durch eine aktive Gestaltung des Konzeptes, womit durch die Wissensvermittlung zum Konzept, insbesondere für die planenden Personalressourcen, eine Sensibilisierung für potentielle Hemmnisse erfolgt sowie der Transfer des Bewusstseins der elementaren Notwendigkeit für das Vorhandensein dieser Ressourcen bewirkt wird. Gleichfalls ist Expertenwissen grundlegende Voraussetzung für eine effiziente Nutzung der Modularisierung in den Anwendungsfällen Betrieb sowie Analyse und Optimierung, deren Arbeitsaufgaben bestmöglich nur mittels fundiertem Fachwissen erschlossen werden können. Insbesondere sind die Möglichkeiten zur Interpretation von Auswertungen und Beobachtungen für nicht Fachkundige wesentlich beschränkt und führen zu Fehlinterpretationen sowie ineffizienten Optimierungsmaßnahmen. Durchgehend wird, entsprechend durch die befragten Experten, der Nutzen des Konzeptes bestätigt, jedoch gleichsam die weiterhin gegebene Notwendigkeit zum Einsatz von hochqualifiziertem Fachpersonal in den verschiedenen Hierarchieebenen aufgezeigt.

Analogien sind in den Einschätzungen und Kommentierungen der befragten Experten zum Bestandteil des Element- und System-Monitors zu den erforderlichen Personalressourcen zu verzeichnen. Durchgängig wird in den Expertengesprächen die Notwendigkeit zum Aufbau und zur Nutzung von Kennzahlen, Kennzahlensystemen sowie Monitoring- oder auch Reportingfunktionalitäten sowohl für die Regelung der operativen Arbeitsabläufe, als auch für die strategische Entwicklung eines Outsourcing-Vorhabens aufgezeigt und gleichsam der Bestandteil Element- und System-Monitor des Konzeptes der Modularisierung bestätigt. Aufgezeigt wird die Anforderung der betrieblichen Praxis, eine hierarchische Stufung und Aggregation von charakterisierenden Kennwerten der betrieblichen Abläufe sowie basierend darauf eine adressatenbezogene Informationsaufbereitung vorzunehmen. Wesentlich ist die Notwendigkeit zur zeitnahen und nicht wesentlich zeitverzögerten Reaktion auf einsetzende Negativentwicklungen innerhalb eines Outsourcing-Systems, um einerseits eine geringstmögliche Beeinträchtigung des eigenen Unternehmensergebnisses, andererseits eine Minimierung des Negativerlebnisses aufgrund des -ereignisses seitens des Outsourcing-Auftraggebers zu bewirken. Bestätigte Voraussetzung hierzu ist die Integration von Messmerkmalen und Kennwerten unmittelbar in der Struktur der entworfenen, modularen Gestaltungselemente sowie deren regelmäßige und zeitnahe Erfassung während der operativen Arbeitsabläufe.

Hier sind vielfach in der betrieblichen Praxis Konzepte zur Umsetzung dieser Anforderungen zu verzeichnen, welche jedoch gekennzeichnet sind durch eine hohe Spezifität sowie einen entsprechend hohen Implementierungsaufwand. Hinsichtlich des Vorgehens der Integration von Messmerkmalen und Kennwerten unmittelbar in der Struktur von Gestaltungselementen wird seitens der befragten Experten jedoch aufgezeigt, dass dies unter Umständen zu einer Überforderung der operativ tätigen Personalressourcen durch einen unverhältnismäßigen Umfang administrativer Tätigkeiten bewirken kann. Für die Erhebung von Kennzahlen ist durchgehend dem Prinzip „so viel wie nötig, so wenig wie möglich" folgend der Expertenmeinung zu entsprechen. Offenkundig wird die erneute Bedeutung der planenden Personalressourcen während der Outsourcing-System-Gestaltung, wie auch dieser während des Anwendungsfalls Analyse und Optimierung zu deren Durchführung zusätzliche Erhebungen und Auswertungen erforderlich werden können. Wesentliche Anforderung an die Planer und Projektingenieure ist schlussfolgernd die Anforderung einer jeweiligen kritischen Abwägung des Erfordernisses eines Kennwertes für das einzelne Gestaltungselement sowie für das gesamte Outsourcing-System.

Abschließend werden beim Konzept der Modularisierung von Leistungen die voraussichtlich verbessert vorhandenen Möglichkeiten zur definierten, unstrittigen Abgrenzung des eigenen Leistungsbereichs und der Schnittstellen der Abläufe zum Outsourcing-Auftraggeber bestätigt. Einheitlich wird die exakte Definition und Beschreibung von Schnittstellen zwischen Outsourcing-Auftraggeber und Outsourcing-Auftragnehmer als eine wesentliche Voraussetzung für effiziente und differenzarme Outsourcing-Vorhaben in der Logistik eingestuft. Jedoch ist dies eine der in der aktuellen betrieblichen Praxis vielfach suboptimal vollzogenen Voraussetzungen für etablierte Outsourcing-Vorhaben. Basierend auf dem Konzept der Modularisierung wird seitens der Experten eine Sensibilisierung für die Schnittstellendefinition und Präzisierung der Schnittstellenspezifikation erwartet. Dieses voraussichtliche Kennzeichen der Präzisierung von Schnittstellen entspricht nicht gleichsam einer verringerten Integrations- und Interaktionsfähigkeit des Outsourcing-Auftragnehmers mit dem jeweiligen Outsourcing-Auftraggeber, sondern hilft bei dieser, seitens der Experten aufgezeigten, gegebenen Notwendigkeit für effiziente und erfolgreiche Outsourcing-Vorhaben, Differenzen zwischen den Outsourcing-Partnern durch strukturiert definierte Zuständigkeits- und Verantwortungsbereiche, zu minimieren. Ebenso impliziert diese Notwendigkeit zur Präzisierung von Schnittstellen in -Systemen erneut nicht ausschließlich Anforderungen an das Konzept der Modularisierung von Leistungen in Outsourcing-Vorhaben in der Logistik, sondern notwendigerweise gleichfalls Anforderungen an die das Konzept im Unternehmen implementierenden und dieses nachfolgend anwendenden Personalressourcen, welchen bisweilen nur effektiv durch eine bewusste Wahrnehmung dieser Anforderung seitens des Managements begegnet werden kann. Maßgeblich werden hiervon die durch das Konzept zu erschließenden Potentiale beeinflusst.

5.5.2 Ganzheitliche Experteneinschätzung für Outsourcing-Vorhaben

In den Einschätzungen und Kommentierungen der befragten Experten sind für die erweiterte Perspektive hinsichtlich des zu erwartenden Nutzens bzw. Potentials der Modularisierung von Leistungen in Form von Gestaltungselementen in Outsourcing-Vorhaben in der Logistik zwei wesentliche Auffälligkeiten zu identifizieren. Als erster positiver Beitrag des Konzeptes werden für Outsourcing-Auftraggeber ein verbessertes Anlaufverhalten während der Inbetriebnahme von Outsourcing-Systemen, respektive ein optimiertes Anlaufmanagement in Outsourcing-Vorhaben erwartet, wodurch unmittelbar die mit einem Outsourcing-Vorhaben einhergehenden Gefahrenpotentiale – Gefährdung der bestehenden Kundenzufriedenheit und -bindung hervorgerufen aus Anlaufschwierigkeiten etc. – für Outsourcing-Auftraggeber kalkulierbarer bzw. verringert werden. Diese positive Erwartungshaltung der befragten Experten basiert auf den Möglichkeiten der präventiven Qualitätssicherung für die zur Outsourcing-System-Gestaltung zu verwendenden Gestaltungselemente und den voraussichtlich verbessert vorhandenen Möglichkeiten zur spezifischen, detaillierten Systemabgrenzung wie auch zu dieser des Punktes des Gefahren- und Zuständigkeitsübergangs für die zu etablierenden Abläufe. Die Möglichkeiten des präventiven Qualitätsmanagements werden derzeit in Ansätzen durch ausführende Unternehmen genutzt, wobei fortwährend sehr positive Erfahrungen hiermit erzielt werden.

Typische Fehlerursachen sowie Anlaufhemmnisse werden intern im Unternehmen identifiziert und finden bei der Outsourcing-System-Gestaltung wie auch bei der Planung des Anlaufmanagements durchgehend Berücksichtigung.

Durch das Konzept der Modularisierung von Leistungen in Form von Gestaltungselementen, welche der Eigenschaft von selbstähnlichen Strukturen genügen, kann zudem die Möglichkeit erschlossen werden, für einzelne Gruppen von Gestaltungselementen allgemeingültige Maßnahmenkataloge oder auch präventive Qualitätssicherungsdokumente, wie eine Fehler-Möglichkeiten- und Einfluss-Analyse zu erarbeiten, die jeweils in der Struktur der Gestaltungselementgruppen zu integrieren ist und während einer Verwendung und Spezifizierung eines Gestaltungselements im Zuge einer Outsourcing-System-Gestaltung die allgemeingültigen Dokumente entsprechend zu nutzen und anzupassen sind. Diese Möglichkeit eröffnet Outsourcing-Auftraggebern robustere Leistungen in Form von erprobten Gestaltungselementen zu erhalten, ohne jedoch einen Verlust der jeweiligen Individualität hervorzurufen. Zudem sind diese Potentiale gleichsam für Outsourcing-Auftragnehmer erschließungsfähig. Fortwährend sinkende Vertragslaufzeiten und anhaltend hohe, bis hin zu steigende Anteile der externen Vergabe von Logistik- und Zusatz-Leistungen erzeugen eine stärkere Frequentierung der jeweiligen Fachabteilungen seitens der Outsourcing-Auftraggeber mit derartigen Aufgaben. Voraussichtlich wird die Erschließung des vollständigen Konzeptes der Modularisierung nur für Großunternehmen vorteilhaft und durchführungsfähig sein. Seitens der vergebenden Unternehmen kleiner sowie mittlerer Unternehmensgröße ist jedoch eine partielle Erschließung des Konzeptes umsetzbar und ermöglicht die Partizipation dieser Unternehmen an den vorhandenen Vorteilen.

Hierzu zählt die Möglichkeit, äquivalent zu dieser der Outsourcing-Auftragnehmer, zum Aufbau von Wissensdatenbanken zur Optimierung der Inbetriebnahme von Outsourcing-Systemen, welche wesentlich durch das Konzept von modularen Gestaltungselementen vereinfacht wird. Weitergehend zu dieser partiellen Erschließung von einzelnen Vorteilen ist die Einführung der modularen Gestaltungselemente in den unternehmenseigenen Abläufen, wodurch eine vereinfachte externe Vergabemöglichkeit und optimierte Integrationsfähigkeit von Outsourcing-Auftragnehmern voraussichtlich hervorgerufen wird. Diese vollständige Erschließung des Konzeptes bedarf gleichsam zu dieser Option seitens der Outsourcing-Auftragnehmer wesentliche Eingriffe in die Unternehmensstruktur und -kultur wie auch in die etablierten Abläufe von Vergabekonzepten.

Als zweiter wesentlicher positiver Beitrag des Konzeptes der Modularisierung werden für Outsourcing-Auftraggeber seitens der befragten Experten erhöhte Optimierungs- und voraussichtlich verbessert vorhandene Kostensenkungspotentiale während des Outsourcing-Prozesses, der Dauer des Regelbetriebs eines Outsourcing-Systems, aufgrund der Partizipation an einheitlichen Optimierungen aller Outsourcing-Systeme eines Outsourcing-Auftragnehmers gesehen. Aufgrund der Ähnlichkeit der grundlegenden Strukturen der zur Outsourcing-System-Gestaltung zu verwendenden Gestaltungselemente wird mit erhöhtem Potential zur Übertragung einzelner Optimierungsmaßnahmen auf die Gesamtheit aller Outsourcing-Vorhaben eines Outsourcing-Auftragnehmers – übergreifend zu den spezifischen -Auftraggebern – gerechnet.

Grundlegende Änderungen und Weiterentwicklungen in der Technik werden einfacher für Outsourcing-Auftragnehmer aufgrund einer größeren Basis zur Anwendung und Implementierung zu erschließen sein, welches gleichsam Verbesserungen für die jeweiligen -Auftraggeber entspricht. Zudem kann das Konzept voraussichtlich einen Beitrag zur verbesserten Skalierbarkeit von Logistiksystemen leisten, welches eine grundlegende Anforderung der schnelllebigen betrieblichen Praxis der vergebenden Unternehmen ist. Aufgrund der Modularisierung der Leistungen bestehen verbessert Möglichkeiten Outsourcing-Systeme flexibel an wechselnde Anforderungen – Erweiterung des Produktportfolios des vergebenden Unternehmens, ausgeprägtere Saisonalitäten in einzelnen Zeitabschnitten oder auch im gesamten Produktlebenszyklus etc. – in Form von Ausdehnungen oder auch Reduzierungen der Leistungsnachfrage seitens der Outsourcing-Auftraggeber bzw. des Leistungsangebots seitens der -Auftragnehmer reagiert und damit derzeitigen Marktkennzeichen entsprochen werden.

Diese Potentiale werden erst durch eine Modularisierung von Leistungen erschließungsfähig, da etablierte Konzepte der vollständig spezifischen Neukonzeption eines jeden Outsourcing-Systems bzw. dessen Erweiterungen oder Reduzierungen wesentlichem Zeitaufwand für die Planung und Realisierung entsprechen, welcher hingegen eine derartige, zeitnahe Skalierungsfähigkeit der etablierten Outsourcing-Systeme ausschließt. Jedoch bedarf die Erschließung dieser Vorteile zuvor einer grundlegenden Akzeptanz des Konzeptes auch insbesondere seitens der nachfragenden Outsourcing-Auftraggeber, deren voraussichtlich zu verzeichnenden mentalen Hemmnisse gegen das Konzept der Modularisierung durch kulturelle Veränderungen seitens der agierenden Outsourcing-Partner zu eliminieren sind.

5.6 Erwarteter Nutzen des Vorgehensmodells

Übergeordnet zu den verschiedenen Perspektiven von Outsourcing-Auftraggebern und Outsourcing-Auftragnehmern ist in den Expertenbefragungen hinsichtlich der Gestaltung und des zu erwartenden Nutzens des Konzeptes der Standardisierung ein kennzeichnender Aspekt bzw. eine wesentliche Anforderung feststellbar, welche eingangs der Verifizierung bereits allgemein für den Modulbaukasten aufgezeigt wurde. Alle Experten zeigen gleichsam die Notwendigkeit auf, dass das Konzept nicht einen erneuten Ansatz zur Einführung einer zusätzlichen Norm, der nicht unmittelbar ersichtlich ist, welcher Nutzen erzeugt wird, unternehmensintern entsprechen darf.

Positiv wird die Verwendung von bestehenden Normen und etablierten Standards entsprechend der etablierten Geschäftsgeflogenheiten aufgenommen. Ebenfalls wird seitens der Experten erörtert, welche negativen Auswirkungen durch eine zu starke Formalisierung bzw. Bürokratisierung des Vorgehens zur Abwicklung von Outsourcing-Vorhaben verbunden wären. Ein praxisgerechtes Konzept zum Vorgehen in Outsourcing-Vorhaben hat demnach den stetig wandelnden und fortwährend schnelllebigeren Anforderungen des Marktes für Outsourcing-Vorhaben von logistischen sowie vermehrt von Zusatz-Leistungen zu entsprechen. Hierfür ist ein flexibler Konzeptentwurf, welcher die Abwicklung verschiedener Outsourcing-Vorhaben mit wesentlich differierenden Inhalten ermöglicht, zu favorisieren.

5.6.1 Expertenperspektive der Outsourcing-Auftragnehmer

Vergleichbar positiv zum Konzept der Modularisierungen von Leistungen durch Gestaltungselemente für Outsourcing-Vorhaben in der Logistik sind die Einschätzungen und Kommentierungen der befragten Experten zum zweiten Bestandteil des Modulbaukastens, dem Konzept der Standardisierung des Vorgehens der Abwicklung von Outsourcing-Vorhaben. Entsprechend der erörterten Strukturierung für Outsourcing-Vorhaben in der Logistik, welche gleichsam dem Vorgehensmodell zu Grunde gelegt ist, werden die Einschätzungen und Kommentierungen chronologisch entlang der Phasen Outsourcing-Konzeption, Outsourcing-Projekt und Outsourcing-Prozess erörtert. Gemäß den Einschätzungen und Kommentierungen der Experten ist, ebenso wie die Implementierung des Konzeptes der Modularisierung, diese des Konzeptes der Standardisierung des Vorgehens zur Abwicklung von Outsourcing-Vorhaben mit wesentlichen unternehmenskulturellen Veränderungen verbunden. Elementar für die Nutzung des gesamten, voraussichtlich vorhandenen Potentials des Konzeptes, ist die Akzeptanz dieses Erfordernisses durch die Unternehmensleitung und die Initiierung der Implementierung durch diese sowie die Bereitstellung der dazu erforderlichen Ressourcen. Einheitlich wurde nachvollzogen, dass eine bestmögliche Ausschöpfung der erzielbaren Vorteile bei einer gemeinsamen Implementierung des Konzeptes der Modularisierung als auch des Konzeptes der Standardisierung im Unternehmen erfolgt. Hierzu ist entsprechend der Expertenmeinung ein Projekt, wie in der ersten Phase im Vorgehensmodell für Outsourcing-Auftragnehmer dargestellt, autark von einem realen Outsourcing-Vorhaben im Unternehmen zu initiieren, mit dem Ziel der Einführung des Konzeptes der Modularisierung. Auffällig ist, dass derzeit in der betrieblichen Praxis keines der befragten Unternehmen ein vergleichbares Werkzeug zu Quality Function Deployment oder selbiges zur Überführung von subjektiven Kunden- respektive Outsourcing-Auftraggeberwünschen, in objektive, nach Möglichkeit quantifizierbare Leistungs- bzw. -System-Merkmale bei der Entwicklung neuer oder der Modifikation bestehender Leistungsangebote anwendet.

Die Erfassung und Einbringung von Kundenwünschen in die Entwicklung ist in der betrieblichen Praxis zumeist Obliegenheit der Vertriebsabteilung, welche aufgrund des bestehenden Kundenkontakts für diese Aufgabe unternehmensintern identifiziert und präferiert wird. In den Diskussionen der Expertengespräche ist jedoch feststellbar, dass keine generelle Abneigung hinsichtlich des Einsatzes eines derartigen Werkzeugs bzw. einer derartigen Methode zu verzeichnen ist. Vielmehr bedarf eine nutzengenerierende Implementierung zuerst einer fundierten Wissensvermittlung. Förderlich für eine höhere Bereitschaft kann die Durchführung eines abgegrenzten Pilotprojektes ggf. zu einem themenfremden Bereich sein, während dessen Durchführung die Wirksamkeit des Werkzeugs augenscheinlich für alle Beteiligten im Unternehmen wird sowie ggf. bestehende Akzeptanzprobleme zum Vorgehen reduziert werden.

Das Projekt der Implementierung des Konzeptes der Standardisierung hat aus Expertensicht zwei Ziele zu verfolgen. Einerseits ist initial eine erste Menge an Gestaltungselementen im Unternehmen zu etablieren, welche, konform zur Unternehmensstrategie, basierend auf den bereits im Unternehmen existierenden Outsourcing-Vorhaben und unter einem ganzheitlichen Einbezug des vorhandenen Expertenwissens der verschiedenen Unternehmenshierarchieebenen zu gestalten sind. Andererseits ist der für die Wirksamkeit des Konzeptes der Modularisierung erforderliche Überprüfungs- und Optimierungsprozess im Unternehmen zu entwerfen sowie einzuleiten. Übergreifend hat eine umfassende Wissensvermittlung zum Gesamtkonzept des Modulbaukastens sowie zu dessen Inhalten initiiert zu werden. Hinsichtlich des vorgesehen Ablaufs binnen der Phase Outsourcing-Projekt des Vorgehensmodells werden seitens der befragten Experten kritische Anmerkungen hinsichtlich der zeitlichen Terminierung der präventiven Qualitätssicherung mittels der Fehler-Möglichkeiten- und Einfluss-Analyse gemacht.

Alle Experten bestätigen den hohen Nutzen derartiger Werkzeuge des modernen Qualitätsmanagements bzw. diesen präventiver Qualitätssicherungsbestrebungen bereits in der Outsourcing-System-Gestaltung, sehen jedoch einerseits aufgrund der in der aktuellen betrieblichen Praxis vielfach wesentlich limitierten Bearbeitungszeiträume, andererseits aufgrund der zum Zeitpunkt der Angebotsabgabe zumeist noch zu unspezifischen Outsourcing-System-Gestaltung den erzielbaren Nutzen einer Fehler-Möglichkeiten- und Einfluss-Analyse vor der Angebotsabgabe einem voraussichtlich unverhältnismäßigen Aufwand – wie personell, finanziell – gegenüber. Angemerkt wird, dass dieses Verhältnis zu einem späteren Zeitpunkt eines -Vorhabens wesentlich positiver für die Durchführung, wie dies bereits die Erfahrungen der Experten aus der betrieblichen Praxis zeigen, ausfällt. Eine Durchführung dieser Maßnahme wird aufgrund dessen erst für einen Zeitpunkt nach der Auswahl des zukünftigen Outsourcing-Partners seitens des -Auftraggebers, wie dieser bereits optional im Vorgehensmodell als Initialpunkt in der Phase -Prozess vorgesehen ist, präferiert. Obligatorisch ist für alle befragten Experten die Erörterung der angefertigten Angebote sowie der jeweilig vorgesehenen Outsourcing-Systeme und des geplanten Implementierungsablaufs beim Outsourcing-Auftraggeber.

Infolgedessen wird die vorgesehene Partizipation von Personalressourcen des potentiellen Outsourcing-Auftragnehmers an der jeweiligen Angebotsbewertung zur Erörterung von auftretenden Fragen seitens des -Auftraggebers als zusätzliche Chance zur verbesserten Darlegung der Angebotsinhalte und demnach als verbesserte Chance zur Realisierung des Outsourcing-Vorhabens gesehen. Hierzu wird darauf aufmerksam gemacht, dass dies gleichsam eines Veränderungsprozesses in den seitens der -Auftraggeber etablierten Bewertungs- und Auswahlverfahren unternehmensintern bedarf. Abschließend ist basierend auf den Anmerkungen und Kommentierungen zur Phase Outsourcing-Prozess eine zweigeteilte Einschätzung des voraussichtlich zu erwartenden Nutzens der vorgesehenen Arbeitsinhalte dieser Phase festzustellen.

Grundlegende Zustimmung findet das entworfene Vorgehen für Outsourcing-Systeme, welche die Erbringung von Zusatz-Leistungen im Sinne von Montage- oder Fertigungsaufgaben beinhalten, die komplexere Fertigungsanlagen sowie Abläufe mit vergleichsweise hoher Frequenz und wenigen Abweichungen je zu transformierendem Leistungsobjekt bedingen. Innerhalb dieser -Systeme sehen die befragten Experten Potential zur verbesserten Regelung der Abläufe, welches durch den Einsatz der Statistischen Prozess Kontrolle (SPC) erschlossen werden kann. Kennzeichnend bei derartigen (Sub-)Systemen sind die zumeist vorhandenen Möglichkeiten zur automatischen Erzeugung bzw. Erhebung der zur Anwendung der Methode erforderlichen charakterisierenden Kennwerte. Dies stellt aus der Sicht der befragten Experten eine wesentliche Anforderung zur effizienten Anwendung von SPC in der betrieblichen Praxis aufgrund der nicht erforderlichen zusätzlichen administrativen Tätigkeiten der operativen Mitarbeiter dar. Die automatische Erfassung ist zudem aufgrund der Anforderung zur Kontinuität und gleichbleibenden Erfassung von definierten Merkmalswerten zur Gewährleistung der Vergleichbarkeit der durchgeführten Analysen erforderlich. Innerhalb wiederkehrender, spezialisierter Abläufe eines Fertigungs- oder Montage-(Sub-)Systems in einem Outsourcing-Vorhaben kann diese Erfassung mit vergleichsweise geringem Aufwand, beispielsweise basierend auf den Daten der Maschinensteuerung, erfolgen. Diese Kennzeichen sind entsprechend der Experteneinschätzung in den Abläufen vergleichsweise einfacher Logistikaufgaben zu Transport oder auch Umschlag nicht erfüllt und stellen zum Aufbau von geeigneten Erfassungssystemen wesentliche Einschnitte in schlanke Ablaufstrukturen und damit verbunden voraussichtlich Prozessbeeinträchtigungen dar, welche nicht unmittelbar durch den erzielbaren Nutzen bei der Anwendung der SPC zur Regelung derartiger Abläufe gerechtfertig sind. Bei diesen Leistungen sind aus Expertensicht zwei Faktoren feststellbar, welche die unmittelbare Anwendung der SPC vergleichbar zur Regelung von Fertigungs- oder Montageabläufen verhindern bzw. in der betrieblichen Praxis nicht zulassen. Einerseits sind Abläufe einfacher logistischer Leistungen standardisierbar, jedoch bedingen diese in der Ausführung wesentlich von der Fertigungstechnik abweichende Toleranzbereiche, wodurch eine direkte Übertragung von Erkenntnissen zur SPC aus diesem Bereich ausgeschlossen ist. Andererseits erfolgt in den etablierten logistischen Abläufen bisweilen nur in wenigen Outsourcing-Vorhaben eine derart detaillierte Ablauferfassung in Form von charakterisierenden Kennwerten, dass die erforderliche Datenbasis zur Einführung der SPC zur Regelung der Abläufe vorhanden ist. Aufgrund dieser Umstände der derzeitigen betrieblichen Praxis sowie des zu erwartenden Aufwands zur Anpassung dieser, messen die befragten Experten der SPC zur Regelung einfacher logistischer Abläufe geringes bzw. kein Potential bei. Eine einheitliche Einschätzung ist hingegen für die ebenfalls in der Phase Outsourcing-Prozess vorgesehene Überprüfung des Vorhandensein bzw. des Aufbaus eines Kontinuierlichen Verbesserungsprozesses zu sehen. Diesem Vorgehen messen die befragten Experten hohes Potential für die langfristige und anhaltende Verbesserung von Outsourcing-Vorhaben sowie zur Stärkung der Mitarbeitermotivation durch deren verstärkten Einbezug in den Betrieb eines Outsourcing-Systems bei. Entscheidend für den Erfolg und den Nutzen des Vorgehens sind die aktive Implementierung durch die Leitung des jeweiligen Unternehmens sowie der durch diese gelebte Management- und Führungsstil. Aufgrund dessen erwarten die befragten Experten zusätzlichen erforderlichen Schulungsaufwand für die leitenden Mitarbeiter hinsichtlich der notwendigen sozialen Qualifikationen. Jedoch ist die Kontrolle der einwandfreien und anhaltend den geplanten Arbeitsabläufen entsprechenden Leistungserstellung in der betrieblichen Praxis unerlässlich. Bestätigt wird durch die betriebliche Praxis die in dieser Arbeit identifizierte Möglichkeit zur gewinnbringenden Durchführung von unregelmäßigen, unvorhersehbaren Audits zur Analyse und Bewertung von etablierten Outsourcing-Systemen.

5.6.2 Ganzheitliche Experteneinschätzung für Outsourcing-Vorhaben

Analog zur Erörterung der Anmerkungen und Kommentierungen der Experten aus der Perspektive potentieller Outsourcing-Auftragnehmer, chronologisch zur erarbeiteten Strukturierung von Outsourcing-Vorhaben, erfolgt diese aus der Perspektive potentieller Outsourcing-Auftraggeber. Einleitend ist innerhalb der Expertengespräche feststellbar, dass obwohl durch Outsourcing-Vorhaben potentiellen Outsourcing-Auftraggebern eine Konzentration auf Kernkompetenzen und gleichsam eine effizientere Leistungserstellung im Unternehmen ermöglicht wird, die Voraussetzungen zur Durchführung von Outsourcing-Vorhaben für logistische wie auch für Zusatz-Leistungen seitens der -Auftragnehmer vielfach suboptimal sind. Dies wird entsprechend der Einschätzung der befragten Experten aufgrund der wesentlich geringeren Frequenz und unmittelbar damit verbunden der geringeren Vertrautheit mit derartigen -Vorhaben hervorgerufen. Die geringe Frequentierung der involvierten Fachabteilungen mit der Arbeitsaufgabe der externen Vergabe von logistischen und von Zusatz-Leistungen bedingt, insbesondere für die Gruppe von Unternehmen kleiner sowie mittelständischer Unternehmensgröße, ein wesentliches Hemmnis zur Standardisierung des Vorgehens zur Abwicklung von Outsourcing-Vorhaben. Hierdurch erwarten die befragten Experten auch zukünftig eine geringere Professionalisierung hinsichtlich des Vorgehens von Outsourcing-Auftraggebern, als dies für -Auftragnehmer prognostiziert sowie seitens der vergebenden Unternehmen erwartet wird. In der derzeitigen betrieblichen Praxis ist eine Standardisierung des Vorgehens für Outsourcing-Vorhaben seitens der Outsourcing-Auftraggeber bisweilen in wenigen Großunternehmen zu verzeichnen. Jedoch erfolgen diese Standardisierungen bislang mit einem wesentlich abweichenden Fokus.

Hierbei wird zumeist eine Standardisierung der Einkaufsabläufe allgemein vorgenommen, welches vielfach in der betrieblichen Praxis nicht den Anforderungen der Etablierung von Outsourcing-Partnerschaften gerecht wird. Zudem wird seitens der Outsourcing-Auftragnehmer bisweilen verzeichnet, dass das existierende Fachwissen zur Durchführung von -Vorhaben für logistische und Zusatz-Leistungen in vergebenden Unternehmen oftmals nicht den Anforderungen einer qualitativ hochwertigen Outsourcing-Vorhabendurchführung genügt. Dies bedingt vielfach Schnittstellenverluste und hohen Abstimmungsaufwand in der Ausschreibungsdurchführung, aufgrund dessen, dass beispielsweise fehlerhafte Kennzahlen und Mengengerüste, Prozess- bzw. Ablaufbeschreibungen etc. in Ausschreibungsdokumenten enthalten sind. Weiterhin ist zur Minimierung von Fehleinschätzungen bzw. -interpretationen seitens potentieller Outsourcing-Auftragnehmer in der Angebotserstellung durch -Auftraggeber in Ausschreibungsunterlagen eine exakte Spezifikation von Anforderungen an eine zukünftige Qualitätssicherung vorzunehmen. Erforderliche Kennwerte und deren Toleranzbereiche sind seitens der Outsourcing-Auftraggeber vorzugeben sowie in die Vertragsgestaltung neben den etablierten logistischen und betriebswirtschaftlichen Kenngrößen festzuschreiben. Entsprechend der Einschätzung der befragten Experten ist eine Standardisierung des Vorgehens zur Abwicklung von Outsourcing-Vorhaben mit einer höheren Anzahl an Hemmnissen als bei Outsourcing-Auftragnehmern verbunden, kann jedoch bei einer gleichzeitigen Stärkung des erforderlichen Projektmanagement- wie auch logistischen Fachwissens zu einer nachhaltigen Verbesserung und Verkürzung erforderlicher Bearbeitungszeiten zur Realisierung sowie zu einer ganzheitlichen Verbesserung von Outsourcing-Vorhaben führen. Unumgänglich sind hierzu gleichsam zur Implementierung seitens der Outsourcing-Auftragnehmer auch für die potentiellen -Auftraggeber tiefgreifende Umstrukturierungen in den etablierten Beschaffungskonzepten für logistische und Zusatz-Leistungen, für welche nicht unweigerlich äquivalent die selben Beschaffungskonzepte und -vorgehen, wie diese die für die Beschaffung von Produkten langjährig etabliert wurden, anzuwenden sind, erforderlich.

Für eine kooperative, partnerschaftliche Zusammenarbeit werden auch zukünftig seitens der Outsourcing-Auftraggeber hochqualifizierte Mitarbeiter für planende und begleitende Tätigkeiten notwendig. Jedoch bedeutet die kooperative Zusammenarbeit in der Phase Outsourcing-Projekt bestmöglich nicht gleichsam, dass eine exakte Zuständigkeitsdifferenzierung in der vertraglichen Gestaltung der Outsourcing-Partnerschaft unterlassen wird. Effiziente Outsourcing-Vorhaben werden entsprechend der Expertenmeinung bisweilen zumeist etabliert, wenn eine klare Aufgabenteilung vorgenommen wird, so dass innerhalb der Zuständigkeitsbereiche eigenständig Optimierungen aufgrund des Anreizes zur Steigerung der eigenen Effizienz vorgenommen werden. Diese Trennung und die eigenständige Optimierung haben jedoch derart zu erfolgen, dass der jeweilige Outsourcing-Partner transparent und durchgängig die etablierten

Abläufe nachvollziehen kann, wodurch die Basis für eine kooperative und partnerschaftliche Zusammenarbeit erreicht wird. Weiterhin ist in der Phase Outsourcing-Projekt die Anforderung zu verzeichnen, dass nach der Auswahl eines Outsourcing-Auftragnehmers seitens eines -Auftraggebers, allen verbleibenden, weiterhin nicht relevanten Outsourcing-Auftragnehmern eine qualifizierte Absage erteilt wird.

Erst durch die Einrichtung eines derartigen Ablaufs wird potentiellen Outsourcing-Auftragnehmern in zukünftigen Ausschreibungen die Möglichkeit eröffnet, angepasste, besser den Anforderungen eines Outsourcing-Auftraggebers entsprechende Leistungen anbieten zu können. Bestmöglich sind hierzu bereits innerhalb des Ausschreibungsdokuments die zur Angebotsbewertung seitens eines Outsourcing-Auftraggebers vorgesehenen Bewertungskriterien sowie deren Gewichtung aufzuzeigen. Angemerkt wird seitens der Experten zudem für die Phase Outsourcing-Projekt, dass die Fehler-Möglichkeiten- und Einfluss-Analyse nicht ein abschließendes, alleiniges Werkzeug zur Bewertung von Angeboten in Outsourcing-Vorhaben darstellt, sondern diese durch beispielsweise eine Nutzwertanalyse zu vervollständigen ist. Dies bestätigt zudem die gewählte Gestaltung des Vorgehens der Phase Outsourcing-Projekt der Perspektive von Outsourcing-Auftraggebern, welche die gemeinsame Anwendung dieser Verfahren zur Bewertung von Angeboten vorsieht.

5.7 Zusammenfassung

Entsprechend der vorhergehenden Auswertung der durchgeführten Expertengespräche zum erarbeiteten Modulbaukasten, zu dessen zwei Teilzielen, dem Konzept der Modularisierung der in Outsourcing-Vorhaben durchzuführenden Leistungen wie auch dem Konzept der Standardisierung des Vorgehens zur Abwicklung von Outsourcing-Vorhaben in der Logistik, ist zusammenfassend festzustellen, dass die erarbeitete Strukturierung für Outsourcing-Vorhaben mit den Phasen Outsourcing-Konzeption, Outsourcing-Projekt sowie Outsourcing-Prozess als praxisgerecht und den derzeitigen etablierten Outsourcing-Vorhaben entsprechend beurteilt wird.

Das erste Teilergebnis des Modulbaukastens, das Konzept der Modularisierung von Leistungen wird in den Gesprächen hinsichtlich der Perspektive von Outsourcing-Auftragnehmern als wesentlicher Beitrag zur Erfüllung zukünftiger

Anforderungen sowie hinsichtlich der Perspektive von Outsourcing-Auftraggebern als möglicher, ggf. partieller Beitrag zur Verbesserung von -Vorhaben eingestuft. Das zweite Teilergebnis des Modulbaukastens, das Konzept der Standardisierung des Vorgehens wird hinsichtlich der Perspektive von Outsourcing-Auftragnehmern ebenfalls als wesentlicher Beitrag zur Erfüllung von zukünftigen Anforderungen beurteilt, welcher gleichsam zum ersten Teilergebnis dieser Perspektive nach Möglichkeit in die betriebliche Praxis zu implementieren ist.

Leitfaden	Kennzeichen, Vorteile, Potentiale
Allgemeingültige Strukturierung von Outsourcing-Vorhaben **vgl. Abbildung 2-4**	**Kennzeichen** ▪ Dreiteilung von Outsourcing-Vorhaben in die Phasen Outsourcing-Konzeption, -Projekt, -Prozess ▪ Differenzierung der jeweiligen Arbeitsinhalte ▪ Möglichkeit zur Hervorhebung der Bedeutung der Arbeitsinhalte einer Inbetriebnahme, Ramp-Up, durch eine eigenständige Phase: - Outsourcing-Konzeption - Outsourcing-Projekt - *Outsourcing-Ramp-Up* - Outsourcing-Prozess **Vorteile** ▪ Erhöhung der Transparenz und Nachvollziehbarkeit in Outsourcing-Vorhaben sowohl für Outsourcing-Auftraggeber als auch Outsourcing-Auftragnehmer ▪ Minimierung von Planungsaufwand im Outsourcing-Vorhaben
Modularisierung von Leistungen in Outsourcing-Vorhaben **vgl. Abbildung 4-3**	**Kennzeichen** ▪ Einführung einer allgemeinen Modulstruktur für klassische TUL- sowie mögliche Zusatz-Leistungen ▪ Gestaltung von Leistungseinheiten als vorhabenneutrale, skalier- und koppelbare Module **Vorteile** ▪ Effektivere Nutzung von Planungsressourcen bei Neu- und Veränderungsplanungen ▪ Erhalt von robusteren, präventiv geprüften sowie qualitätsfähigen Outsourcing-Systemen ▪ Partizipation aller Outsourcing-Auftraggeber an übergreifenden Optimierungen eines Outsourcing-Auftragnehmers ▪ Zugewinn an Flexibilität gegenüber Veränderungen **Potential** ▪ Ggf. Erweiterung um den Anwendungsfall Vertrieb
Standardisierung des Vorgehens in Outsourcing-Vorhaben **vgl. Anhang III - V**	**Kennzeichen** ▪ Vereinheitlichung des Vorgehens im Outsourcing-Vorhaben ▪ Integration von Methoden des tech. Qualitätsmanagements im Vorgehensmodell (QFD, FMEA, SPC etc.) ▪ Phaseninterne und -übergreifende Analogie im Vorgehen von Outsourcing-Auftraggeber und Outsourcing-Auftragnehmer **Vorteile** ▪ Minimierung von un- sowie kontraproduktivem Aufwand, Präzisierung der Angebotserstellung und Outsourcing-System-Gestaltung / -Realisierung ▪ Minimierung der Gefährdung der Kundenbindung aufgrund von unvorhersehbaren Schlechtleistungen **Potential** ▪ Integration des Vorgehens als Workflow in vorhandene EDV- bzw. Projektmanagement-Systeme

Tabelle 5-2: Zusammenfassung Ergebnis der Expertenbefragung

Das Konzept der Standardisierung des Vorgehens wird hinsichtlich der Perspektive von Outsourcing-Auftraggebern derart beurteilt, dass zu dessen Implementierung zuvor elementare Veränderungen in den Unternehmenskulturen der vergebenden Unternehmen, die bisweilen auch bei einer Unterlassung der Implementierung dieses Konzeptes unumgänglich sind, erforderlich werden, welche jedoch durch das Konzept initiiert werden können. Eine Auflistung der wesentlichen Kennzeichen, Vorteile und Potentiale des Modulbaukastens ist in Tabelle 5-2 enthalten.

6 Zusammenfassung – Ausblick

Nachfolgend werden die Ergebnisse dieser Arbeit zusammengefasst. Des Weiteren wird ein Ausblick gegeben. Das Ergebnis der Arbeit ist ein Modulbaukasten für Outsourcing-Vorhaben in der Logistik zu deren ganzheitlichen Sicherung und Optimierung. Kennzeichnend sind die zwei Teilergebnisse, die Modularisierung von Leistungen sowie die Standardisierung des Vorgehens in Outsourcing-Vorhaben in der Logistik.

Als erstes Teilergebnis wurde basierend auf den identifizierten Anforderungen der aktuellen, betrieblichen Praxis ein Konzept zur Modularisierung für zu erbringende bzw. zu vergebende Leistungen in Outsourcing-Vorhaben hergeleitet. Berücksichtigt sind sowohl einfache Transport-, Umschlag- oder Lager-Leistungen, als auch jegliche Zusatz-Leistungen beim Aufbau der Struktur von vorhabensneutralen Gestaltungselementen, welche vorhabensspezifisch skalier- und adaptierbar sind. Hierzu wurden drei Anwendungsfälle, Planung und Realisierung, Betrieb sowie Analyse und Optimierung, identifiziert. Für diese wurden sowohl allgemeingültige, als auch anwendungsfallspezifische Anforderungen definiert. In Analogie zum bereits etablierten Prozesskettenistrumentarium ist die Struktur der Gestaltungselemente als hauptprozesskettenüberlagernde, organisatorische und selbstähnliche Einheit hergeleitet. Kennzeichnende Bestandteile dieser sind die Element-Organisation, der Element- und System-Monitor sowie das (präventive) Qualitätsmanagement. Exemplarisch wurden für Transport-, Umschlag-, Lager- und Zusatz-Leistungen Varianten von Gestaltungselementen beschrieben, anhand derer während einer Implementierung der Modularisierung das Vorgehen zum Aufbau von unternehmensspezifischen Gestaltungselementen nachzuvollziehen ist.

Als zweites Teilergebnis wurde ein allgemeingültiges Vorgehensmodell für Outsourcing-Vorhaben in der Logistik entlang einer abgeleiteten, allgemeingültigen Struktur von Outsourcing-Vorhaben entwickelt. Zur Erarbeitung der allgemeingültigen Struktur wurde eine Analyse und Abgrenzung des Marktes für Outsourcing in der Logistik anhand von untereinander unabhängigen, nationalen wie auch internationalen, Studien durchgeführt. Hierzu wurde differenziert, welche Akteure aktuell sowie voraussichtlich zukünftig am Markt partizipieren bzw. diesen dominieren. Wesentliche Unterscheidungskriterien sind einerseits die jeweilige Unternehmensgröße, andererseits das Vorhandensein eigener Transportressourcen bzw. die Sicherung des Zugangs zu diesen durch Kooperationen bzw. der vollständige Verzicht auf Transportressourcen.

Identifiziert wurde weiterhin, dass fortwährend einfache Leistungen das Marktbild der bereits durch externe Dritte erbrachten Leistungen sowie die Bereitschaft von Outsourcing-Auftraggebern zur externen Vergabe bestimmen. Das mögliche Marktpotential für qualitativ hochwertige, komplexe Logistikleistungen wurde vergleichend aufgezeigt und entsprechend der bestehenden Markterschließung durch Outsourcing-Auftragnehmer analysiert. Abschließend wurden feststellbare Trends nachvollzogen. Charakteristisch sind Anforderungen zur Optimierung der Verwendung von bzw. des Zugangs zu EDV- bzw. IT-Kapazitäten, zur Professionalisierung der Abwicklung von Outsourcing-Vorhaben sowie die Bestrebung zur Reduktion der absoluten Anzahl von beauftragten Outsourcing-Auftragnehmern. Innerhalb des Vorgehensmodells erfolgt der konsistente Einbezug des entwickelten Konzeptes der Modularisierung von Leistungen in Form von Gestaltungselementen. Entlang des Zeitstrahls von Outsourcing-Vorhaben werden etablierte Methoden und Werkzeuge des modernen, technischen Qualitätsmanagements entsprechend der einzelnen Phasenanforderungen zur Verbesserung der Arbeitsaufgaben in Outsourcing-Vorhaben integriert. Spezifisch wurde hierzu aufbereitet, welche Methoden und Maßnahmen sowohl in der Wissenschaft als auch in der betrieblichen Praxis entwickelt und aktuell angewendet werden. Das Ergebnis ist ein strukturiertes Vorgehensmodell, welches eine robustere und transparentere Abwicklung von Outsourcing-Vorhaben in der zukünftigen Ausgestaltung dieser ermöglicht.

Zur Gewährleistung des Praxisbezugs der erzielten Ergebnisse erfolgten abschließend eine Verifizierung dieser anhand von Expertengesprächen sowie deren qualitative Auswertung. Experten mit strategischer Entscheidungskompetenz sowie fundierter, betrieblicher Expertise, wurden die allgemeingültige Strukturierung, die abgeleiteten Teilziele, der Modulbaukasten für sowie dessen Inhalte vorgestellt. Einheitlich wird durch die befragten Experten die erarbeitete, allgemeingültige Strukturierung von Outsourcing-Vorhaben als der derzeitigen betrieblichen Praxis entsprechend bestätigt. Während einer Implementierung des erarbeiteten Gesamtkonzeptes in die betriebliche Praxis ist ggf. die allgemeingültige Struktur um die Phase des Outsourcing-Ramp-Up, Inbetriebnahme, zu erweitern, welche die hierzu bereits in den Phasen Outsourcing-Projekt und Outsourcing-Prozess beinhalteten Aufgaben vereint.

Kennzeichnend ist eine konsistente Zustimmung zum erarbeiteten Modulbaukasten sowie zu den zwei Teilzielen. Bestätigt werden die erforderlichen Modifikationen der etablierten Unternehmenskulturen und ggf. auch der -ziele. Eine Implementierung des Konzeptes wird aufgrund dessen, einer langfristigen Entwicklung im jeweiligen Unternehmen bedürfen. Diese wird voraussichtlich mit wesentlichen mentalen Hemmnissen in den verschiedenen Unternehmenshierarchieebenen konfrontiert sein.

Während der Anfertigung der Arbeit sowie den Experteninterviews wurden weitere, potentielle Verbesserungsbereiche für Outsourcing-Vorhaben in der Logistik ersichtlich, deren Erschließung nicht unmittelbar im Fokus dieser Arbeit liegt. Exemplarisch werden nachfolgend Verbesserungsbereiche betrachtet. Für Outsourcing-Auftragnehmer kleiner bzw. mittlerer Unternehmensgröße, welche zudem nicht in einer Unternehmenskooperation organisiert sind, ist eine wesentliche Zukunftsaufgabe, die Identifikation und Schärfung der Kernkompetenzen wie auch die Definition der für das jeweilige Unternehmen relevanten Zielbranchen. Gleichzeitig zu dieser Differenzierung ist der Aufbau von strategischen Leistungs- wie auch Wissenspartnerschaften zu forcieren, einerseits um für Outsourcing-Vorhaben, welche Leistungen bedingen die nicht zur Unternehmenskompetenz gehören, ganzheitliche Lösungen anbieten zu können. Andererseits ist dies erforderlich zur Gewährleistung einer hohen Planungskompetenz beim Beibehalt des seitens der Outsourcing-Auftragnehmer als Erfolgsfaktor wahrgenommenen Kennzeichens der flachen Hierarchien kleiner und mittlerer Unternehmen.

Für Unternehmen, welche eine vergleichbare Unternehmensgröße aufweisen, die hingegen in Unternehmenskooperationen organisiert sind, ist gleichfalls eine präzise Differenzierung der relevanten Zielbranchen unerlässlich. Jedoch bietet diesen Unternehmen die Kooperationsgemeinschaft die Möglichkeit zur Etablierung von Planungs- und Beratungskompetenzen in Form einer eigenständigen Geschäftseinheit. Zu berücksichtigen sind sowohl Planungs- und Beratungskompetenzen zur Durchführung von Outsourcing-Vorhaben, als auch Kapazitäten zur eigenständigen Entwicklung, Anpassung und Pflege von EDV-Systemen.

Kennzeichnende Aufgabe für Großunternehmen ist die strategische Personalentwicklung zur Stärkung des unternehmensinternen Wissensmanagements sowie zur Optimierung der Kundenpflege. Hierdurch ist zur Sicherung der eindeutigen Wahrnehmung der einzelnen Kundenbedürfnisse, auch beim Vorhandensein von aufgrund der Unternehmensgröße erforderlichen Hierarchien und vorgegebenen Entscheidungswegen, beizutragen.

Eine wesentliche Zukunftsaufgabe ist für Outsourcing-Auftraggeber feststellbar. Die seitens der Outsourcing-Auftraggeber von potentiellen Outsourcing-Auftragnehmern geforderte Professionalisierung des Projektmanagements ist gleichsam durch diese konsistent in Outsourcing-Vorhaben zu gewährleisten. Die erforderliche Personalentwicklung ist je Phase differenziert. Für Outsourcing-Vorhaben ist für die Phasen Outsourcing-Konzeption und -Projekt eine Stärkung des logistischen Fachwissens, insbesondere hinsichtlich des Verständnisses für die Anforderungen und die Leistungsmöglichkeiten von potentiellen Outsourcing-Auftragnehmern, erforderlich. Erst dieses Fachwissen kann eine langfristige Qualitätssteigerung und Aufwandsreduzierung für Ausschreibungen von Outsourcing-Systemen bewirken.

Dies ist eine elementare Anforderung, um diese Abläufe zukünftig in voraussichtlich kürzeren Intervallen und vermehrter Häufigkeit erfolgreich vollziehen zu können. Gleichfalls zu den bereits erörterten Möglichkeiten für Outsourcing-Auftragnehmer, bietet vergebenden Unternehmen der Aufbau von Wissenspartnerschaften eine Alternative zur alleinigen, unternehmensinternen Erschließung dieses Potentials. Zudem ist für die Anforderungen des Outsourcing-Prozesses die Etablierung von Personalressourcen zur strategischen Betreuung von Outsourcing-Partnerschaften unerlässlich. Dies ermöglicht die strukturierte, strategische Entwicklung durch eine fortwährende Interaktion der Beteiligten und eine tiefgreifende Integration der durch Outsourcing-Auftragnehmer etablierten Abläufe in die Strukturen von vergebenden Unternehmen.

Zukünftig sind Outsourcing-Vorhaben in der Logistik ganzheitlich durch die Implementierung des entworfenen Modulbaukastens sowie der Anwendung der Konzepte zur Modularisierung von Leistungen und zur Standardisierung des Vorgehens langfristig zu sichern und zu optimieren. Dies ermöglicht in Outsourcing-Vorhaben in der Logistik, eine höchstmögliche Qualität der Leistung im gesamten Vorhabenslebenszyklus eine Minimierung bzw. eine Verhinderung der Verschwendung von Ressourcen sowie eine optimale Skalierbarkeit der erforderlichen Outsourcing-Systeme. Wesentlich trägt die Erschließung dieser Potentiale zur Sicherung des Geschäftserfolgs für vergebende wie auch für ausführende Unternehmen bei und ermöglicht eine Stärkung der Unternehmensposition im Vergleich mit Marktbegleitern.

Literaturverzeichnis

[Balz08] Balzer, H.: Effiziente Logistik hilft mehr. Erschienen in Logistik inside, Springer Transport Media GmbH, München (2008), Ausg.-Nr. 1, S. 27 - 29

[Beer97] Beer, M.: Outsourcing unternehmensinterner Dienstleistungen – Optimierung des Outsourcing-Entscheidungsprozesses. Deutscher Universitäts-Verlag, Wiesbaden (1997)

[Behr04] Behrens, B. et al.: Fehlermöglichkeits- und Einflussanalyse für die Beschaffungslogistik (BeLog-FMEA) - Endbericht zum Forschungsprojekt 13388 N/1. Institut für Integrierte Produktion Hannover gemeinnützige GmbH, Hannover (2004)

[Bind06] Binder, J.: Frühzeitige Partnerschaft für die Produktion – effektive Auswahl von Dienstleistern – Beitrag im Kongressband 23. Deutscher Logistikkongress. Deutscher Verkehrs-Verlag GmbH, Bremen, Hamburg (2006)

[Brie05] Briel, K.: Controlling im Logistik-Outsourcing. Josef Eul Verlag GmbH, Lohmar, Köln (2005)

[Bruh97] Bruhn, M.: Qualitätsmanagement für Dienstleistungen. 2. Auflage, Springer Verlag, Berlin, Heidelberg, New York (1997)

[Clau04] Clausen, U.; Heimann, B.: Software für Speditionen - Beitrag in Software in der Logistik. 1. Auflage, Huss Verlag GmbH, München (2004)

[Clau05] Clausen, U. et al.: Wirtschaftsverkehr 2005 Trends - Modelle - Konzepte. Verlag Praxiswissen GmbH, Dortmund (2005)

[Clau06] Clausen, U. et al.: Gemischtes Angebot - Beitrag in Software in der Logistik - Schwerpunkt RFID. 1. Auflage, Huss Verlag GmbH, München (2006)

[Clau98] Clausen, U. et al.: Handbuch der Verkehrslogistik. 1. Auflage, Springer Verlag, Berlin, Heidelberg, New York (1998)

[Cors85] Corsten, H.: Die Produktion von Dienstleistungen. Erich Schmidt Verlags GmbH, Berlin (1985)

[Cros03] Crostack, H.-A.; Winzer, P.: Zukunftsperspektiven des Qualitätsmanagements - Kolloquien zum Qualitätsmanagement. Shaker Verlag GmbH, Aachen (2003)

[Cros05] Crostack, H. et al.: SAFE - Instrumentarium zum umfassenden Fehlermanagement für ein schnelles und gesichertes Handeln bei Ausnahmesituationen in kleinen und mittleren Unternehmen - Leitfaden. RIF e. V. Dortmunder Initiative zur rechnerintegrierten Fertigung, Dortmund (2005)

[Cros07a] Crostack, H. et al.: Strukturierung von logistischen Anforderungen im Vorfeld einer QFD - Beitrag in Forderungsgerechte Auslegung von intralogistischen Systemen. Verlag Praxiswissen GmbH, Dortmund (2007)

[Cros07b] Crostack, H. et al.: Schritte zur automatisierten Analyse von Anforderungen - Beitrag in Forderungsgerechte Auslegung von intralogistischen Systemen. Verlag Praxiswissen GmbH, Dortmund (2007)

[Deep06] Deepen, J.: Logistics Outsourcing Relationships, Measurements, Antecedents, and Effects of Logistics Outsourcings Performance – Beitrag im Kongressband 23. Deutscher Logistikkongress. Deutscher Verkehrs-Verlag GmbH, Bremen, Hamburg (2006)

[Dera04] Deraëd, P.: Mythen der Kontraktlogistik - Management Summary. Mercer Management Consulting, München (2004)

[Dera05] Deraëd, P.: Erfolgreiche Geschäftsmodelle in der Logistik - Management Summary. Mercer Management Consulting, München (2005)

[DIN13011] Deutsches Institut für Normung e. V.: DIN EN 13011:2001 Gütertransportketten – System zur Vereinbarung von Leistungsmerkmalen. Beuth Verlag GmbH, Berlin (2001)

[DIN14943] Deutsches Institut für Normung e. V.: DIN EN 14943:2006 Transportdienstleistungen - Logistik - Glossar. Beuth Verlag GmbH, Berlin (2006)

[DIN19011] Deutsches Institut für Normung e. V.: DIN EN ISO 19011:2002 Leitfaden für Audits von Qualitätsmanagement- und / oder Umweltmanagementsystemen. Beuth Verlag GmbH, Berlin (2002)

[DIN25419] Deutsches Institut für Normung e. V.: DIN EN 25419:1985 Ereignisablaufanalyse – Verfahren, graphische Symbole und Auswertung. Beuth Verlag GmbH, Berlin (1985)

[DIN25424|1] Deutsches Institut für Normung e. V.: DIN EN 25424:1981 Teil 1 Fehlerbaumanalyse – Methode und Bildzeichen. Beuth Verlag GmbH, Berlin (1981)

[DIN25424|2] Deutsches Institut für Normung e. V.: DIN EN 25424:1990 Teil 2 Fehlerbaumanalyse – Handrechenverfahren zur Auswertung eines Fehlerbaums. Beuth Verlag GmbH, Berlin (1990)

[DIN25448] Deutsches Institut für Normung e. V.: DIN 25448:1990 Ausfalleffektanalyse. Beuth Verlag GmbH, Berlin (1990)

[DIN55350|11] Deutsches Institut für Normung e. V.: DIN55350:2007 Teil 11 Entwurf Begriffe zum Qualitätsmanagement - Ergänzung zu DIN EN ISO 9000:2005. Beuth Verlag GmbH, Berlin (2007)

[DIN55350|33] Deutsches Institut für Normung e. V.: DIN55350:1993 Teil 33 Begriffe zu Qualitätsmanagement und Statistik - Begriffe der statistischen Prozesslenkung (SPC). Beuth Verlag GmbH, Berlin (1993)

[DIN60812] Deutsches Institut für Normung e. V.: DIN EN 60812:2006 Analysetechniken für die Funktionsfähigkeit von Systemen – Verfahren für die Fehlzustandsart- und -auswirkungsanalyse (FMEA). Beuth Verlag GmbH, Berlin (2006)

[DIN61025] Deutsches Institut für Normung e. V.: DIN EN 61025:2007 Fehlzustandsbaumanalyse. Beuth Verlag GmbH, Berlin (2007)

[DIN61078] Deutsches Institut für Normung e. V.: DIN EN 61078:2006 Techniken für die Analyse der Zuverlässigkeit - Zuverlässigkeitsblockdiagramm und Boole'sche Verfahren. Beuth Verlag GmbH, Berlin (2006)

[DIN69905] Deutsches Institut für Normung e. V.: DIN 69905:1997 Projektabwicklung - Begriffe. Beuth Verlag GmbH, Berlin (1997)

[DIN9000] Deutsches Institut für Normung e. V.: DIN EN ISO 9000:2005 Qualitätsmanagementsysteme – Grundlagen und Begriffe. Beuth Verlag GmbH, Berlin (2005)

[DIN9001] Deutsches Institut für Normung e. V.: DIN EN ISO 9001:2000 Qualitätsmanagementsysteme – Anforderungen. Beuth Verlag GmbH, Berlin (2000)

[DIN9004] Deutsches Institut für Normung e. V.: DIN EN ISO 9004:2000 Qualitätsmanagementsysteme – Leitfaden zur Leistungsverbesserung. Beuth Verlag GmbH, Berlin (2000)

[Dros82] Drosdowski, G. et al.: Duden Fremdwörterbuch. 4. Auflage, Bibliographisches Institut & F. A. Brockhaus AG, Mannheim, Wien, Zürich (1982)

[Drzi04] Drzik, J. et al.: FAST 2015 - Future Automotive Industry Structure - Sonderausgabe von Automobil Produktion. Verlag moderne industrie AG & Co. KG, Landsberg (2004)

[Enge97] Engelke, M.; Pfohl, H.: Qualität logistischer Dienstleistungen – Operationalisierung von Qualitätsmerkmalen, Qualitätsmanagement, Umweltgerechtigkeit. Erich Schmidt Verlag GmbH & Co., Berlin (1997)

[Esch06] Esch, F. et al.: Marketing - Eine managementorientierte Einführung. 1. Auflage, Verlag Franz Vahlen GmbH, München (2006)

[Esse95] Esser, M.; Eversheim, W.: Modellierung und Gestaltung der Schnittstellen von Logistik- und Qualitätsmanagementaufgaben. Verlag der Augustinus Buchhandlung, Aachen (1995)

[Froh06] Frohn, J.: Mehrwertleistungen in der Kontraktlogistik. Shaker Verlag GmbH, Aachen (2006)

[Gerb02] Gerboth, T.: Statistische Prozessregelung bei administrativen Prozessen im Rahmen eines ganzheitlichen Prozesscontrollings. Fraunhofer Irb Verlag, Berlin (2002)

[Gill07] Gillies, C.: Automobilbranche - Neue Prioritäten. Erschienen in Logistik inside, Springer Transport Media GmbH, München (2007), Ausg.-Nr. 4, S. 24 - 26

[Hage07] Hager, P.: Just-in-Sequence-Produktion mit RFID. Erschienen in ident, ident Verlag und Service GmbH, Rödermark (2007), Ausg.-Nr. 4, S. 44 - 46

[Heri03] Hering, E. et al.: Qualitätsmanagement für Ingenieure. 5. Auflage, Springer Verlag, Berlin, Heidelberg, New York (2003)

[Homp04] ten Hompel, M.; Lange, V.: Radio Frequenz Identifikation 2004 – Logistiktrends für Industrie und Handel. 1. Auflage, Verlag Praxiswissen GmbH, Dortmund (2004)

[Homp06] ten Hompel, M.: Das Internet der Dinge – Autonome Objekte und selbstorganisierende Systeme im innerbetrieblichen Materialfluss – Beitrag VDI Bericht 1928. 1. Auflage, VDI Verlag GmbH, Düsseldorf (2006)

[Homp08] ten Hompel, M.; Heidenblut, V.: Taschenlexikon Logistik. 2. Auflage, Springer Verlag, Berlin (2008)

[ISO/TS16949] Verband der Automobilindustrie e. V. Qualitätsmanagement Center: ISO/TS 16949:2002 (D) Qualitätsmanagementsysteme – Besondere Anforderungen bei Anwendung von ISO 9001:2000 für die Serien- und Ersatzteil-Produktion in der Automobilindustrie (Technische Spezifikation). Oberursel (2002)

[Jodl07] Jodlbauer, H.; Gmainer, R.: Entscheidung unter der Lupe. Erschienen in Logistik heute, Springer Transport Media GmbH, München (2007), Ausg.-Nr. 1, S. 48 - 49

[Jung04] Jung, K. et al.: Outsourcing – Befragung 2004 – Aktualisierte Studie. Miebach Logistik GmbH, Frankfurt am Main, Berlin (2004)

[Kaer06] Kaerkes, W.: Qualität beginnt bereits im Kopf. Erschienen in Deutsche Verkehrszeitung - DVZ - Deutsche Logistik-Zeitung, Deutscher Verkehrs-Verlag GmbH, Hamburg (2006), Ausg.-Nr. 27, S. 5

[Kang03] Kang, A.: Beitrag zur Unterstützung von rationalen Entscheidungen zum Outsourcing von Geschäftsprozessen. Shaker Verlag GmbH, Aachen (2003)

[Käpp02] Käppner, M.; Laakmann, F.; Stracke, N.: Dortmunder Prozesskettenparadigma – Grundlagen. Technical Report 02005, Dortmund (2002)

[Kess02] Kessler, H.; Winkelhofer, G.: Projektmanagement – Leitfaden zur Steuerung und Führung von Projekten. 3. Auflage, Springer Verlag, Berlin, Heidelberg, New York (2002)

[Kirs98] Kirschling, G.: Qualitätsregelkarten für messbare Merkmale - SPC. Friedr. Vieweg & Sohn Verlagsgesellschaft mbH, Braunschweig, Wiesbaden (1998)

[Klau06a] Klaus, P.; Kille, C.: Die Top 100 der Logistik – Marktgrößen, Marktsegmente und Marktführer in der Logistikdienstleistungswirtschaft. 4. Auflage, Deutscher Verkehrs-Verlag GmbH, Hamburg (2006)

[Klau06b] Klaus, P.; Kille, C.: Die Top 100 der Logistik - Marktgrößen, Marktsegmente und Marktführer in der Logistikdienstleistungswirtschaft - Executive Summary. 4. Auflage, Deutscher Verkehrs-Verlag GmbH, Hamburg (2006)

[Klug03] Kluge, J. et al.: HAWK 2015 – Herausforderung Automobile Wertschöpfungs-Kette. McKinsey & Company – Institut für Produktionsmanagement, Technologie und Werkzeugmaschinen (PTW) TU Darmstadt, Düsseldorf, Darmstadt (2003)

[Koha07] Kohagen, J.: Erfolg in der Kontraktlogistik hat viele Väter. Erschienen in Deutsche Verkehrszeitung - DVZ - Deutsche Logistik-Zeitung, Deutscher Verkehrs-Verlag GmbH, Hamburg (2007), Ausg.-Nr. 107, S. 9

[Kors07] Korschinsky, F.: Trends und Strukturen im Logistikmarkt – Beitrag 8. BVL Logistics Forum. Duisburg (2007)

[Kuhn02] Kuhn, A. et al.: Fast-Ramp-Up – Schneller Produktionsanlauf von Serienprodukten. Verlag Praxiswissen GmbH, Dortmund, Hannover, Aachen (2002)

[Kuhn95] Kuhn, A. et al.: Prozessketten in der Logistik - Entwicklungstrends und Umsetzungsstrategien. Verlag Praxiswissen GmbH, Dortmund (1995)

[Kümm07] Kümmerlen, R.: Aus Modulen werden Cockpits. Erschienen in Deutsche Verkehrszeitung - DVZ - Deutsche Logistik-Zeitung, Deutscher Verkehrs-Verlag GmbH, Hamburg (2007), Ausg.-Nr. 101, S. 6

[Lang00] Langley, C. et al.: Third – Party Logistics Services: Views from the Customers – Resulsts and Findings of the 2000 5th Annual Study. 5. Auflage, Georgia Institute of Technology, Atlanta (2000)

[Lang01] Langley, C. et al.: Third – Party Logistics Study – Resulsts and Findings of the 2001 6th Annual Study. 6. Auflage, Georgia Institute of Technology, Atlanta (2001)

[Lang02] Langley, C. et al.: 3PL – Resulsts and Findings of the 2002 7th Annual Study. 7. Auflage, Georgia Institute of Technology, Atlanta (2002)

[Lang03] Langley, C. et al.: 2003 Third – Party Logistics – Resulsts and Findings of the 8th Annual Study. 8. Auflage, Georgia Institute of Technology, Atlanta (2003)

[Lang04] Langley, C. et al.: 2004 Third – Party Logistics – Resulsts and Findings of the 9th Annual Study. 9. Auflage, Georgia Institute of Technology, Atlanta (2004)

[Lang05] Langley, C. et al.: 2005 Third – Party Logistics – Resulsts and Findings of the 10th Annual Study. 10. Auflage, Georgia Institute of Technology, Atlanta (2005)

[Lang06] Langley, C. et al.: 2006 Third – Party Logistics – Resulsts and Findings of the 11th Annual Study. 11. Auflage, Georgia Institute of Technology, Atlanta (2006)

[Lang99] Langley, C. et al.: Third – Party Logistics Services: Views from the Customers – Resulsts and Findings of the 1999 4th Annual Study. 4. Auflage, Georgia Institute of Technology, Atlanta (1999)

[Lein07] Leinwand, J. et al.: Outsourcing von Dienstleistungen. 1. Auflage, Industrie- und Handelskammer Region Stuttgart, Stuttgart (2007)

[Lesc05] Leschek, U.; Stoll, M.: Hört die Signale - woran Outsourcing-Projekte scheitern?. erschienen in Verkehrs Rundschau, Springer Transport Media GmbH, München (2005), Ausg.-Nr. 16, S. 38 - 40

[Lucz01] Luczak, H. et al.: Logistik-Benchmarking – Praxisleitfaden mit LogiBEST. Springer Verlag, Berlin, Heidelberg, New York (2001)

[Maue01] Mauermann, H.: Leitfaden zur Erhöhung der Logistikqualität durch Analyse und Neugestaltung von Versorgungskette. Heinz-Nixdorf-Institut, Universität Paderborn, Paderborn (2001)

[Müll06] Müller-Daupert, B.; Stoll, M.: Mit Ausschreibungen gewinnen. 1. Auflage, Verlag Heinrich Vogel, in der Springer Transport Media GmbH, München (2006)

[N.N.05] N.N.: Tiefgreifende Partnerschaften. Erschienen in Materialfluss, Verlag moderne industrie AG & Co. KG, Landsberg (2005), Ausg.-Nr. 10, S. 54 - 57

[Nieb96] Niebuer, A.: Qualitätsmanagement für Logistikunternehmen. Deutscher Universitäts-Verlag, Wiesbaden (1996)

[Nyhu03] Nyhuis, P.; Wiendahl, H.: Logistische Kennlinien – Grundlagen, Werkzeuge und Anwendungen. 2. Auflage, Springer Verlag, Berlin, Heidelberg, New York (2003)

[Nyhu06] Nyhuis, P. et al.: Logistisches Assistenzsystem zur kontinuierlichen Analyse, Positionierung und Gestaltung der Produktion kleiner und mittelgroßer Unternehmen (LogiAs) - Endbericht zum Forschungsprojekt S 636. Institut für Fabrikanlagen und Logistik, Universität Hannover, Hannover (2006)

[Over06] Overmeyer, L. et al.: Controlling in der Intralogistik mit Hilfe von Pre-Processing Labels – Beitrag im Kongressband 3. Wissenschaftssymposium Logistik in Dortmund. 1. Auflage, Deutscher Verkehrs-Verlag GmbH, Bremen, Hamburg (2006)

[Pfoh04] Pfohl, H.: Erfolgsfaktor Kooperation in der Logistik – Outsourcing – Beziehungsmanagement – Finanzielle Performance. 1. Auflage, Erich Schmidt Verlag GmbH & Co., Berlin (2004)

[Pipe07] Piper, H. et al.: Transport- und Logistikrecht. 8. Auflage, RWS Verlag Kommunikationsforum GmbH, Köln (2007)

[Port95] von Portatius, B. et al.: Qualität durch Qualifizierung in der Logistik. Verlag Praxiswissen GmbH, Dortmund (1995)

[Prec07] Precht, P.: Strukturiert ausschreiben. Erschienen in Logistik heute, Springer Transport Media GmbH, München (2007), Ausg.-Nr. 7, S. 48 - 49

[Prei06] Preißer, A.: Projekterfolg durch Qualitätsmanagement – Projekte planen und sicher steuern. Carl Hanser Verlag, München, Wien (2006)

[Raut07] Rautenhaus, S.; Vaille, F.: Kunden an der Unternehmensspitze - Bottom-Up-Prozesse zur Erfüllung von Kundenwünschen. Erschienen in QZ, Carl Hanser Verlag GmbH & Co. KG, München (2007), Ausg.-Nr. 1, S. 31 - 33

[Rein97] Reinhart, G.; Schnauber, H.: Qualität durch Kooperation – Interne und externe Kunden-Lieferanten-Beziehungen. Springer Verlag, Berlin, Heidelberg, New York (1997)

[Rich99] Richard, O.: Prozessorientiertes Qualitätsmanagement in der Logistik – Ein Beitrag zur Steigerung der Logistikqualität. Universität Dortmund, Dortmund (1999)

[Ried97] Riedler, K.; Hellstern, G.: Der Qualitätsfaktor als strategisches Element des Lean Managements. Vdf Hochschulverlag AG, Zürich (1997)

[Salj07] Salje, R.; Geimer, H.: Innovativ investieren. Erschienen in Logistik heute, Springer Transport Media GmbH, München (2007), Ausg.-Nr. 4, S. 48 - 51

[Sche04] Schelle, H.: Projekte zum Erfolg führen – Projektmanagement systematisch und Kompakt. 4. Auflage, Deutscher Taschenbuch Verlag GmbH & Co. KG, München (2004)

[Sche07] Schedlbauer, M.; Tenerowicz, P.: Fabrik von morgen - Automotive. Erschienen in Logistik heute, Springer Transport Media GmbH, München (2007), Ausg.-Nr. 9, S. 50 - 51

[Schi06] Schicker, V.: Beschleunigung der Fertigungs- und Lieferlogistik durch Ausgründung in Joint Ventrue – Beitrag im Kongressband 23. Deutscher Logistikkongress. Deutscher Verkehrs-Verlag GmbH, Bremen, Hamburg (2006)

[Schm07] Schmidt, J.: Trends und Chancen für den Einsatz der RFID-Technologie. Erschienen in ident, ident Verlag und Service GmbH, Rödermark (2007), Ausg.-Nr. 2, S. 12 - 13

[Schr02] Schroeder, F.: Outsourcing – Segen oder Fluch? – Beitrag 10. AIK-Symposium. Institut für Angewandte Informatik und Formale Beschreibungsverfahren (AIFB) Universität Karlsruhe (TH), Karlsruhe (2002)

[Schw02] Schwarze, J.: Kundenorientiertes Qualitätsmanagement in der Automobilindustrie. Deutscher Universitäts-Verlag, Dortmund (2002)

[Stei97] Steinmüller, T.: Beitrag zur strategiedeterminierten „Outsourcing"-Entscheidung fokussiert auf logistische Leistungen. Technische Universität Berlin, Berlin (1997)

[Sten08] Stenger, R. et al.: Status und Perspektiven von partnerschaftlichen Kooperationen für Logistikleistungen. BearingPoint GmbH, Berlin (2008)

[Stol07] Stoller, C.: Outsourcing aus der Sicht des Logistikdienstleisters – Rahmenbedingungen – Vorgehensweisen – Eckpunkte der Zusammenarbeit – Überwachungsmechanismen – Beitrag VDI Bericht 1978. VDI Verlag GmbH, Düsseldorf (2007)

[Stöl07] Stölzle, W. et al.: Handbuch Kontraktlogistik – Management komplexer Logistikleistungen. 1. Auflage, Wiley-VCH Verlag GmbH & Co. KGaA, Weinheim (2007)

[Stra05] Straube, F. et al.: Trends und Strategien in der Logistik – Ein Blick auf die Agenda des Logistik-Managements 2010. Deutscher Verkehrs-Verlag GmbH, Bremen (2005)

[Trip04] Tripp, C.; Horndasch, G.: Mittelstand und Kontraktlogistik – Chancen und Risiken mittelständischer Logistikdienstleister in der Kontraktlogistik. 1. Auflage, Fraunhofer-Institut für Integrierte Schaltungen IIS – Arbeitsgruppe für Technologien der Logistik-Dienstleistungswirtschaft ATL, Nürnberg, München (2004)

[VDA2003] Verband der Automobilindustrie e. V. Qualitätsmanagement Center: Teamorientierter Problemlösungsprozess – 8D-Methode (Beschreibung). Oberursel (2003)

[VDA2005] Verband der Automobilindustrie e. V.: Qualität, Grundlage für den gemeinsamen Erfolg – Vereinbarung von Herstellern und Zulieferern im Vorstand des Verbandes der Automobilindustrie (VDA) zu Sicherung der Qualität in der deutschen Automobilindustrie. Berlin (2005)

[VDA4] Verband der Automobilindustrie e. V. Qualitätsmanagement Center: Qualitätsmanagement in der Automobilindustrie – Sicherung der Qualität vor Serieneinsatz – System-FMEA. Frankfurt am Main (2006)

[VDA6.2] Verband der Automobilindustrie e. V. Qualitätsmanagement Center: Qualitätsmanagement in der Automobilindustrie – QM-Systemaudit – Dienstleistungen. 2. Auflage, Oberursel (2004)

[VDI2498] Verein Deutscher Ingenieure e. V.: VDI R 2498:1978 Vorgehen bei einer Materialflussplanung. VDI Verlag GmbH, Düsseldorf (1978)

[VDI3633] Verein Deutscher Ingenieure e. V.: VDI R 3633:1996 Simulation von Logistik,- Materialfluss- und Produktionssystemen - Begriffsdefinitionen. VDI Verlag GmbH, Düsseldorf (1996)

[VDI4400|1] Verein Deutscher Ingenieure e. V.: VDI R 4400:2001 Blatt 1 Logistikkennzahlen für die Beschaffung. VDI Verlag GmbH, Düsseldorf (2001)

[VDI4400|2] Verein Deutscher Ingenieure e. V.: VDI R 4400:2004 Blatt 2 Logistikkennzahlen für die Produktion. VDI Verlag GmbH, Düsseldorf (2004)

[VDI4400|3] Verein Deutscher Ingenieure e. V.: VDI R 4400:2002 Blatt 3 Logistikkennzahlen für die Distribution. VDI Verlag GmbH, Düsseldorf (2002)

[VDI4490] Verein Deutscher Ingenieure e. V.: VDI R 4490:2004 Operative Logistikkennzahlen von Wareneingang bis Versand. VDI Verlag GmbH, Düsseldorf (2004)

[VDIDGQ5504] Verein Deutscher Ingenieure e. V., Deutsche Gesellschaft für Qualität e. V.: VDI / DGQ R 5504:2000 Total Quality Management – TQM Ressourceneinsatz. VDI Verlag GmbH, Düsseldorf (2000)

[Waib07] Waible, F. et al.: Ramp up in der Kontraktlogistik - Eine Untersuchung zu den Fallstricken und Best Practices des Anlaufmanagements von komplexen Kontraktlogistik-Projekten. Fraunhofer IRB Verlag, Stuttgart (2007)

[Webe02] Weber, J.: Logistikkostenrechnung – Kosten-, Leistungs- und Erlösinformationen zur erfolgsorientierten Steuerung der Logistik. 2. Auflage, Springer Verlag, Berlin, Heidelberg, New York (2002)

[Webe04] Weber, J. et al.: Management kontraktlogistischer Kooperationen – 2. Treffen der Fokusgruppe. Schindellegi (2004)

[Wien02] Wiendahl, H.: Erfolgsfaktor Logistikqualität – Vorgehen, Methoden und Werkzeuge zur Verbesserung der Logistikleistung. 2. Auflage, Springer Verlag, Berlin, Heidelberg, New York (2002)

[Wien99] Wiendahl, H.; Ruta, A.: Einsatz der Logistik-FMEA. Erschienen in Schmiede-Journal, Infostelle Industrieverband Massivumformung e. V., Hagen (1999), Ausg.-Nr. 9, S. 39 - 40

[Wild07] Wildemann, H.: Hat sich die Welt geirrt?. Erschienen in Logistik inside, Springer Transport Media GmbH, München (2007), Ausg.-Nr. 9, S. 61

[Wimm08] Wimmer, T.; Bendul, J.: Produktionslogistik sichert Wertschöpfung. Erschienen in Logistik auf den Punkt., Deutscher Verkehrs-Verlag GmbH, Hamburg (2008), Ausg.-Nr. 1, S. 20 - 23

[Winz96] Winz, G.; Kuhn, A.: Methodik zur Verbesserung der logistischen Qualität – Ein Beitrag zum logistischen Qualitätsmanagement. Verlag Praxiswissen GmbH, Dortmund (1996)

[Winz97] Winz, G. et al.: Prozesskettenmanagement - Leitfaden für die Praxis. Verlag Praxiswissen GmbH, Dortmund (1997)

[Wißk99] Wißkirchen, F.: Outsourcing-Projekte erfolgreich realisieren – Strategien, Konzepte, Partnerauswahl. Schäffer-Poeschel Verlag für Wirtschaft – Steuern – Recht GmbH & Co. KG, Stuttgart (1999)

[Zang71] Zangemeister, C.: Nutzwertanalyse in der Systemtechnik - Eine Methodik zur multidimensionalen Bewertung und Auswahl von Projektalternativen. 2. Auflage, Wittemannsche Buchhandlung A. u. M. Wittemann, München (1971)

[Zimm04] Zimmermann, B.: Kontraktlogistik als Zukunftsmarkt der Logistikdienstleistungswirtschaft? – Mittelstandskongruenz und Entwicklung eines mittelstandsgerechten Vertriebsmodells. Friedrich-Alexander-Universität Erlangen-Nürnberg, Würzburg, Erlangen, Nürnberg (2004)

[Zoll01] Zollondz, H.: Lexikon Qualitätsmanagement. Oldenburg Wissenschaftsverlag GmbH, München, Wien, Oldenburg (2001)

Anhang

Anhang I Formblatt zur FMEA (Beispiel, vgl. S. 165 [Heri03])

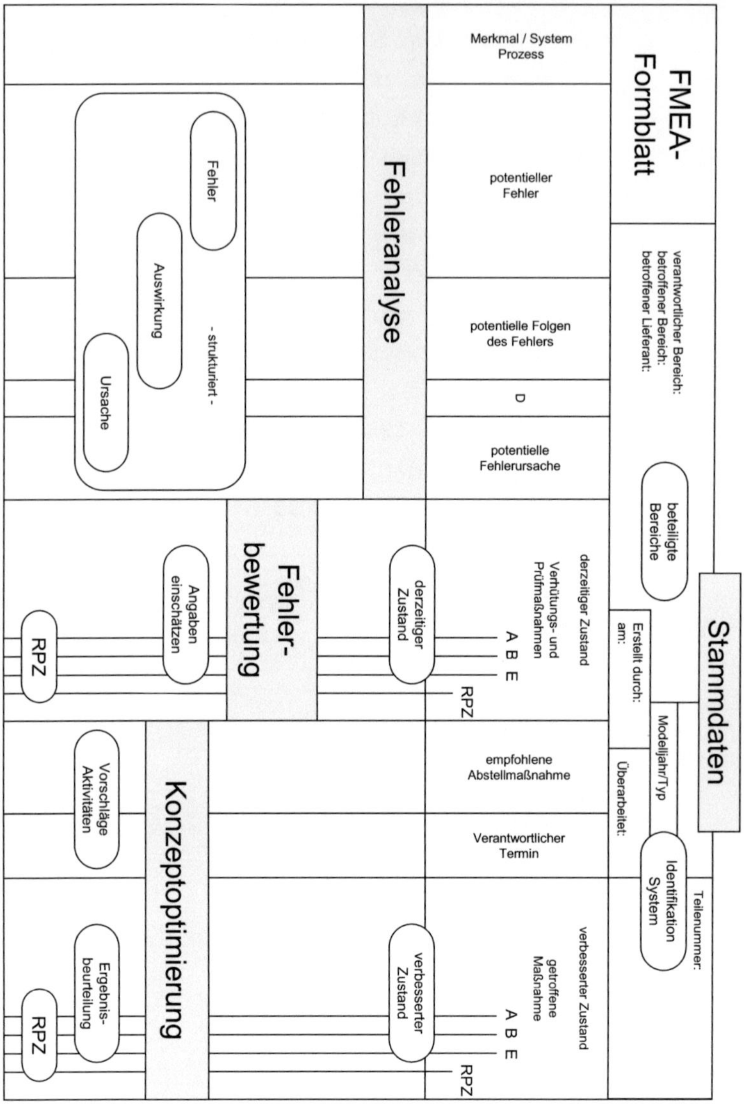

Anhang II Faktoren a_n und d_n zur PFU (vgl. S. 233 [Heri03])

n	a_n	d_n
2	0,789	1,128
3	0,886	1,693
4	0,921	2,059
5	0,940	2,326
6	0,952	2,534
7	0,959	2,704
8	0,965	2,847
9	0,969	2,970
10	0,973	3,078
11	0,975	3,173
12	0,978	3,258
13	0,979	3,336
14	0,981	3,407
15	0,982	3,472

Anhang III Ablaufschema Phase Outsourcing-Konzeption

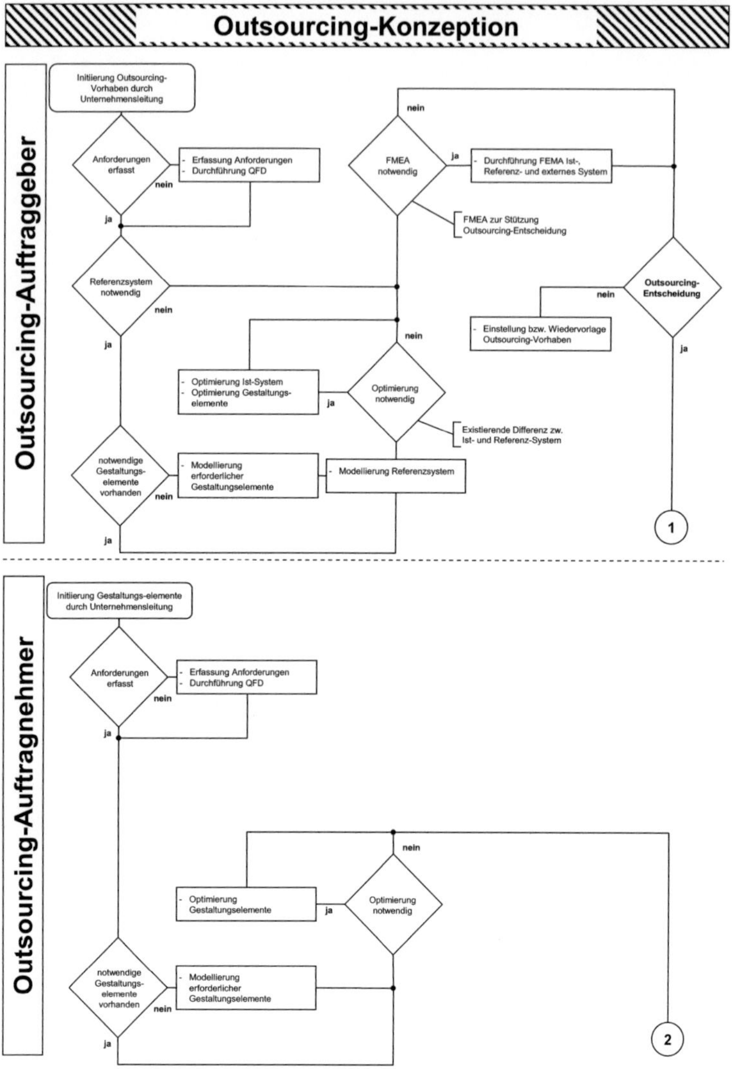

Anhang IV Ablaufschema Phase Outsourcing-Projekt

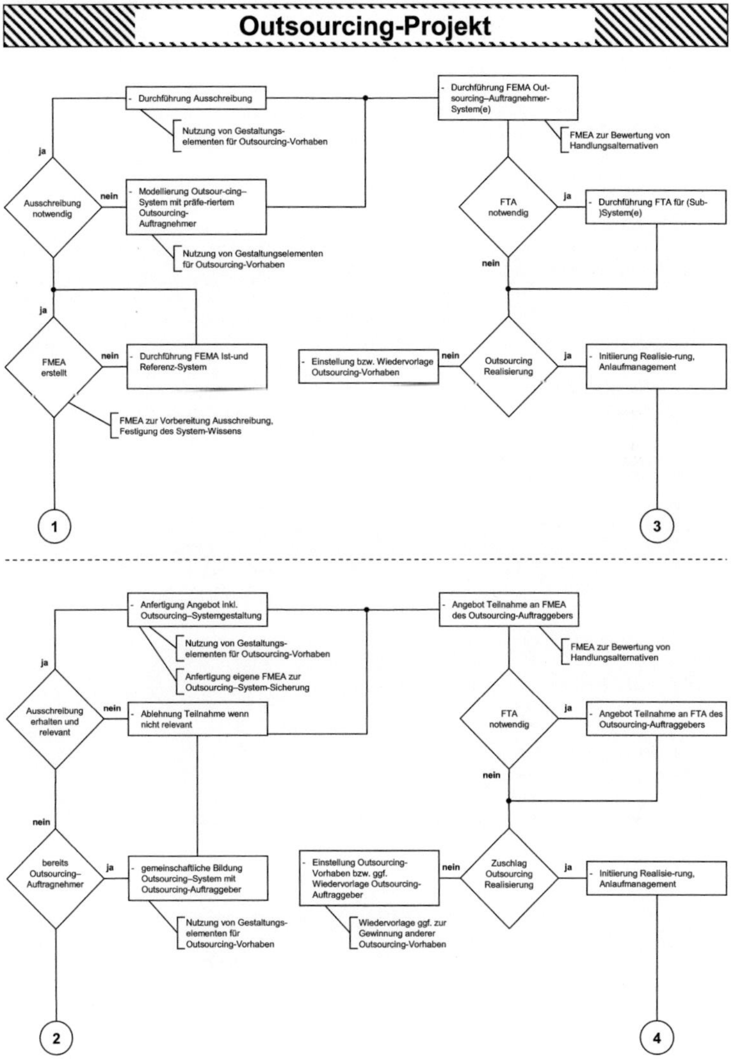

Anhang V Ablaufschema Phase Outsourcing-Prozess

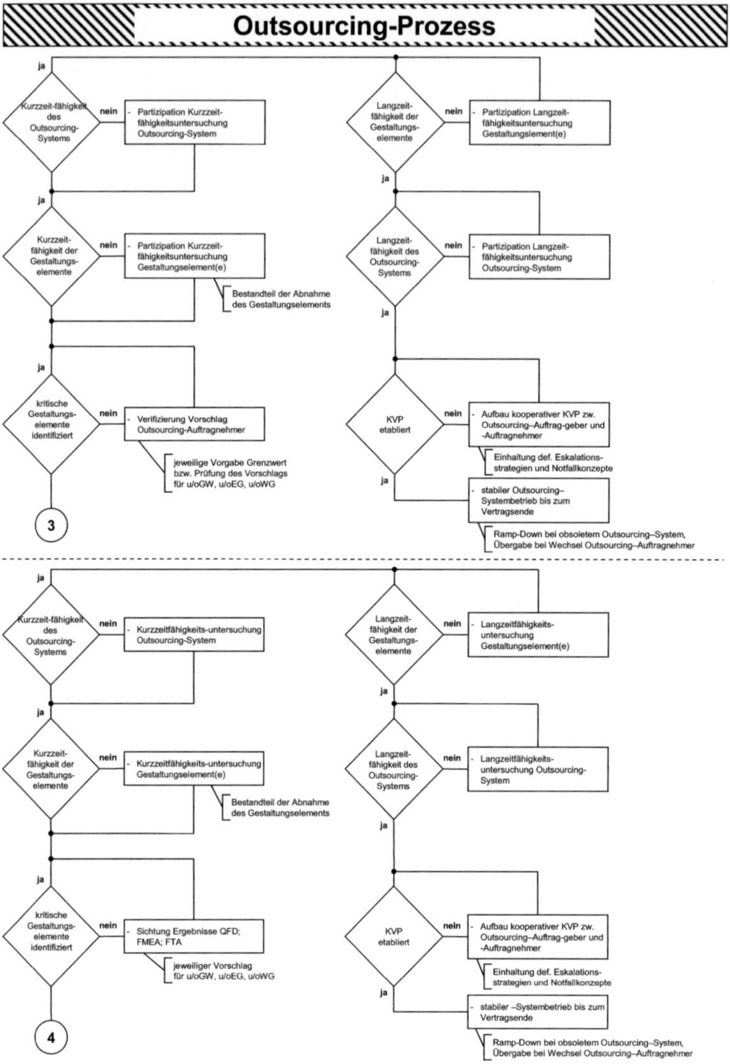

Anhang VI Gesprächsprotokoll Expertengespräch 22. Februar 2008

Typisierung Unternehmen: Konzernorientierter Logistikdienstleister mit eigenen Transportressourcen

Typisierung Experte: Leiter Technik internationale Kontraktlogistik

Allgemeine Anmerkungen:

- Initiierung von Outsourcing-Vorhaben: Vielfach werden Outsourcing-Vorhaben bei vergebenden Unternehmen extern durch einen Logistikdienstleister (aktiver Vertrieb), oder intern durch einen Führungskräftewechsel initiiert.

- Strukturierung Outsourcing-Vorhaben, Projektmanagement-Auftragnehmer: In unserem Unternehmen besteht zu einer wesentlichen Anzahl an vergebenden Unternehmen bereits vor einer Ausschreibung Kontakt, gleich ob dieser Kontakt auf einem bereits bestehenden Vertragsverhältnis durch ein anderes -Vorhaben beruht oder durch eine gezielte Marktsichtung und Kundenwerbung durch unseren Vertrieb hervorgerufen wird. Daher ist das Projektmanagement des potentiellen -Auftragnehmers in Outsourcing-Vorhaben vielfach früher als zu Anfang der Phase -Projekt einzuleiten.

- Strukturierung Outsourcing-Vorhaben, Projektmanagement-Auftragnehmer: Innerhalb des Projektmanagements ist die zur einwandfreien Abwicklung eines -Vorhabens erforderliche Interdisziplinarität zu beachten. Durchgehend sind neben den direkt im Vordergrund stehenden Belangen der Logistik, juristische, versicherungsgestalterische, finanzielle etc. Aspekte zu berücksichtigen.

- Strukturierung von Outsourcing-Vorhaben, Inbetriebnahme -System: Schnelligkeit der Umstellung, die Geschwindigkeit richtet sich u. a. auch nach den Rahmenbedingungen des -Vorhabens wie z. B. Auslaufen bestehender Verträge mit anderen Logistikdienstleistern, Ablaufen von Mietverträgen, Eintritt des Unternehmens in einen neuen Markt etc. Wesentlich ist, dass die zu versorgenden Kunden nichts von der Veränderung in der Logistikstruktur bemerken, es dürfen keine Beeinträchtigungen des Services entstehen. In unserem Unternehmen halten wir für die Inbetriebnahme entsprechend qualifiziertes Personal, auch insbesondere für die operative Arbeitsebene, vor.

- Strukturierung von Outsourcing-Vorhaben, -Prozess: Zu Anfang des Regelbetriebs kann und darf es keine instabilen Prozesse geben. Diese entstehen durch mangelhaftes Projekt- und Anlaufmanagement in der Phase -Projekt und sind unbedingt auszuschließen.

- Strukturierung von Outsourcing-Vorhaben, -Prozess: In der abgeleiteten Struktur für Outsourcing-Vorhaben ist in der betrieblichen Praxis aufgrund der Bedeutung, sowohl für die -Auftragnehmer, als auch für die

-Auftraggeber, eine Phase zur „Beendung / Rückabwicklung“ zu beachten. Diese kann innerhalb von Outsourcing-Vorhaben zu zwei unterschiedlichen Zeitpunkten erforderlich werden. Einerseits bei vorzeitiger Beendung des -Vorhabens (Schlecht- oder Minderleistung), andererseits am Ende der vertraglich definierten Laufzeit des -Vorhabens.

- Outsourcing-Vorhaben, partnerschaftliche Zusammenarbeit: Outsourcing-Vorhaben, welche bereits in der Planung seitens des Outsourcing-Auftragnehmers derart gestaltet werden, dass ein absoluter Minimumpreis (ohne Marge für den -Auftragnehmer) offeriert wird, um das -Vorhaben für das eigene Unternehmen zu gewinnen, und der Ertrag in diesem -Vorhaben über Nachforderungen erwirtschaftet werden soll, führen in der betrieblichen Praxis fortwährend zu nicht unerheblichen Differenzen der Outsourcing-Partner und sind typischerweise finanziell aber auch im Bereich der Reputation für weitere Kunden / Branchen nicht erfolgreiche Outsourcing-Vorhaben.

Beurteilung der Modularisierung – Gestaltungselemente für Outsourcing-Vorhaben in der Logistik – im Hinblick auf das eigene Unternehmen:

- Allgemeine Anforderungen: Die Modularisierung birgt neben den wesentlichen Vorteilen zur Abwicklung von Outsourcing-Vorhaben jedoch die Gefahr, dass seitens der -Auftragnehmer die Komplexität derartiger -Systeme unterschätzt wird. Weiterhin ist Expertenwissen der verschiedenen Fachbereiche zur Bildung von Outsourcing-Systemen erforderlich. Die Modularisierung trägt zur Arbeitserleichterung und der effizienteren Ressourcennutzung dieser Experten im Unternehmen bei. Zudem ist innerhalb des Unternehmens darauf zu achten, dass auch bei der Verwendung von Modulen zur -System-Gestaltung die Kreativität und der Sachverstand, insbesondere das logistische Fachwissen, zur Bildung individueller Lösungen erhalten bleiben.

- Allgemeine Anforderungen: Bei der Modularisierung ist es wesentlich, dass Prozesse nicht zu grob und undifferenziert betrachtet / abgebildet werden. Module haben in der betrieblichen Praxis detailliert und feingliedrig zu sein, damit bei der Bildung eines Outsourcing-Systems zu einem Angebot eine verlässliche Preismatrix, einschließlich der erforderlichen Investitionen und der späteren voraussichtlichen Betriebskosten, erstellt werden kann. Entscheidend ist, dass das vorhandene Expertenwissen aus im Unternehmen realisierten Outsourcing-Vorhaben in die Modularisierung einbezogen wird.

- Allgemeine Anforderungen: Bei der Modularisierung von Leistungen im Unternehmen ist die Schnelllebigkeit der Logistik und die fortschreitende technische Entwicklung zu berücksichtigen. Dies bedingt, dass intern im Unternehmen ein Prozess zu etablieren ist, durch welchen fortwährend die zur -System-Gestaltung verwendeten Module hinsichtlich erforderlicher Anpassungen (beispielsweise Aktualität der Prozesszeiten und Kostenparameter) und Vollständigkeit überprüft werden.

- Anwendungsfall Planung und Realisierung: Ein wesentlicher Erfolgsfaktor für ein Outsourcing-Vorhaben ist das eingesetzte Personal. Es ist entscheidend bereits ab der Planung die wesentlichen Mitarbeiter, welche das -System später realisieren sowie nachfolgend betreiben, in das Team zu integrieren. Zudem ist zu ergründen, ob diese mit dem jeweiligen Partner des -Auftraggebers effiziente Teams – persönlich wie auch fachlich – für das -Vorhaben bilden.

- Anwendungsfall Planung und Realisierung: Zusätzlich zur Modularisierung der Prozesse, welche zur Bildung eines Outsourcing-Systems erforderlich wird, ist es unerlässlich eine Standardisierung / Modularisierung der eingesetzten EDV, sowohl der Hard- wie auch der Software, innerhalb des eigenen Unternehmens durchzusetzen. Insbesondere werden in der aktuellen betrieblichen Praxis Ressourcen zur Erstellung und Implementierung von Software in Outsourcing-Vorhaben zum bestimmenden Erfolgsfaktor.

- Anwendungsfall Betrieb: In der betrieblichen Praxis ist für den Erfolg von Outsourcing-Vorhaben unabdingbar, dass jegliche Kennwerte sowie zulässige Toleranzbereiche für die Leistungsbeurteilung eines -Systems vor dem Aufbau / der Planung des -Systems zwischen den Outsourcing-Partnern abgestimmt und vertraglich festgeschrieben werden. Erfolgt deren Erarbeitung erst während der Anlaufphase bzw. im Regelbetrieb, bedingt dies regelmäßig Differenzen zwischen den -Partnern, welche im schlechtesten Fall zum Scheitern des gesamten Outsourcing-Vorhabens führen. Eine frühzeitige Fixierung der Pflichten der Vertragspartner legt frühzeitig Differenzen offen und schafft Verständnis füreinander, wodurch während der Laufzeit keine Diskussionen über falsche Erwartungen entstehen.

- Anwendungsfall Betrieb, Element- und System-Monitor: Bei der Inbetriebnahme eines Outsourcing-Systems sind die jeweiligen Reporting- und Controlling-Systeme aufzubauen, mit welchen der Outsourcing-Auftraggeber über die definierten Kennwerte des Outsourcing-Systems seitens des -Auftragnehmers informiert wird.

- Anwendungsfall Betrieb, Element- und System-Monitor: Innerhalb eines Outsourcing-Vorhabens sind verschiedene Aggregationsstufen für Kennzahlen erforderlich. In unserem Unternehmen charakterisieren Kennzahlen Funktionsbereiche bzw. Teams, welche innerhalb des -Systems etabliert sind / eingesetzt werden, beispielsweise Wareneingang bzw. Wareneingangsteam.
  Die Verwendung der Kennzahlen erfolgt ebenfalls nach dem Prinzip von „Input - BlackBox - Output". Nur der jeweilige Verantwortliche des Bereichs benötigt eine Detaillierung der Kennzahlen, übergeordnet ist es unerheblich, wie intern im Bereich die Leistung erbracht wird, sie hat den definierten In- und Output-Größen zu entsprechen. Natürlich sind die Auswirkungen vorgelagerter Bereiche zu betrachten (beispielsweise erfordert eine unvollständige Kommissionierung hohe Packkosten (verursacht durch erforderliches Nachkommissionieren) und ggf. ist deren Einfluss auf die Schlecht- / Minderleistung des betrachteten Teams zu bewerten.

- Anwendungsfall Betrieb: Während des Regelbetriebs eines -System ist unmittelbar nach der Inbetriebnahme bzw. sogar begleitend zu dieser ein Prozess zum Reengineering des -System zur Identifikation möglicher Prozessverbesserungen zu initiieren (Beispiel: Gegen Ende der Planungsphase, jedoch spätestens in der Hochlaufphase, spielen wir üblicherweise das erste Update unseres WMS ein.). Hierbei kann es erforderlich werden, den -Auftraggeber zu involvieren, wenn Veränderungsvorschläge der In- bzw. Output-Größen, wie beispielsweise abweichende Ladehilfsmittel etc., seitens des -Auftragnehmers erarbeitet werden.

Beurteilung der Modularisierung – Gestaltungselemente für Outsourcing-Vorhaben in der Logistik – im Hinblick auf Outsourcing-Vorhaben im Allgemeinen:

- Allgemeine Anforderungen: Für -Auftraggeber ist es vielfach unerheblich, ob ein Outsourcing-System aus Modulen zusammengestellt oder spezifisch für das angefragte -Vorhaben entworfen wird. Seitens der nachfragenden -Auftraggeber wird Stabilität hinsichtlich des Unternehmens des potentiellen -Auftragnehmers sowie des zu etablierenden Outsourcing-Systems gefordert. Für -Auftraggeber ist es wichtig dem -Auftragnehmer sowie dem -System vertrauen zu können.

- Anwendungsfall Planung und Realisierung: Wesentlich für die strukturierte Bearbeitung ist neben der Modularisierung und Standardisierung, dass jedem Teammitglied des -Auftragnehmers ein entsprechender Ansprechpartner im Unternehmen des Outsourcing-Auftraggebers zugeordnet wird – projektspezifisches Organigramm –.

- Anwendungsfall Betrieb, Element- und System-Monitor: Als -Auftragnehmer in einem Outsourcing-Vorhaben werden zum effizienten Betrieb eines -Systems detaillierte Kennzahlensysteme benötigt. Sichtbar für den -Auftraggeber wird in der betrieblichen Praxis nur die oberste aggregierte Ebene, demnach der System-Monitor. Nur dieser ist für den -Auftraggeber relevant, da dieser die vertraglich vereinbarten Kennwerte des -Systems abzubilden hat und Grundlage für die Vergütung der erbrachten Leistung ist.

- Anwendungsfall Betrieb, Element- und System-Monitor: Ein Outsourcing-Auftraggeber, welcher ein -Vorhaben sowie das dazu etablierte -System weiterhin nachvollziehen will, lässt nicht den -Auftragnehmer die charakterisierenden Kenngrößen im -System erheben sowie diese ausweisen, sondern erhebt diese selber und wertet sie aus. Oftmals kann der -Auftraggeber diese Daten nicht selbst erheben. Falls er jedoch die Möglichkeit dazu hat, sollte er sie auch nutzen. Allerdings ist sicher zu stellen, dass -Auftraggeber und -Auftragnehmer an den gleichen Messstellen die gleichen Größen messen, um eine Vergleichbarkeit gewährleisten zu können.

Beurteilung der Standardisierung – Vorgehensmodell für Outsourcing-Vorhaben in der Logistik – im Hinblick auf das eigene Unternehmen:

- Allgemeine Anforderungen: Die Standardisierung des Vorgehens zur Abwicklung eines Outsourcing-Vorhabens kann in der betrieblichen Praxis auch negative Auswirkungen haben, insbesondere in Fällen, wenn durch die Standardisierung eine Unterschätzung des -Vorhabens erfolgt. Notwendig für die Anwendung von Standards ist weiterhin hochqualifiziertes Personal mit fundiertem Projektmanagementwissen, welches mit dem erforderlichen Sachverstand auftretende Probleme optimal lösen bzw. notwendige Abweichungen von Standards bestmöglich in die standardisierten Strukturen einfügen kann.

- Allgemeine Anforderungen: Eine durchgehende Einbindung eines Experten für die Belange des Qualitätsmanagements, angefangen vom ersten Kundenkontakt in einer Ausschreibung bis zum Erreichen der vollen Leistungsfähigkeit eines realisierten Outsourcing-Systems, kann in der betrieblichen Praxis nicht eingehalten werden. Hierdurch würden die Personalkosten zur Bearbeitung der erforderlichen Arbeitsinhalte wesentlich erhöht bzw. der erwartete Nutzen eines derartigen Vorgehens rechtfertigt dieses nicht.

- Phase -Projekt, Ablehnung von Ausschreibungen: Eine Ablehnung einer Ausschreibung wird nicht ausschließlich auf monetäre Faktoren gestützt. Ein Outsourcing-Vorhaben hat zu den Zielen und Strategien des -Auftragnehmers zu passen. Beispielsweise kann mit der Durchführung eines -Vorhabens strategisch die Erschließung einer neuen Region oder Branche verfolgt werden. Die Entscheidung zur Teilnahme an einer Ausschreibung hat zudem unter Berücksichtigung des bestmöglichen Ressourceneinsatzes, insbesondere der Personalressourcen zu Planung und Management, zu erfolgen. Entspricht ein Outsourcing-Vorhaben nicht den Zielen und Strategien des Unternehmens, ist es abzulehnen.

- Phase -Projekt, FMEA: In unserem Unternehmen wird dieses präventive Werkzeug des Qualitätsmanagements nicht zur Überprüfung von entworfenen Outsourcing-Systemen angewendet. Auch vergleichbare, wissensbasierte, kreative Vorgehen werden vielfach im Unternehmen zu wenig angewendet. Oftmals wird deren Einsatz aufgrund von Kommunikationsdefiziten der verschiedenen Fachabteilungen nicht wahrgenommen. Insbesondere ist / wäre dieser Austausch bei sehr komplexen -Systemen – Mehrwert-Leistungen – erforderlich.

- Phase -Projekt, Projektmanagement: Wesentlicher Erfolgsfaktor in Outsourcing-Vorhaben ist ein standardisiertes und vor allem professionelles Projektmanagement. Unter anderem ist durch umfangreiche Checklisten sicherzustellen, dass in der Phase der -System-Gestaltung erforderliche Ressourcen bzw. relevante Planungsinhalte nicht unberücksichtig bleiben.

- Phase -Prozess, SPC: Wir wenden dieses Werkzeug nicht unter dieser Bezeichnung an. Im Regelbetrieb eines Outsourcing-Systems ist es für den Erfolg entscheidend, dass frühzeitig durch Zeitreihen- und Trendanalysen Negativentwicklungen identifiziert und erforderliche Gegenmaßnahmen eingeleitet werden. Hierzu werden durch das Controlling (das Finanzcontrolling erstellt die finanziellen KPIs und der Standortleiter erstellt die „logistischen" KPIs) die erforderliche Datenbasis sowie dazu mögliche Analysen fortwährend aktualisiert.

- Phase -Prozess, Kontinuierlicher Verbesserungsprozess: Die effizienteren Outsourcing-Vorhaben entwickeln sich nicht in -Vorhaben, welche beispielsweise nach einer OpenBook-Kalkulation betrieben werden. Innerhalb des Kontinuierlichen Verbesserungsprozesses ist eine gemeinsame Verbesserung mit dem -Auftraggeber nur notwendig / zu initiieren, wenn die In- bzw. Output-Größen verändert werden sollen. OpenBook bremst den Drang der Outsourcing-Partner etwas zu ändern.

Beurteilung der Standardisierung – Vorgehensmodell für Outsourcing-Vorhaben in der Logistik – im Hinblick auf Outsourcing-Vorhaben im Allgemeinen:

- Allgemeine Anforderungen: Jeder der großen, derzeit im Markt aktiven Outsourcing-Auftragnehmer hat für die Bearbeitung und Abwicklung von Outsourcing-Vorhaben Standards unternehmensintern etabliert. Dies ist ein Unterschied zu vielen kleinen bzw. mittelständischen -Auftragnehmern, bei denen aus vielen Gründen, wie beispielsweise geringere Frequenz derartiger -Vorhaben im Unternehmen (fehlende Kontinuität der Experten), derzeit oftmals eine geringe Standardisierung des Vorgehens zu verzeichnen ist. Vergleichbares ist bei diesen Unternehmen für die Modularisierung von Leistungen festzustellen.

- Allgemeine Anforderungen: Bis auf wenige Ausnahmen ist eine Standardisierung des Vorgehens seitens der -Auftraggeber nahezu unmöglich. Nur konzernorientierte Unternehmen können aufgrund der Unternehmensgröße und der damit verbundenen Häufigkeit derartiger -Vorhaben im Unternehmen Standards bzw. standardisierte Vorgehen langfristig etablieren sowie diese entsprechend den Anforderungen des Marktes weiterentwickeln.

- Phase -Konzeption, Referenzsystem: In der betrieblichen Praxis wird nahezu kein vergebendes Unternehmen ein Referenzsystem als Vergleichs- bzw. Bewertungsmaßstab aufgrund des voraussichtlich unwirtschaftlichen Kosten-Nutzen-Verhältnisses etablieren. Hierzu fehlt bei vergebenden Unternehmen die Regelmäßigkeit in hoher Frequenz für derartige -Vorhaben, damit die Bildung von Referenzsystemen gerechtfertigt wäre. Standards gibt es bei Konzernunternehmen höchstens hinsichtlich Einkauf / Beschaffung, wo bestimmte Vorgehensweisen (max. Vertragslaufzeit, Anzahl Bieter, ...) fixiert sind. Hier finden sich insbesondere im Bereich der vertraglichen Rahmen- / Vergabebedingungen Standards. „Leider sind diese Standards nicht immer auf Outsourcing-

Themen übertragbar und bedürfen der Anpassung. Teile der Beschaffungsrichtlinien regeln auch die Dokumentation des Vergabeprozesses (RFQ, Angebote, Angebotsbewertung, …) anhand derer ggf. durch die Konzernrevision ggf. Fehlverhalten der Einkäufer festgestellt wird.“

- Phase -Konzeption, Referenzsystem: Wird durch ein vergebendes Unternehmen dennoch bei einer Vergabe ein Referenzsystem gebildet, ist unbedingt darauf zu achten, dass bei der Vertragsgestaltung und der nachfolgenden Realisierung eines Outsourcing-Vorhabens das Prinzip von „Input - BlackBox - Output“ eingehalten wird. Werden durch das vergebende Unternehmen Prozesse im Zuständigkeitsbereich des -Auftragnehmers vorgegeben, führt dies zumeist zu Ineffizienzen für das gesamte Outsourcing-Vorhaben. Es ist unbedingt darauf zu achten, dass die Outsourcing-Partner innerhalb ihrer Zuständigkeitsbereiche ihre Eigenständigkeit und Entscheidungskompetenz beibehalten.

- Phase -Projekt, FMEA: Die Durchführung von derartigen -Systemvergleichen durch den -Auftraggeber kann nur erfolgen, wenn alle angefragten -Auftragnehmer entsprechend der Modularisierung des -Auftraggebers anbieten. Innerhalb der derzeitigen betrieblichen Praxis ist jedoch zu verzeichnen, dass oft -Auftraggeber in den Ausschreibungsunterlagen die Modularisierung zur Gewährleistung der Vergleichbarkeit vorsehen, jedoch -Auftragnehmer bewusst nicht entsprechend anbieten, um die eigene unternehmensinterne Modularisierung zu etablieren.

- Phase -Projekt, FMEA: In der betrieblichen Praxis kann die Anwendung eines solchen Werkzeugs des Qualitätsmanagements zum -Systemvergleich nicht verzeichnet werden. Für uns als -Auftragnehmer ist es obligatorisch Angebote durch eigene Mitarbeiter bei Bedarf des -Auftraggebers weiter vor Ort zu detaillieren / erläutern.

- Phase -Projekt, Vertragsabschluss: Elementar für das Gelingen eines Outsourcing-Vorhabens ist, dass die Outsourcing-Partner bei einem Vertragabschluss sowie in der nachfolgenden Laufzeit des -Vorhabens davon überzeugt sind, einen für das jeweilige Unternehmen optimalen Abschluss erzielt zu haben.

- Phase -Prozess, Kontinuierlicher Verbesserungsprozess: Während des Regelbetriebs eines Outsourcing-Systems ist es für uns obligatorisch das -System mit äquivalenten Outsourcing-Systemen zu vergleichen – Benchmarking-Projekte. Dies erfolgt, wenn vorhanden mit -Systemen des gleichen -Auftraggebers zu gleichen Objekten, um die Prozesse der -Systeme untereinander zu verbessern, jedoch auch mit -Systemen anderer -Auftraggeber bzw. abweichender zu handhabender Objekte.

- Phase -Prozess, Kontinuierlicher Verbesserungsprozess: Auch wenn eine direkte Einbeziehung des -Auftraggebers in den gestalterischen Verbesserungsprozess nicht notwendig ist, ist dieser nach einer Systemoptimierung über die damit erzielbare maximale Leistung des -Systems zu informieren. Nur wenn ein -Auftraggeber weiterhin die Prozesse und das -System nachvollziehen kann, kann ein für die Outsourcing-Partner möglichst effizientes Outsourcing-Vorhaben etabliert werden.

- Phase -Prozess, Kontinuierlicher Verbesserungsprozess: Oftmals wird der Prozess zur Verbesserung eines -Systems während des Regelbetriebs durch den Outsourcing-Auftragnehmer zu wenig wahrnehmbar für den -Auftraggeber vollzogen. Dies wird jedoch erst am Ende der vertraglich vereinbarten Laufzeit des -Vorhabens ersichtlich, wenn der -Auftraggeber aufgrund dessen, dass ihm unbewusst ist, welche Leistung der -Auftragnehmer erbracht hat, das -System neu am Markt ausschreibt.

Vorhandenes Methodenwissen bzw. bereits verwendete Werkzeuge:

- Prozesskettenninstrumentarium
  - Teilweise, Prozesse sind standardisiert / modularisiert und innerhalb der zur Angebotserstellung verwendeten Werkzeuge abgebildet.
- Quality Function Deployment (QFD)
  - Keine Anwendung, sowohl nicht projektunabhängig als auch projektspezifisch.
- Fehler-Möglichkeiten- und Einfluss-Analyse (FMEA)
  - Keine Anwendung, sowohl nicht projektunabhängig als auch projektspezifisch.
- Fehlerbaum-Analyse (FTA)
  - Keine Anwendung, sowohl nicht projektunabhängig als auch projektspezifisch.
- Statistische Prozess Kontrolle (SPC)
  - Keine Anwendung, innerhalb von Outsourcing-Vorhaben werden Zeitreihen- und Trendanalysen zu Kennzahlen zur Systembewertung durchgeführt.
- Qualitätsmanagementsoftware
  - Keine spezielle Software, Verwendung des eigenen Controllings zur Überwachung.

Anhang VII Gesprächsprotokoll Expertengespräch 3. März 2008

Typisierung Unternehmen: Mittelständische Spedition mit Kontraktlogistikprojekten in Industrie und Handel

Typisierung Experte: Geschäftsführer

Allgemeine Anmerkungen:

- Initiierung Outsourcing-Vorhaben: Die vorgestellte Dreiteilung für Outsourcing-Vorhaben in der Logistik ist auch in der betrieblichen Praxis feststellbar. Jedoch ist anzumerken, dass die Kommunikation mit dem -Auftraggeber vielfach in Projekten noch vor der eigentlichen Outsourcing-Konzeption liegt. In derartigen Fällen wird beispielsweise ein -Auftraggeber in einem bestehenden Geschäft auf vorhandene Erweiterungsmöglichkeiten durch den -Auftragnehmer aufmerksam gemacht. Dies muss in der betrieblichen Praxis nicht immer förderlich für die Chancen zur Gewinnung eines zusätzlichen Geschäfts in Form eines weiteren gewonnenen Outsourcing-Vorhabens sein, da aus dem bereits bestehenden Geschäft ggf. vorhandenes Wissen zu vorhandenen Unwägbarkeiten auch hinderlich bei der Angebotserstellung seitens des Outsourcing-Auftragnehmers sein kann.

- Strukturierung Outsourcing-Vorhaben, -Prozess: Innerhalb von Outsourcing-Systemen besteht direkt nach der Inbetriebnahme zumeist Optimierungsbedarf. Abläufe sind den ausführenden Mitarbeitern auch bei umfangreichen vorbereitenden Schulungen noch nicht vollständig vertraut, genutzte Werkzeuge noch nicht im täglichen Einsatz erprobt. Daher ist direkt nach der Inbetriebnahme mit einem instabileren Outsourcing-System, als nach einem mehrjährigen Betrieb zu rechnen.

Beurteilung der Modularisierung – Gestaltungselemente für Outsourcing-Vorhaben in der Logistik – im Hinblick auf das eigene Unternehmen:

- Allgemeine Anforderungen: Grundvoraussetzung für die Anwendbarkeit von Modulen bzw. zu deren Erstellung ist vorhandenes Fachwissen zu den zu handhabenden Gütern und den jeweiligen Branchen. Nur wenn intern der Logistikdienstleister abgrenzt, welche Unterschiede in den Leistungen vorhanden sind, kann eine effiziente und anwendbare Modularisierung erfolgen.

- Allgemeine Anforderungen: Die Modularisierung lässt sowohl für kleine bzw. mittelständische als auch für konzernorientierte Unternehmen Vorteile erwarten. Einfacher ist die Implementierung dieser in konzernorientierten Unternehmen nicht zwangsläufig. Die Strukturen eines Konzerns können neben den unbestrittenen Vorteilen auch wesentliche Hemmnisse zur Einführung derartiger Veränderungen darstellen.

- Allgemeine Anforderungen: Die Anpassung der Module im zeitlichen Verlauf ist in der betrieblichen Praxis wichtig, jedoch hat die Anpassung des Vorgehens bei der Bearbeitung eines Outsourcing-Vorhabens sowie die Aktualisierung des im Unternehmen vorhandenen Marktwissens mindestens eine gleiche Bedeutung.

- Anwendungsfall Planung und Realisierung: Die Modularisierung von Leistungen in Angeboten ist eine Möglichkeit, um den Aufwand bei der Angebotserstellung zu reduzieren. In der betrieblichen Praxis erfolgt dies bereits im weiteren Sinn. Bei der Angebotserstellung für ein Outsourcing-Vorhaben werden vormals erstellte Angebote hinsichtlich vergleichbarer Anforderungen und damit vorhandener Übertragungsmöglichkeiten überprüft. Dies hilft dabei, den Aufwand kostenminimal zu gestalten, jedoch auch Outsourcing-Systeme anzubieten, welche nach Möglichkeit bereits im Praxiseinsatz geprüft sind.

- Anwendungsfall Planung und Realisierung, (präventives) Qualitätsmanagement: Entsprechend den Vorgaben des -Auftraggebers ist das Qualitätsmanagement innerhalb eines Outsourcing-Projektes zu gestalten. Zusätzlich ist für den -Auftragnehmer bei der Gestaltung eines Outsourcing-Systems in der Angebotserstellung bedeutend, beurteilen zu können, welches Risiko mit dem Betrieb eines Outsourcing-Systems verbunden ist.

- Anwendungsfall Betrieb, Element- und System-Monitor: Die Idee des System-Monitors ist in der betrieblichen Praxis vielfach bereits etabliert. Eine effiziente Führung von Outsourcing-Vorhaben ist verbessert möglich, wenn zeitnah zum operativen Geschäft Kennzahlen verfügbar sind, um ggf. auf auftretende Defizite reagieren zu können. Wesentlich komplexer ist derzeit in der Praxis ein zeitnaher Vergleich von verschiedenen Outsourcing-Vorhaben untereinander anhand von vergleichbaren Kennzahlen. Hierzu ist es derzeit nicht mit wirtschaftlich vertretbarem Aufwand zu realisieren, Erfassung- und Auswertungssysteme durchgängig einheitlich im ganzen Unternehmen zu integrieren. Hingegen haben Outsourcing-Vorhaben zumeist eigenständige Erfassungs- und Auswertungssysteme, welche auf die Bedürfnisse des jeweiligen Outsourcing-Auftraggebers zugeschnitten sind. Ein Vergleich von verschiedenen -Vorhaben untereinander ist derzeit zumeist nur mit wesentlichem Verzug zur Erhebung der Kennwerte möglich.

- Anwendungsfall Analyse und Optimierung: Aufgrund von verschiedenen Einflussfaktoren, wie Neuerungen in der Technik, werden Optimierungen in Outsourcing-Systemen möglich bzw. durch Einflussfaktoren, wie veränderte zu handhabende Einheiten während der Laufzeit eines Outsourcing-Vertrages notwendig. Diese Optimierungen können jedoch nicht unweigerlich auf alle im Unternehmen vorhandenen Outsourcing-Systeme übertragen werden sowie insbesondere nicht unmittelbar in Form von verringerten Prozesszeiten in zukünftigen Angeboten berücksichtigt werden. Für jedes einzelne Outsourcing-System sind spezifisch Optimierungsmöglichkeiten zu ergründen. Übertragungen auf die zur Angebotserstellung verwendeten Module sind nur beispielsweise bei vergleichsweise einfacher Lagertechnik etc. möglich.

Beurteilung der Modularisierung – Gestaltungselemente für Outsourcing-Vorhaben in der Logistik – im Hinblick auf Outsourcing-Vorhaben im Allgemeinen:

- Allgemeine Anforderungen: Die Abgrenzung von Modulen im Unternehmen eines Outsourcing-Auftraggebers ist die Grundvoraussetzung für ein Outsourcing-Vorhaben. Ob jedoch in Unternehmen von -Auftragge-bern Module mehrfach verwendet oder spezifisch nur für ein Outsourcing-Vorhaben gebildet werden, ist wesentlich von der Häufigkeit derartiger -Vorhaben in den Unternehmen abhängig.

- Anwendungsfall Planung und Realisierung: Die Modularisierung der Leistungen bzw. der Abläufe innerhalb eines Outsourcing-Systems ist nur ein Aspekt, welcher bedeutend in der Gestaltung ist. Dieser kann vorrangig durch den -Auftragnehmer beeinflusst werden. Hingegen ist die Modularisierung der Schnittstellen von EDV- bzw. IT-Systemen, maßgeblich durch den -Auftraggeber, ebenso bedeutend.

- Anwendungsfall Planung und Realisierung: Die Modularisierung von Leistungen seitens der -Auftragnehmer wird nicht unmittelbar als negativ durch die -Auftraggeber wahrgenommen. Der -Auftraggeber möchte nachvollziehen, dass ein Outsourcing-Vorhaben bestmöglich durch einen -Auftragnehmer durchgeführt wird. Diese Sicherheit wird durch erprobte Module erhöht.

Beurteilung der Standardisierung – Vorgehensmodell für Outsourcing-Vorhaben in der Logistik – im Hinblick auf das eigene Unternehmen:

- Allgemeine Anforderungen: Für mittelständisch geprägte Unternehmen bedeutet der Aufbau und die Zertifizierung eines Qualitätsmanagement-Systems im Unternehmen wesentlichen finanziellen und personellen Aufwand, der in der betrieblichen Praxis nicht unweigerlich durch den Nutzen derartiger -Systeme gerechtfertigt ist. Voraussetzung für ein allgemeingültiges Vorgehensmodell für Outsourcing-Vorhaben darf daher nicht unumgänglich ein zertifiziertes Qualitätsmanagement-System sein.

- Phase -Projekt, kooperative Zusammenarbeit: In den Verhandlungen zu einem Angebot bzw. nachfolgend bei der Realisierung eines Outsourcing-Vorhabens ist es unerlässlich gemeinsam Parameter sowie Toleranzen zur Leistungsmessung abzustimmen. Die Festlegung des dazu erforderlichen Reportings sowie die Regelmäßigkeit müssen ein fester Bestandteil der Verhandlungen sein. Hiermit wird die Basis zur partnerschaftlichen Zusammenarbeit geschaffen.

- Phase -Projekt, Verwendung von Gestaltungselementen: Auch wenn innerhalb eines Angebotes Leistungen erforderlich werden, welche bislang nicht durch einen Outsourcing-Auftragnehmer erbracht werden, ist dies nicht zwangsläufig eine Entscheidung ein -Vorhaben nicht weiter zu verfolgen. Einzelne Outsourcing-Vorhaben können auch seitens eines -Auftragnehmers zur strategischen Erschließung eines Tätigkeitsfeldes oder einer Branche genutzt werden.

Beurteilung der Standardisierung – Vorgehensmodell für Outsourcing-Vorhaben in der Logistik – im Hinblick auf Outsourcing-Vorhaben im Allgemeinen:

- Phase -Projekt, Datenbasis: Vielfach werden in Ausschreibungen zu Outsourcing-Vorhaben in der Logistik durch -Auftraggeber aus verschiedenen Gründen nicht die die anzubietende Leistung passend charakterisierenden Kennzahlen und Mengengerüste den -Auftragnehmern mitgeteilt. Dies führt zur Abgabe von Angeboten, welche unter Umständen nicht alle erforderlichen Leistungen berücksichtigen und bei einer Realisierung oftmals zu Differenzen zwischen den Outsourcing-Partnern. Daher ist es essentiell, dass innerhalb eines Outsourcing-Projektes seitens des -Auftraggebers einwandfrei und belastbar die passenden Kennwerte identifiziert und den Outsourcing-Auftragnehmern mitgeteilt werden.

- Phase -Prozess: Bei der Erbringung von Zusatzleistungen, wie beispielsweise bei Fertigungsschritten, kann von -Auftragnehmern maximal die gleiche Leistung wie bei der unternehmensinternen Erbringung beim -Auftraggeber erwartet werden. Zusätzliches Wissen kann hingegen von den -Auftragnehmern bei den klassischen Logistikleistungen erwartet werden.

- Phase -Prozess, (präventives) Qualitätsmanagement: Durch den -Auftraggeber ist vorzugeben, welche Werkzeuge des Qualitätsmanagements, beispielsweise zur Qualitätssicherung für Montage- oder Fertigungsprozesse, durch den -Auftragnehmer einzusetzen sind. Insbesondere ist die exakte Definition der zu erfassenden Parameter erforderlich. Hingegen erfolgt die Auslegung des dazu erforderlichen Erfassungssystems durch den -Auftragnehmer, da dieser bestmöglich beurteilen kann, wie und wo die Parameter effizient im Ablauf erhoben werden können.

- Phase -Prozess, kooperative Zusammenarbeit: Die Optimierung des Outsourcing-Systems erfolgt durch den -Auftragnehmer, jedoch hat der -Auftraggeber auch während des Regelbetriebs eines Outsourcing-Systems dieses nachzuvollziehen. Hierdurch wird die Basis zur kooperativen Zusammenarbeit geschaffen. In der betrieblichen Praxis werden hierzu üblicherweise regelmäßige Gespräche, beispielsweise halbjährlich oder jährlich, durchgeführt. Innerhalb dieser Gespräche ist zu berücksichtigen, welche Defizite, Leistungen etc. der -Auftragnehmer zu vertreten hat bzw. welche durch ihn unbeeinflussbar sind.

Vorhandenes Methodenwissen bzw. bereits verwendete Werkzeuge:

- Prozesskettenninstrumentarium
  - Keine Anwendung, sowohl nicht projektunabhängig als auch projektspezifisch. Zur Darstellung von Abläufen werden wenn Ablaufdiagramme genutzt.
- Quality Function Deployment (QFD)
  - Keine Anwendung, sowohl nicht projektunabhängig als auch projektspezifisch.
- Fehler-Möglichkeiten- und Einfluss-Analyse (FMEA)
  - Keine Anwendung, sowohl nicht projektunabhängig als auch projektspezifisch.
- Fehlerbaum-Analyse (FTA)
  - Keine Anwendung, sowohl nicht projektunabhängig als auch projektspezifisch.
- Statistische Prozesskontrolle (SPC)
  - Keine Anwendung, sowohl nicht projektunabhängig als auch projektspezifisch.
- Qualitätsmanagementsoftware
  - Keine Anwendung, sowohl nicht projektunabhängig als auch projektspezifisch.

Anhang VIII Gesprächsprotokoll Expertengespräch 7. März 2008

Typisierung Unternehmen: Mittelständische Spedition mit Kontraktlogistikprojekten in Industrie und Handel; organisiert in einer Stückgutspeditionskooperation

Typisierung Experte: Geschäftsführer

Allgemeine Anmerkungen:

- Konzept der Modularisierung Standardisierung: Übergeordnet darf bei dem gesamten Konzept nicht die Assoziation aufkommen, es wird erneut eine neue „Norm" im Unternehmen eingeführt. Hierdurch wäre mit sehr geringer bzw. nicht vorhandener Akzeptanz in den Unternehmen zu rechnen. Das Konzept hat zur Erlangung einer hohen Akzeptanz dem Prinzip „Hilfe zur Selbsthilfe" zu entsprechen.

- Qualitätsverständnis: In der betrieblichen Praxis treffen oftmals zwei konträre Sichtweisen zum Qualitätsverständnis aufeinander. Einerseits wird die Qualität eines Produktes vielfach ausschließlich anhand der kennzeichnenden, physischen Merkmale des Produktes definiert, andererseits wird diese Definition um Merkmale zur Charakterisierung aller für das Produkt erforderlichen Dienstleistungen erweitert, um eine bestmögliche Kundenwahrnehmung zu erlangen. Dieses erweiterte Qualitätsverständnis entspricht dem in unserem Unternehmen gelebten Verständnis.

- Qualitätsmessung / -bewertung: Die Messung und Beurteilung der Qualität von Produkten und dieser von Dienstleistungen ist wesentlich unterschiedlich. Dieses Bewusstsein ist in produzierenden Unternehmen noch nicht vollständig etabliert. Hierdurch entstehen regelmäßig Differenzen zwischen vergebendem und ausführendem Unternehmen aufgrund dessen, dass Bewertungsmaßstäbe und -werkzeuge durch vergebende Unternehmen aus ihrer eigenen Produktion ohne Anpassung auf zur Bewertung von Dienstleistungen angewendet werden. Jedoch werden zur objektiven Beurteilung von Logistikleistungen von der Produktbewertung abweichende Maßstäbe erforderlich, welche im Dialog zwischen den Outsourcing-Partnern zu Geschäftsbeginn zu erarbeiten sind.

- Strukturierung Outsourcing-Vorhaben, Voraussetzungen: Entscheidend für ein erfolgreiches Outsourcing-Vorhaben ist die Erreichung der Endkundenzufriedenheit des -Auftraggebers. Ist dieser zufrieden, ist unmittelbar auch der -Auftraggeber zufrieden. Voraussetzung für die bestmögliche Erreichung der Kundenzufriedenheit ist einerseits jedoch eine große Offenheit des -Auftraggebers gegenüber dem -Auftragnehmer und eine tiefe Verzahnung der Unternehmen bzw. der etablierten Abläufe. Andererseits ist darauf zu achten, dass die Unternehmensphilosophien und -ziele der Outsourcing-Partner zueinander passen und ein sich ergänzendes System bilden.

- Strukturierung Outsourcing-Vorhaben, Projektmanagement: Das Projektmanagement des Outsourcing-Auftragnehmers hat unter Umständen früher zu beginnen. Dies wird erforderlich, wenn ein potentieller -Auftragnehmer den Outsourcing-Auftraggeber bereits in der Phase -Konzeption unterstützt. Derartige Outsourcing-Vorhaben sind in der Praxis zumeist sehr erfolgreich, da bereits bei der Gestaltung des Grobkonzeptes eine bestmögliche Abstimmung der Outsourcing-Partner erfolgt und hierdurch eine optimale Integration des -Auftragnehmers in die Abläufe des -Auftraggebers erzielt wird. Ein Erfolgsfaktor bei diesem Vorgehen ist Einbringung eigener Personalressourcen des -Auftragnehmers zur Beratung des -Auftraggebers in zu erörternden logistischen Fragen sowie zur Unterstützung bei der Planungsdurchführung.

- Strukturierung Outsourcing-Vorhaben: Generell ist die Dreiteilung von Outsourcing-Vorhaben als voraussichtlich nützlich für die betriebliche Praxis zu bewerten. Jedoch ist kritisch anzumerken, dass insbesondere bei Outsourcing-Auftraggebern mittelständischer Unternehmensgröße mit vergleichsweise geringerer Akzeptanz aufgrund vermeintlich nicht gegebener Notwendigkeit zur Strukturierung zu rechnen ist. Hier ist insbesondere erneut bedeutsam, dass Outsourcing-Auftragnehmer eigene Personalressourcen zur Planung und Koordination einbringen können.

Beurteilung der Modularisierung – Gestaltungselemente für Outsourcing-Vorhaben in der Logistik – im Hinblick auf das eigene Unternehmen:

- Allgemeine Anmerkungen, Konzept der Modularisierung: Das Konzept der Modularisierung durch Gestaltungselemente ist nachvollziehbar und als voraussichtlich positiv für die betriebliche Praxis zu bewerten. Das Konzept bedarf zur Umsetzung jedoch wesentlicher Überzeugungsarbeit in den Unternehmen und wird voraussichtlich einer langfristigen Umorientierung im Unternehmen bedürfen. Zudem ist im Unternehmen mit mentalen Hemmnissen zu rechnen, welche nur durch die Vermittlung einer „lebenden" Modularisierung bei der Einführung überwunden werden können.

- Allgemeine Anmerkungen, EDV-Integration: Elementar für die praxisgerechte Umsetzung des Konzeptes wird voraussichtlich eine hohe EDV-Integration sein. Diese wird jedoch mit wesentlichem personellen, finanziellen und nicht zuletzt zeitlichen Aufwand einhergehen.

- Allgemeine Anmerkungen, Kennzahlen: Kennzahlen sind in der Anwendung verhältnismäßig langlebig. Oftmals werden diese über lange Zeiträume zur Arbeit im Unternehmen verwendet. Hierbei sind jedoch die Schnelllebigkeit im Betriebsalltag und die damit verbundenen Veränderungen zu beachten. Kennzahlen können innerhalb der Modularisierung für die Gestaltungselemente voraussichtlich als kalkulatorische

Werte verwendet werden, sind jedoch in einen Prozess zur fortwährenden Aktualisierung einzubinden.

- Allgemeine Anforderungen, Kontinuierlicher Verbesserungsprozess: Voraussetzung für eine praxisbezogene und nachhaltige Einführung der Modularisierung – gleich ob vergebendes oder ausführendes Unternehmen – ist ein Prozess der kontinuierlichen Verbesserung, durch welchen die Gestaltungselemente fortwährend den wandelnden Praxisanforderungen und technischen Neuerungen angepasst werden. Dieser Prozess hat Teil der „lebenden" Modularisierung zu sein.

- Anwendungsfall Betrieb, Element- und System-Monitor: In der betrieblichen Praxis ist es unumgänglich, ein verlässliches Kennzahlensystem zur Kontrolle und Regelung der Betriebsabläufe zu etablieren. Wesentlich ist hierbei, dass Kennzahlen nicht mit hohem zeitlichen Verzug zum realen Arbeitablauf zur Verfügung stehen, sondern diese zeitnah generiert und analysiert werden. In unserem Unternehmen haben wir ein umfassendes Kennzahlensystem erarbeitet, welches diesen Anforderungen gerecht wird. Dies war mit wesentlichem finanziellen und personellen Aufwand verbunden, was ebenso für das Konzept des Element- und System-Monitors zu erwarten ist.

- Anwendungsfall Betrieb, Element- und System-Monitor: Wesentlich für die effiziente Verwendung von Kennzahlen im betrieblichen Alltag ist das durchgehende Bewusstsein bei allen Beteiligten, dass eine reine Mengen- bzw. Durchsatzbetrachtung keine abschließende Beurteilung von Leistungen ermöglicht, sondern durchgängig die jeweiligen Systembedingungen zu berücksichtigen sind und differenzierte Kennzahlen erforderlich werden.

- Anwendungsfall Betrieb, Element- und System-Monitor: Die zeitnahe Kennzahlenverfügbarkeit ist einerseits aufgrund der Schnelllebigkeit in der betrieblichen Praxis erforderlich, andererseits jedoch auch aufgrund dessen, dass jede Reaktion eine entsprechende Reaktionszeit sowie eine Realisierungs- bzw. Umsetzungszeit bedingt. Durch zeitnahe, belastbare Kennzahlen wird eine „Schadensminimierung" bei auftretenden Defiziten sowohl für den Outsourcing-Auftragnehmer als auch für den -Auftraggeber ermöglicht.

- Anwendungsfall Betrieb, (präventives) Qualitätsmanagement: Wir haben in unserem Unternehmen die Bedeutung und die Vorteile von präventiven Maßnahmen zur Unternehmensentwicklung erkannt. Es wird das Ziel verfolgt, auf verschiedene Optionen innerhalb der Geschäftsentwicklung vorbereitet zu sein. Hierzu ist präventiv ein Maßnahmenkatalog anzufertigen, welcher die Handlungsoptionen dokumentiert, die zur Erreichung eines geplanten Geschäftsziels erforderlich werden. Derartige präventive Überlegungen sind mit hohem zeitlichen Aufwand verbunden und werden in der betrieblichen Praxis oftmals aufgrund der Fülle an Aufgaben des operativen Geschäfts vernachlässigt. Sie helfen jedoch der Präzisierung und Stabilisierung einer nachhaltigen Geschäftsentwicklung.

Beurteilung der Modularisierung – Gestaltungselemente für Outsourcing-Vorhaben in der Logistik – im Hinblick auf Outsourcing-Vorhaben im Allgemeinen:

- Allgemeine Anmerkungen, einfache vs. komplexe Leistungen: Anzumerken ist, dass insbesondere bei komplexen Logistikleistungen, wie diese beispielsweise in der Produktionslogistik vorzufinden sind, durch die jeweilige Individualität sowie die schwer zu definierenden Schnittstellen aufgrund der Flussorientierung innerhalb der Produktion wenig Potential zur Verallgemeinerung und damit zur Mehrfachverwendung von Modulen im Praxiseinsatz für Outsourcing-Auftraggeber aber auch für -Auftragnehmer zu rechnen ist.

Beurteilung der Standardisierung – Vorgehensmodell für Outsourcing-Vorhaben in der Logistik – im Hinblick auf das eigene Unternehmen:

- Allgemeine Anmerkungen: Ebenso wie das Konzept der Modularisierung ist das Konzept der Standardisierung des Ablaufs von Outsourcing-Vorhaben als voraussichtlich positiv sowohl für vergebende als auch für ausführende Unternehmen zu beurteilen. Jedoch ist auch dieses Konzept gleichfalls ein sehr langfristiger Ansatz. Zur nutzenbringenden Anwendung des Konzeptes ist dieses als Teil in die Unternehmensphilosophie einzubinden. Elementar ist jedoch für den Erfolg in der betrieblichen Anwendung, dass die Einführung nicht mit einer Überbetonung des Formalismus bzw. Bürokratismus einhergeht.

- Phase -Konzeption, Erfassung Kundenanforderungen: Die Erfassung der aktuellen sowie voraussichtlichen zukünftigen Kundenanforderungen ist Teil der aktiven Kundenbetreuung. Aktuell auftretende Defizite sind durch direkte Maßnahmeneinleitungen auszugleichen. Diese Anpassung der angebotenen Leistungen ist Bestandteil des Kontinuierlichen Verbesserungsprozesses, welcher nicht nur für die aktuell durchzuführenden Leistungen Erkenntnisse bietet, sondern auch für die strategische Weiterentwicklung von Leistungen Informationen bereitstellt.

- Phase -Projekt, Risikobeurteilung: Die Risikobeurteilung als präventive Maßnahme ist in unserem Unternehmen bereits gelebte Praxis. Die Risikobeurteilung darf jedoch nicht eine reine Beschränkung auf finanzielle Größen darstellen, sondern hat ein umfassendes Bild aller potentiellen Risiken, wie beispielsweise ablauforganisatorische Prozessrisiken, darzustellen.

- Phase -Prozess, statistische Auswertung bzw. Regelung: In unserem Unternehmen haben wir mit einem umfassenden und flexiblen Kennzahlensystem die Basis für die Anwendung statistischer Auswertungen zur Analyse möglicher Trends geschaffen. Die Führung von Outsourcing-Vorhaben wird durch die statistische Auswertung und Interpretation der kennzeichnenden Systemparameter verlässlicher und präziser.

- Phase -Prozess, Kennzahlen: Innerhalb unseres Kennzahlensystems besteht keine zwingend starre Struktur. Diese Möglichkeit der „lebenden" Kennzahlen ist jedoch maßgeblich für den Erfolg eines solchen Systems und hat beim Aufbau von Kennzahlensystemen zur Regelung von Outsourcing-Prozessen berücksichtigt zu werden. Nur so kann eine Erörterung von ungeplanten Ereignissen schlüssig erfolgen und der Nutzen des Kennzahlensystems über den gesamten Lebenszyklus eines Outsourcing-Vorhabens aufrecht erhalten werden.

- Phase -Prozess, Kontinuierlicher Verbesserungsprozess: Dieser ist zwingende Voraussetzung, um in der aktuellen schnelllebigen betrieblichen Praxis hochwertige Leistungen anbieten und erbringen zu können. Wesentlich ist jedoch, dass derartige Systeme im Unternehmen nicht nur auf eine Person institutionalisiert werden, sondern mit einem möglichst geringen Formalismus ein in der gesamten Unternehmenshierarchie gelebtes und von allen Mitarbeitern akzeptiertes System zur Prozessverbesserung geschaffen wird.

Beurteilung der Standardisierung – Vorgehensmodell für Outsourcing-Vorhaben in der Logistik – im Hinblick auf Outsourcing-Vorhaben im Allgemeinen:

- Phase -Projekt, Datenbasis: Bei der Sichtung von Ausschreibungsunterlagen bzw. in Gesprächen mit vergebenden Unternehmen ist oftmals festzustellen, dass auch aktuell seitens der vergebenden Unternehmen kein umfassendes Bewusstsein besteht, welche Daten und Informationen für den Dienstleister erforderlich werden, um ein den Vorstellungen des vergebenden Unternehmens entsprechendes Angebot erarbeiten zu können.

- Phase -Projekt, Risikobeurteilung: In der aktuellen betrieblichen Praxis ist bei einer fortwährend sinkenden Anzahl an potentiell tauglichen Outsourcing-Partnern, gleich ob für qualitativ hochwertige einfache oder auch komplexe Logistikleistungen, bereits festzustellen, dass Outsourcing-Auftraggeber vermehrt präventiv prüfen, ob ein potentieller -Auftragnehmer eine nachhaltige, langfristige Entwicklungs- und Zusammenarbeitsperspektive bietet. Vergaben von Leistungen erfolgen vermehrt nur beim Vorhandensein dieser und bei der Erbringung qualitativ hochwertiger und nicht ausschließlich kostenminimaler Leistungen.

Vorhandenes Methodenwissen bzw. bereits verwendete Werkzeuge:

- Prozesskatteninstrumentarium
  - Verwendung von Ablaufdiagrammen zur Darstellung von Logistiksystemen und deren Zusammenhängen.
- Quality Function Deployment – QFD –

- Keine explizite Anwendung dieses Werkzeugs; Übertragung der durch den Vertrieb ermittelten Kundenwünsche / -anforderungen im Rahmen des Kontinuierlichen Verbesserungsprozesses in Dienstleistungsmerkmale.

▪ Fehler-Möglichkeiten- und Einfluss-Analyse – FMEA –, Fehlerbaum-Analyse – FTA –

  - Keine explizite Anwendung dieser Werkzeuge; Erkenntnis der Wirksamkeit und Notwendigkeit präventiver Maßnahmen zur Unternehmensentwicklung, Anwendung dieser zur strategischen Geschäftsentwicklung.

▪ Statistische Prozesskontrolle – SPC –

  - Keine explizite Anwendung dieses Werkzeugs; Anwendung statistischer Analysen zur operativen und strategischen Regelung des Geschäftsbetriebs.

▪ Qualitätsmanagementsoftware

  - Anwendung eines eigenentwickelten, umfassenden und flexiblen Kennzahlensystems mit hoher EDV-Integration in die betrieblichen Abläufe.

Anhang IX Gesprächsprotokoll Expertengespräch 12. März 2008

Typisierung Unternehmen: Konzernorientierter Logistikdienstleister mit eigenen Transportressourcen

Typisierung Experte: Leiter Planung, Beratung und Qualitätsmanagement

Allgemeine Anmerkungen:

- Strukturierung Outsourcing-Vorhaben, Projektmanagement: In der betrieblichen Praxis kann es vorkommen, dass ein Logistikdienstleister durch ein vergebendes Unternehmen bereits in ein Outsourcing-Vorhaben in der Phase Outsourcing-Konzeption eingebunden wird. Derartige -Vorhaben wurden in unserem Unternehmen in der Vergangenheit bereits auch durchgeführt, jedoch ist dies nicht der Regelfall.

- Strukturierung Outsourcing-Vorhaben, Projektmanagement: Wird durch ein vergebendes Unternehmen ein Logistikdienstleister bereits in der Phase Outsourcing-Entscheidung einbezogen, führt dies zumeist dazu, dass ein qualitativ hochwertigeres Ausschreibungsdokument erstellt wird, aufgrund dessen, dass der Logistikdienstleister das Fachwissen einbringen kann, welche Angaben seitens des vergebenden Unternehmens erforderlich sind, damit für den Logistikdienstleister die Formulierung eines passenden Angebotes möglich wird. Der Einbezug eines Logistikdienstleisters bzw. dessen Planungsressourcen in dieser Phase birgt jedoch auch die Gefahr des teilweisen Verlustes der Objektivität. Hier ist die Alternative der Nutzung von Planungsressourcen unabhängiger Berater zu bevorzugen, welche einerseits das erforderliche logistische, andererseits das projektmanagementbezogene Fachwissen in das Outsourcing-Vorhaben einbringen können.

- Strukturierung Outsourcing-Vorhaben, Phase Outsourcing-Projekt: Die aufgeführten Arbeitsinhalte der Phase -Projekt sind nachvollziehbar und entsprechen diesen der betrieblichen Praxis. Deren Einordnung in die Phasen -Projekt bzw. -Prozess kann jedoch in der betrieblichen Praxis variieren. In unserem Unternehmen sind die planerischen Arbeitsinhalte des Anlaufmanagements in die Phase -Projekt eingeordnet, jedoch sobald die reale Betriebsaufnahme in einem Outsourcing-Vorhaben innerhalb des Anlaufmanagements erfolgt, ist dies der erste Teil der Phase Outsourcing-Prozess. Das Outsourcing-System ist in diesem ersten Abschnitt der Phase -Prozess schnellstmöglich in den stabilen Regelbetrieb nach dem Anlaufmanagement zu überführen.

Beurteilung der Modularisierung – Gestaltungselemente für Outsourcing-Vorhaben in der Logistik – im Hinblick auf das eigene Unternehmen:

- Allgemeine Anmerkungen, Konzept der Modularisierung: Das Konzept der Modularisierung in Form von kunden- bzw. vorhabensneutralen

Gestaltungselementen von anzubietenden Leistungsbestandteilen, welche definierte Ein- und Ausgabegrößen haben, entspricht den Anforderungen der aktuellen betrieblichen Praxis. Hierdurch sind für den Logistikdienstleister verschiedene Potentiale zu erschließen. Beispielsweise können Planungsressourcen in der Angebotsphase effizienter eingesetzt werden. Die Gestaltungselemente können vorab hinsichtlich der Qualitätsfähigkeit überprüft werden etc. In unserem Unternehmen haben wir ein in Ansätzen vergleichbares Konzept etabliert und damit positive Erfahrungen gesammelt.

- Allgemeine Anmerkungen, Konzept der Modularisierung: Das Konzept der Modularisierung darf einerseits jedoch in der betrieblichen Praxis nicht suggerieren, dass Planungen die Komplexität entzogen wird, auch weiterhin ist Expertenwissen zur Anwendung von Gestaltungselementen erforderlich. Diese unterstützen den Planer lediglich bestmöglich bei der Planungsdurchführung. Andererseits ist sicherzustellen, dass bei der Angebotsabgabe nicht der Eindruck erweckt wird, dass die Belange des Outsourcing-Auftraggebers nicht bestmöglich berücksichtigt worden sind, sondern lediglich existierende Standardlösungen eingesetzt werden. Hier hat das Konzept der Modularisierung dem potentiellen Outsourcing-Auftraggeber aufzuzeigen, dass dies der Anforderung der „Standardisierung mit höchstmöglicher, kundenspezifischer Flexibilität" entspricht und dies dem Kunden zuvor unerschlossene Potentiale eröffnet.

- Allgemeine Anmerkungen, Kennzahlen: Die Verankerung von Kennzahlen direkt in der Struktur der Gestaltungselemente ist unerlässlich, um sowohl den Anforderungen der Planung als auch diesen des Betriebs wie auch der Analyse eines Outsourcing-Systems zu entsprechen. In der betrieblichen Praxis sind Kennzahlen vielfach betriebswirtschaftlich orientiert und durch das unternehmensinterne Controlling getrieben. Jedoch dürfen die Perspektiven der Logistik und des Qualitätsmanagements nicht unberücksichtigt bleiben, um jeweilig hochwertige Arbeitsergebnisse zu erzielen. In unserem Unternehmen werden diese beiden Perspektiven derzeit zunehmend hinsichtlich der Integrationsfähigkeit in das Modulkonzept überprüft.

- Anwendungsfall Betrieb, Element- und System-Monitor: Die Vorstellung des Element- und System-Monitors ist nachvollziehbar. Für die Anwendung in der betrieblichen Praxis wäre ein Ebenenmodell (zwei bis drei Ebenen), welches an ein „Ampelsystem" gekoppelt ist und eine zielgruppen- bzw. adressatenbezogene Aggregation der Kennzahlen ermöglicht, optimal. Dies würde einerseits die interne Regelung der Leistungserstellung in den einzelnen Gestaltungselementen – wie beispielsweise die operative Personaleinsatzplanung – vereinfachen, andrerseits die Informationen für die Unternehmensleitung des Logistikdienstleisters sowie des Outsourcing-Auftraggebers durch den System-Monitor in der höchsten Aggregationsstufe optimieren.

- Anwendungsfall Betrieb, (präventives) Qualitätsmanagement – FMEA: Die Integration der FMEA in die Struktur der Gestaltungselemente ist ein wesentlicher Beitrag zum präventiven Qualitätsmanagement für

Outsourcing-Systeme sowie zur Sicherung des Geschäftserfolgs für Outsourcing-Vorhaben durch die Minimierung von potentiellen Defiziten bei der Leistungserstellung. Die Einbindung einer anwendungsfallunabhängigen FMEA je Gestaltungselement, welche das existierende Fachwissen aus realisierten Praxisprojekten berücksichtigt und je Anwendungsfall zu prüfen bzw. spezifizieren ist, minimiert einerseits den erforderlichen Aufwand bei der Durchführung sowie ermöglicht andererseits bestmöglich Lerneffekte aus bestehenden Outsourcing-Vorhaben zu berücksichtigen. Dies ist auch ein Vorgehen, welches in unserem Unternehmen angewendet wird.

- Anwendungsfall Betrieb, (präventives) Qualitätsmanagement – FMEA: Das Vorgehen nicht zur alleinigen Berücksichtigung der Risikoprioritätszahl (RPZ) zur Beurteilung möglicher Fehler innerhalb einer FMEA durch Modifikation der Durchführung ist nachvollziehbar und wesentlich für den Nutzen dieses Werkzeugs in der betrieblichen Praxis. In unserem Unternehmen wird aufgrund dessen ein zweistufiges Vorgehen zur Beurteilung möglicher Fehler in der FMEA angewendet, einerseits erfolgt die Beurteilung klassisch mittels der RPZ, andererseits erfolgt zusätzlich eine Auswertung der erwarteten Fehlerschwere je möglichem Fehler.

- Anwendungsfall Betrieb, (präventives) Qualitätsmanagement – SPC: Das Werkzeug der Statistischen Prozessregelung (SPC) ist eine wirksame jedoch auch sehr aufwendige Möglichkeit Abläufe der Leistungserstellung zu überwachen und zu regeln. Voraussetzung für die Wirksamkeit ist eine belastbare Datenbasis, welche bestmöglich automatisiert innerhalb des Ablaufs durch EDV-Systeme erfasst wird. In unserem Unternehmen wird SPC zur Überwachung und Regelung von Montageabläufen, insbesondere bei sicherheitsrelevanten Komponenten, erfolgreich angewendet. Für die Überwachung und Regelung vergleichsweise einfacher Abläufe, wie beispielsweise von Transportaufgaben, ist die SPC aufgrund des hohen Aufwands für die betriebliche Anwendung weniger geeignet.

- Anwendungsfall Analyse und Optimierung, Benchmark: Die Modularisierung ist ein Hilfsmittel zur Vereinfachung derartiger Vorhaben. Die betriebliche Praxis zeigt jedoch, dass eine wesentliche Gefahr besteht, einen Vergleich von unvergleichbaren Leistungen durchzuführen und basierend darauf unzutreffende Maßnahmen einzuleiten. Weiterhin wird fundiertes Fach- und Prozesswissen erforderlich, um einen Vergleich von unterschiedlichen Outsourcing-Systemen durchzuführen. Hier bewirkt die Modularisierung ebenso wie beim Anwendungsfall Planung und Realisierung lediglich eine bestmögliche Unterstützung der Experten und bewirkt demnach eine voraussichtlich effizientere Nutzung von Personalressourcen.

Beurteilung der Modularisierung – Gestaltungselemente für Outsourcing-Vorhaben in der Logistik – im Hinblick auf Outsourcing-Vorhaben im Allgemeinen:

- Allgemeine Anmerkungen, Konzept der Modularisierung: Durch das Konzept der Modularisierung sind für potentielle Outsourcing-Auftraggeber Vorteile in der betrieblichen Praxis zu erwarten. Outsourcing-Auftraggebern werden hierdurch voraussichtlich „qualitätsfähigere“ Angebote zu einer Ausschreibung präsentiert. Das Konzept kann dazu beitragen, Defizite in der Leistungserstellung sowie Differenzen zwischen den Outsourcing-Partnern zu reduzieren, ohne für Outsourcing-Auftraggeber den Nachteil des Verlustes einer spezifischen Lösung zu beinhalten.

Beurteilung der Standardisierung – Vorgehensmodell für Outsourcing-Vorhaben in der Logistik – im Hinblick auf das eigene Unternehmen:

- Phase -Konzeption, Workflow zur Überprüfung: Diese Prüfung der verwendeten Gestaltungselemente sowie des seitens des Logistikdienstleisters etablierten Bestandes an Gestaltungselementen ist wesentlich für die Wirksamkeit des Konzeptes der Modularisierung. Ohne diese werden Optimierungen aus realen Projekten nicht in den vorhandenen Bestand an Gestaltungselementen übertragen. In unserem Unternehmen erfolgt aufgrund dessen nach der Realisierung eines Outsourcing-Vorhabens ein Review, in welchem die Planung mit den realen Ergebnissen verglichen wird. Optimierungen sind basierend darauf für das realisierte Outsourcing-System sowie für den vorhandenen Bestand an Modulen im Unternehmen möglich und werden durchgeführt.

- Phase -Projekt, FMEA: Die Durchführung einer FMEA zu einem potentiellen Outsourcing-System vor der Abgabe eines Angebotes innerhalb einer Ausschreibung ist in der betrieblichen Praxis vielfach aufgrund der sehr beschränkten Ausschreibungszeit nicht möglich. Zudem ist der voraussichtliche Nutzen der Durchführung einer FMEA zu diesem Zeitpunkt eines Outsourcing-Vorhabens nicht derart hoch, dass der Aufwand der Durchführung gerechtfertigt ist. In unserem Unternehmen wird die FMEA zu einem späteren Zeitpunkt, im Zuge der Feinplanung beim Erhalt des Zuschlags in einer Ausschreibung, zur präventiven Qualitätssicherung des Outsourcing-Systems durchgeführt.

- Phase -Projekt, Erörterung Angebot bei -Auftraggeber: Die Erörterung der Angebotsinhalte vor Ort beim Outsourcing-Auftraggeber ist für unser Unternehmen obligatorisch. Innerhalb dieser Präsentation können wesentliche Inhalte des Angebotes bzw. des geplanten Outsourcing-Systems, wie beispielsweise der geplante Anlauf, die verwendeten Werkzeuge und Planungshilfsmittel, das Planungs- und Realisierungsteam etc., präsentiert werden. Nur wenn ein -Auftraggeber durchgehend das geplante -System nachvollziehen kann, kann ein objektiver Vergleich aller Angebote erfolgen. Daher wählen wir dieses Vorgehen.

- Phase -Prozess, Kennzahlen: Die Erhebung von Kennzahlen innerhalb der Abläufe eines Outsourcing-Systems ist elementar, um einerseits die operativen Abläufe bestmöglich führen zu können und andererseits zur strategischen Planung für ein einzelnes Outsourcing-Vorhaben sowie für die gesamte Entwicklung des Unternehmens des -Auftragnehmers. Die Anwendung von Werkzeugen der Statistik zur Prognose von Trends und zukünftigen Entwicklungen – logistisch sowie zumeist auch betriebswirtschaftlich – seitens eines -Auftragnehmers ist voraussichtlich nicht wesentlich hilfreich, aufgrund dessen, dass die Eingabefaktoren an Leistungsobjekten nicht durch den -Auftragnehmer selbst, sondern fremd durch den -Auftraggeber bestimmt wird. Die Auswertung von Vergangenheitsdaten / Zeitreihen dieser Art für Kosten- / Leistungskennzahlen und die Qualität der Leistungserstellung ist hingegen eine gute Möglichkeit, um in die Abläufe eingreifen und auf Defizite reagieren zu können. Dieses Vorgehen wird derzeit bereits in unserem Unternehmen angewendet.

- Phase -Prozess, Kontrolle und Überwachung: Die Überwachung von Outsourcing-Vorhaben bzw. deren Abläufen anhand von Kennzahlen ist jedoch in der betrieblichen Praxis nicht abschließend. Wesentlich zur Vervollständigung der Überwachung einer permanent gleichbleibenden und qualitativ hochwertigen Leistungserstellung ist die Möglichkeit zur Durchführung von Audits. In unserem Unternehmen haben wir dazu ein Vorgehen etabliert, unangekündigte, unregelmäßige Audits in den einzelnen Outsourcing-Systemen durchzuführen. Entscheidend für den Erfolg und Nutzen dieses Vorgehens ist die Unvorhersehbarkeit der Audits. Hierdurch werden die Mitarbeiter durchgehend motiviert entsprechend den geplanten Abläufen und gemäß den definierten Qualitätsvereinbarungen zu arbeiten.

- Phase -Prozess, Kontinuierlicher Verbesserungsprozess: Dieses Vorgehen bietet zusätzliches Potential in Outsourcing-Systemen vorhandene Optimierungsmöglichkeiten zu erschließen und trägt zudem zur Motivation der Mitarbeiter bei.

Beurteilung der Standardisierung – Vorgehensmodell für Outsourcing-Vorhaben in der Logistik – im Hinblick auf Outsourcing-Vorhaben im Allgemeinen:

- Phase -Projekt, FMEA: Das Werkzeug der FMEA ist in der betrieblichen Praxis ggf. nicht das bestmögliche Werkzeug zur alleinigen Bewertung der erhaltenen Angebote seitens des Outsourcing-Auftraggebers. Voraussichtlich kann die Durchführung einer Nutzwertanalyse eine wesentliche Vervollständigung sein.

Vorhandenes Methodenwissen bzw. bereits verwendete Werkzeuge:

- Prozessketteninstrumentarium
  - Anwendung dieses Planungsinstruments, Abläufe sind im Unternehmen in Module separiert, welche „digital“ bei einer Systemgestaltung hinzugeschaltet oder ausgeblendet werden können.
- Quality Function Deployment (QFD)
  - Keine explizite Anwendung dieses Werkzeugs im Unternehmen.
- Fehler-Möglichkeiten- und Einfluss-Analyse (FMEA)
  - Anwendung dieses Werkzeugs im Rahmen der Feinplanung eines Outsourcing-Systems. Integration einer jeweilig je Modul „standardisierten“ FMEA, welche je Anwendungsfall zu spezifizieren ist.
- Fehlerbaum-Analyse (FTA)
  - Keine explizite Anwendung dieses Werkzeugs im Unternehmen.
- Statistische Prozess Kontrolle (SPC)
  - Anwendung dieses Werkzeugs zur Überwachung und Regelung von Montageabläufen.
- Qualitätsmanagementsoftware
  - SYCAT

Anhang XGesprächsprotokoll Expertengespräch 12. März 2008

Typisierung Unternehmen: Konzernorientierter Logistikdienstleister ohne eigene Transportressourcen / eigenes Transportnetz

Typisierung Experte: Projektmanager strategische und operative Geschäftsfeldentwicklung Logistik

Allgemeine Anmerkungen:

- Konzept der Modularisierung und Standardisierung: Das Konzept stellt ein komplexes Modell zur Verbesserung von Outsourcing-Vorhaben in der Logistik sowohl für Outsourcing-Auftraggeber als auch für -Auftragnehmer dar, jedoch bedarf es zur Implementierung wesentlicher Änderungen in den Unternehmenskulturen sowie ist mit einer voraussichtlich langfristigen Perspektive zur Implementierung in die betriebliche Praxis zu rechnen.

- Strukturierung Outsourcing-Vorhaben, Outsourcing-Konzeption: Die Einbindung eines Logistikdienstleisters in die Phase der Outsourcing-Konzeption bietet seitens eines potentiellen Outsourcing-Auftragnehmers in der betrieblichen Praxis nur vermeintliche Vorteile. Objektiv betrachtet führt diese Einbindung vielmehr zu einem Interessenskonflikt des einbezogenen Logistikdienstleisters und unter Umständen zu einer suboptimalen Outsourcing-Konzeption. Sind die personellen Ressourcen des vergebenden Unternehmens in dieser Phase nicht ausreichend, ist die Möglichkeit zur Einbindung objektiver, unabhängiger Berater zu bevorzugen.

- Strukturierung Outsourcing-Vorhaben, Outsourcing-Projekt: Diese Phase ist wesentlich für den reibungslosen und effizienten Ablauf eines gesamten Outsourcing-Vorhabens. Elementar ist hierbei insbesondere die qualitativ hochwertige Ausarbeitung des Ausschreibungsdokuments einschließlich detaillierter Schnittstellenbeschreibungen – abstrakt, prozessbezogen aber auch physisch, räumlich verortet – durch das vergebende Unternehmen. Hier ist in der betrieblichen Praxis vielfach Potential zur Verbesserung zu verzeichnen. Unter anderem sind oftmals die Ausprägung des Projektmanagementfachwissens sowie das Detailwissen, welche Angaben unabdingbar für einen Logistikdienstleister zur Ausarbeitung eines -Systems sind, unzureichend beim operativ eine Ausschreibung ausführenden Personal von vergebenden Unternehmen ausgeprägt. Hier ist ebenso die Möglichkeit zur Einbindung unabhängiger, objektiver Berater eine wesentliche Möglichkeit zur Verbesserung von -Vorhaben.

- Strukturierung Outsourcing-Vorhaben, Outsourcing-Projekt: Innerhalb der Phase Outsourcing-Projekt ist speziell der Aspekt Anlauf des geplanten Outsourcing-Systems sowohl durch den Outsourcing-Auftraggeber als auch durch den -Auftragnehmer zu beachten, da in der betrieblichen Praxis bei der operativen Betriebsaufnahme nahezu sicher unvorhersehbare Ereignisse und Systemzustände sowie nur eine verminderte Leistungsfähigkeit im Vergleich zum Outsourcing-System im Regelbetrieb zu verzeichnen sind. Für eine möglichst verlustfreie Bewältigung der Anlaufphase hat bestmöglich der -Auftraggeber bereits innerhalb der Ausschreibung aufzuzeigen, welche besonderen Erwartungen an die Inbetriebnahme bestehen sowie der -Auftragnehmer innerhalb des Angebotes zu erörtern, wie die Anlaufphase geplant ist ebenso wie diese verrechnet – ggf. erhöhter Personalbedarf, höhere Ausschussquote etc. – wird.

- Strukturierung Outsourcing-Vorhaben, Ramp-Down: Bereits innerhalb der Phase Outsourcing-Projekt ist die Phase der Vertragsbeendigung einerseits vorzeitig, andererseits nach dem Ende der Vertragslaufzeit zu berücksichtigen und vertraglich zwischen den Outsourcing-Partnern zu fixieren. Zudem ist diese Phase in beiden Auftretensfällen „aktiv durch den Logistikdienstleister zu leben". Hierdurch besteht die Möglichkeit abschließend eine wesentlich positivere Wahrnehmung der Leistung beim -Auftraggeber zu bewirken.

Beurteilung der Modularisierung – Gestaltungselemente für Outsourcing-Vorhaben in der Logistik – im Hinblick auf das eigene Unternehmen:

- Allgemeine Anmerkungen, Konzept der Modularisierung: Neben den drei Anwendungsfällen „Planung und Realisierung", „Betrieb" und „Analyse und Optimierung" ist ggf. der Anwendungsfall „Vertrieb" bzw. dessen Anforderungen an das Konzept der Modularisierung bzw. an die Struktur der Gestaltungselemente zu berücksichtigen. Hier bietet sich voraussichtlich zusätzlich erschließbares Potential für das Konzept.

- Anwendungsfall Betrieb, Element- und System-Monitor: In der betrieblichen, operativen Praxis darf der Ablauf nicht durch die Erfassung von einer wesentlichen Anzahl an Kennwerten unnötig verlangsamt oder komplexer für die ausführenden Mitarbeiter gestaltet werden. Hier ist es essentiell durch den Planer, welcher das Konzept der Modularisierung in der Praxis anwendet, je Verwendung eines Gestaltungselements kritisch abzuwägen, welche Kennwerte erforderlich zur Regelung der Abläufe sind bzw. welche keinen wesentlichen Zugewinn für das Outsourcing-Vorhaben darstellen („so viel wie nötig, so wenig wie möglich"). Die Phase der Spezifizierung eines vorhabensneutralen Gestaltungselements während der Planung ist demnach entscheidend für den erzielbaren Nutzen des Konzeptes im Praxiseinsatz.

- Allgemeine Anmerkungen, Kennzahlen: Das Konzept des Element- und System-Monitors einschließlich der Klassen von logistischen, betriebswirtschaftlichen und qualitativen Kennzahlen ist ein voraussichtlich für die Praxis relevanter Ansatz. Jedoch ist es wesentlich für den Praxisbezug, dass insbesondere für die Kennzahlen nicht nur eine reine Klassenbildung aufgezeigt, sondern auch spezifische Kennzahlen je Klasse als Beispiel für die betriebliche Umsetzung erarbeitet werden. Hierbei ist darauf zu achten, dass keine zu starke Distanzierung des Konzeptes von den Anforderungen sowie Möglichkeiten der operativen, betrieblichen Praxis erfolgt.

- Anwendungsfall Betrieb, (präventives) Qualitätsmanagement – FMEA, Prozesskettenmanagement: Die beiden Werkzeuge bieten in der betrieblichen Praxis wesentliches Potential Abläufe einerseits präventiv zu testen, andererseits reale Outsourcing-Systeme ganzheitlich zu analysieren, visualisieren sowie zu optimieren.

Beurteilung der Modularisierung – Gestaltungselemente für Outsourcing-Vorhaben in der Logistik – im Hinblick auf Outsourcing-Vorhaben im Allgemeinen:

- Allgemeine Anmerkungen, Konzept der Modularisierung: Das Konzept der Modularisierung bietet für eine Gruppe von Outsourcing-Auftraggebern, wenn das Konzept bei einem potentiellen -Auftragnehmer in die Unternehmenskultur integriert ist, voraussichtlich wesentliche Vorteile. Durch dieses Konzept werden dem -Auftraggeber robuste und erprobte sowie mittels der Erfahrungen aus realisierten Projekten optimierte Leistungen sicher innerhalb eines Outsourcing-Systems angeboten. Kennzeichnend muss hierbei jedoch die Integrationsfähigkeit von nicht modularisierbaren Leistungen in eine Systembildung bei der Verwendung von Gestaltungselementen sein. Zudem ist in der Praxis zu berücksichtigen, dass auch eine Gruppe von -Auftraggebern identifiziert werden kann, welche durchgängig spezielle Prozesse im Unternehmen etabliert hat, die zudem nicht durch ein derartiges Konzept abzubilden sind. Hierfür wird weiterhin individuelles Planungsfachwissen und ein entsprechender Erfahrungsschatz an speziellen Systemlösungen seitens der -Auftragnehmer erforderlich sein.

Beurteilung der Standardisierung – Vorgehensmodell für Outsourcing-Vorhaben in der Logistik – im Hinblick auf das eigene Unternehmen:

- Allgemeine Anmerkungen, Konzept der Standardisierung: Für die Erzielung des vollständigen Potentials dieses Konzeptes ist in der betrieblichen Praxis das Konzept in allen Ebenen eines, gleich ob vergebenden oder auch ausführenden, Unternehmens zu „leben". Es bedarf der passenden Unternehmensphilosophie und -kultur sowie nicht zuletzt der entsprechenden Mitarbeiter im Management, welche dieses Konzept in die operative Ebene des Unternehmens vermitteln sowie die Mitarbeiter zur Mitwirkung in diesem Konzept zu gewinnen.

- Allgemeine Anmerkungen, Konzept der Standardisierung: Weiterhin hat das Konzept in das Qualitätsmanagement des Unternehmens integriert zu werden bzw. ist das Qualitätsmanagement des Unternehmens bei der Implementierung des Konzeptes hinsichtlich erforderlicher Modifikationen zur Erlangung eines ganzheitlichen, integrierten Unternehmenskonzeptes zu analysieren.

- Phase -Projekt, Komplexität von Outsourcing-Vorhaben: Sowohl die Standardisierung des Vorgehens als auch die Modularisierung der Leistungen dürfen in der Anwendung nicht zu einer Unterschätzung der Planungsaufgabe sowie der jeweiligen, spezifischen Probleme je -Vorhaben führen. Innerhalb sowohl vergebender als auch insbesondere ausführender Unternehmen dürfen zudem kein Verlust der Planungskompetenz wie auch der Beratungskompetenz hinsichtlich der spezifischen Belange von -Auftraggeber zu verzeichnen sein.

- Phase -Projekt, Pflege und Verbesserung der Modularisierung: Innerhalb des Vorgehensmodells ist sicherzustellen, dass durchgängig eine Pflege des im Unternehmen etablierten Modulbaukastens erfolgt sowie das eine Überprüfung der Vollständigkeit der vorhandenen Menge an Gestaltungselementen vorgenommen wird. Dies ist eine wesentliche Voraussetzung hohe Verbesserungspotentiale für die Gesamtheit aller seitens eines Outsourcing-Auftragnehmers realisierten Outsourcing-Vorhaben zu erzielen. Hierzu ist das Konzept des Kontinuierlichen Verbesserungsprozesses sehr gut geeignet, bedingt jedoch eine aktive Integration dieses Konzeptes durch die oberste Leitung im Unternehmen. Durchgängig ist eine Kultur zu etablieren, welche unter anderem das Erkennen eines Fehlers als Chance zur Verbesserung, jedoch nicht als Notwendigkeit zur „Verschleierung“ sieht.

- Phase -Projekt, FMEA: Das Werkzeug der Fehler-Möglichkeiten- und Einfluss-Analyse ist hochwirksam, jedoch kann dieses Potential voraussichtlich nicht in der möglichen Höhe zu diesem Zeitpunkt zur Bewertung eines System-Entwurfs im Zuge eines Angebotes durch einen Outsourcing-Auftragnehmer generiert werden. Es ist in der Anwendung abzuwägen, ob die Durchführung einer FMEA nicht besser zu einem späteren, der Realisierung nachfolgenden Zeitpunkt zu terminieren ist.

Beurteilung der Standardisierung – Vorgehensmodell für Outsourcing-Vorhaben in der Logistik – im Hinblick auf Outsourcing-Vorhaben im Allgemeinen:

- Allgemeine Anmerkungen, Konzept der Standardisierung: Für Outsourcing-Auftraggeber stellt das Konzept der Standardisierung des Vorgehens in Outsourcing-Vorhaben voraussichtlich eine wesentliche Möglichkeit zur durchgängigen Optimierung dar. Es können hierdurch ggf. die Bearbeitungszeiten zur Ausschreibungsdurchführung, zum Anlaufmanagement, zur Outsourcing-System-Erweiterung etc. verringert und resultierend anfallende Kosten für Personal, Ausschuss etc. reduziert werden. Jedoch bedarf das Konzept auch seitens der vergebenden Unternehmen Eingriffe in die Unternehmenskultur und -strategie. Beispielsweise sind etablierte Konzepte zum Einkauf derartiger Leistungen wesentlich zu modifizieren sowie das ausführende Personal entsprechend neu bzw. erweiternd zu qualifizieren.

- Phase -Projekt, negative Entscheidung Outsourcing-Realisierung: Insbesondere ist bei einer Ablehnung eines durch einen -Auftragnehmer erarbeiteten Angebotes eine qualifizierte Begründung erforderlich, welche Gründe zu der negativen Entscheidung geführt haben. Nur dieses Vorgehen ermöglicht eine planbare und nachvollziehbare Anpassung des Vorgehens, der Leistung etc. eines -Auftragnehmers in zukünftigen Angeboten zu Ausschreibungen. Resultierend können damit für den -Auftraggeber bessere Angebote erschlossen und kürzere Ausschreibungszeiten realisiert werden, welches wesentliche Bedingungen für die in der betrieblichen Praxis stetig sinkenden Ausschreibungs- und Vertragslaufzeiten sind.

Vorhandenes Methodenwissen bzw. bereits verwendete Werkzeuge:

- Prozessketteninstrumentarium
  - Wird im Unternehmen zur Prozessanalyse, -visualisierung und -optimierung erfolgreich eingesetzt.
- Quality Function Deployment – QFD –
  - Keine explizite Anwendung dieses Werkzeugs im Unternehmen.
- Fehler-Möglichkeiten- und Einfluss-Analyse – FMEA –
  - Wird erfolgreich im Unternehmen zur Fehlerprävention in Outsourcing-Systemen angewendet.
- Fehlerbaum-Analyse – FTA –
  - Keine explizite Anwendung dieses Werkzeugs im Unternehmen.
- Statistische Prozesskontrolle – SPC –
  - Ja, dieses Instrument wird benutzt. Sowohl bei komplexen Fertigungs- und Montageprozessen, als auch bei „klassischen" Logistikaufgaben. Bei Letzteren allerdings in sehr vereinfachter Form.
- Qualitätsmanagementsoftware
  - Qualitätsmanagement heißt für unser Unternehmen Prozesse eindeutig zu beschreiben, in der Organisation zu implementieren und durchgängig zu leben. Zu diesem Zweck setzten wir zur Pflege und Visualisierung unserer Prozesse unternehmensweit das Produkt VIFLOW ein.

Anhang XI Gesprächsprotokoll Expertengespräch 25. März 2008

Typisierung Unternehmen: Konzernorientierter, eignergeführter Logistikdienstleister ohne eigenes Transportnetz

Typisierung Experte: Leiter Business Development

Allgemeine Anmerkungen:

- Konzept der Modularisierung und Standardisierung: Die generelle Zielsetzung ist nachvollziehbar und aus der Perspektive eines Outsourcing-Auftragnehmers wesentlich, um im aktuellen Markt für hochwertige Kontraktlogistik erfolgreich zu sein. Ein Konzept mit einer vergleichbaren Zielsetzung wird in unserem Unternehmen erfolgreich eingesetzt.

- Strukturierung Outsourcing-Vorhaben, Einteilung der Phasen: Die vorgestellte dreiteilige Strukturierung für Outsourcing-Vorhaben entspricht einer klassischen Strukturierung. Aktuell sind in der betrieblichen Praxis in Outsourcing-Vorhaben Verschiebungen in der Zuordnung von einzelnen Arbeitsinhalten der Phasen festzustellen. Oftmals werden Outsourcing-Auftragnehmer bereits in der Phase -Konzeption durch einen -Auftraggeber eingebunden, um in der Form eines Konzeptwettbewerbs die erforderliche Marktsichtung sowie die „make-or-buy"-Entscheidung seitens des -Auftraggebers zu unterstützen bzw. herbeizuführen.

- Strukturierung Outsourcing-Vorhaben, Projektmanagement -Auftragnehmer: Wird ein Outsourcing-Auftragnehmer bereits in der Phase -Konzeption involviert, bedingt dies unumgänglich eine Erweiterung des eigenen Projektmanagements in diesem Bereich. Es ist erforderlich die eigenen Mitarbeiter für die in dieser Phase durchzuführenden Arbeitsinhalte zu sensibilisieren. Es ist nicht nur erforderlich, fundierte Branchen- und Produktkenntnis einzubringen, sondern vielmehr müssen die Mitarbeiter mit den möglichen Hemmnissen in Outsourcing-Vorhaben vertraut sein und diesen begegnen können. Eine Erweiterung der Vertriebsfunktion um beratende Aufgaben sowie ein einwandfreies Projektmanagement in allen Phasen eines -Vorhabens wird unerlässlich.

- Strukturierung Outsourcing-Vorhaben, Chronologie der Phasen: In der betrieblichen Praxis erfordern verschiedene Faktoren, wie beispielsweise wesentliche Steigerung oder Verringerung des Durchsatzes, Ausweitung der Arbeitsinhalte etc., oftmals einen mehrmaligen Durchlauf der dargestellten Arbeitsinhalte. Hierdurch können Überschneidungen in den zugeordneten Arbeitsinhalten entstehen und es kann nicht fortwährend durchgehend präzise bestimmt werden, in welcher Phase sich ein Outsourcing-Vorhaben befindet.

- Strukturierung Outsourcing-Vorhaben, Ramp-Up: Die Inbetriebnahme eines Outsourcing-Systems ist eine wesentliche Arbeitsaufgabe mit entscheidender Bedeutung für den Erfolg eines -Vorhabens. Unter anderem werden speziell hierfür geschulte und mit den oftmals instabilen

-Systembedingungen vertraute Mitarbeiter erforderlich. Zur Kennzeichnung der Bedeutung der Arbeitsinhalte ist eine zusätzliche Phase in der Strukturierung vorzusehen. Diese separate Betrachtung wenden wir erfolgreich im eigenen Unternehmen an. Weiterhin ist ein Wechsel, eine Verschiebung in den Zuständigkeiten und Arbeitsumfängen von einbezogenen Mitarbeitern zwischen den Phasen Outsourcing-Projekt und -Ramp-Up / -Prozess zu verzeichnen. Beispielsweise ist in der Phase -Projekt seitens eines -Auftraggebers die Einkaufsabteilung vielfach Hauptakteur, hingegen tritt diese ab dem -Ramp-Up nicht weiterhin derart in den Vordergrund.

- Strukturierung Outsourcing-Vorhaben, Ramp-Down: Eine Betriebseinstellung eines Outsourcing-Systems wird in der betrieblichen Praxis gewöhnlich nur erforderlich, wenn ein -Auftraggeber vollständig die Aktivitäten in einem Markt aufgibt, die Produktion eines Produktes vollständig einstellt etc. Dies ist zumeist in sehr wenigen Outsourcing-Vorhaben erforderlich. Vertraglich sind hierzu in der Phase -Projekt die zwei wesentlichen Inhalte „Personal" und „Betriebsmittel" zu regeln. Ein Wechsel des -Auftragnehmers in Form eines anderen Dienstleisters oder in Form der eigenen Erbringung durch den -Auftraggeber am Ende einer Vertragslaufzeit ist durch die Arbeitsinhalte der Phase Ramp-Up darstellbar.

Beurteilung der Modularisierung – Gestaltungselemente für Outsourcing-Vorhaben in der Logistik – im Hinblick auf das eigene Unternehmen:

- Allgemeine Anmerkungen, Element-Organisation: Damit ein Konzept zur Modularisierung von Leistungen in Outsourcing-Vorhaben vorteilhaft ist, haben die einzelnen Module Leistungen darzustellen, welche vertraglich bindend zwischen den Outsourcing-Partnern festgeschrieben werden können. Hierzu ist es erforderlich, dass die Module keine zu feingliedrige Unterteilung darstellen. Feingliedrige Prozesse haben ein Bestandteil im Modul zu sein, welche umgeben werden von einem branchen- und produktspezifischen Rahmenwerk.

- Allgemeine Anmerkungen, Element- und System-Monitor: Eine Erweiterung der klassischen Controllingaufgaben ist in der betrieblichen Praxis, beispielsweise in Form eines Logistikcontrollings, erforderlich. Entsprechend ist die gewählte Erweiterung der betriebswirtschaftlichen Kenngrößen um diese der logistischen und qualitätsrelevanten Perspektive nachvollziehbar.

- Allgemeine Anmerkungen, Element- und System-Monitor: Die Einbindung von Kennzahlen in die Struktur der Module ist möglich, jedoch darf dies in der betrieblichen Praxis nicht dazu führen, dass bei der Verwendung der einzelnen Module innerhalb eines Outsourcing-Vorhabens jeweils eine kritische Prüfung hinsichtlich der Notwendigkeit zur Erhebung unterlassen wird. Detailliertes Fachwissen wird weiterhin durchgehend erforderlich sein, um entsprechend den Anforderungen eines -Auftraggebers und gleichfalls der Anforderungen des operativen

Betriebs sowie der strategischen Weiterentwicklung eines -Vorhabens seitens des -Auftragnehmers gerecht zu werden.

- Anwendungsfall Betrieb, (präventives) Qualitätsmanagement – FMEA: Derartige präventive Methoden sind hilfreich, um vorab etablierte Module zu prüfen und zu optimieren, bevor diese im Unternehmen verwendet werden. Auch können innerhalb der Module dem einzelnen Branchen- und Produktfokus entsprechend vorbereitete Dokumentationen beinhaltet sein, jedoch wird, gleichsam zur spezifischen Kennzahlendefinition, eine spezifische Auslegung, Modifikation und Anwendung der präventiven Prüfverfahren durch Experten beim realen Einsatz erforderlich.

- Anwendungsfall Analyse und Optimierung, Element- und System-Monitor: Bei der Optimierung von Modulen in Outsourcing-Vorhaben ist ein durchgängiges Logistikcontrolling ein wesentlicher Beitrag. Dieses schafft die Voraussetzungen, um Benchmarking-Projekte durchzuführen und im Unternehmen Lerneffekte aus vergleichbaren Outsourcing-Vorhaben zu generieren.

Beurteilung der Modularisierung – Gestaltungselemente für Outsourcing-Vorhaben in der Logistik – im Hinblick auf Outsourcing-Vorhaben im Allgemeinen:

- Allgemeine Anmerkungen, Konzept der Modularisierung: Eine Modularisierung von Leistungen seitens eines Outsourcing-Auftragnehmers ist in der betrieblichen Praxis nicht nur für diesen vorteilhaft, sondern gleichfalls für den -Auftraggeber. Hierdurch wird ermöglicht, qualitativ hochwertigere und robustere -Systeme in kürzeren Zeiträumen zu realisieren bzw. bestehende -Systeme zeitnah anzupassen, zu skalieren. Ein Konzept der Modularisierung in nicht gleichbedeutend mit dem Verlust von kundenspezifischen Lösungen aufgrund von festgeschriebenen Standards des -Auftragnehmers.

Beurteilung der Standardisierung – Vorgehensmodell für Outsourcing-Vorhaben in der Logistik – im Hinblick auf das eigene Unternehmen:

- Allgemeine Anmerkungen, Konzept der Standardisierung: Ein Konzept zur Standardisierung des Vorgehens zur Abwicklung von Outsourcing-Vorhaben darf die komplexe betriebliche Praxis nicht zu stark vereinfachen. Insbesondere ist kritisch abzuwägen, welche Zielgruppe von einem Vorgehensmodell angesprochen werden soll. Ein Vorgehensmodell für beispielsweise Vertriebsaspekte hat wesentlich unterschiedliche Inhalte und Hintergründe zu berücksichtigen, als ein Konzept zur technischen Abwicklung eines Outsourcing-Vorhabens. Der gewählte Fokus eines Vorgehensmodells muss eindeutig erkennbar sein.

- Allgemeine Anmerkungen, Konzept der Standardisierung: Sowohl das Konzept der Standardisierung, als auch das Konzept der Modularisierung können nur vorteilhaft im Unternehmen angewendet werden, wenn die Einführung der Konzepte nicht gleichsam mit einer Verringerung des Planungsfachwissens verbunden ist. Eine hohe Anwendungskompetenz ist wesentlich für den Einsatz beider Konzepte im Unternehmen. Derartige Konzepte können im Unternehmen dazu beitragen, Wissen zu bündeln und zu sichern, jedoch können diese nicht den erfahrenen Planer oder Projektingenieur ersetzen, lediglich diesen bestmöglich unterstützen.

- Phase -Konzeption, Einführung der Gestaltungselemente: Die Einführung eines vergleichbaren Konzeptes zur Modularisierung von Leistungen für Outsourcing-Vorhaben ist eine strategische Unternehmensentscheidung. Die erstmalige Entwicklung einer Grundmenge an Modulen kann nicht innerhalb der Angebotserstellung in einem realen Outsourcing-Vorhaben erfolgen. Hierzu wird ein eigenständiges Projekt mit eigenen Ressourcen zur Implementierung im Unternehmen erforderlich.

- Phase -Konzeption, Optimierung der Gestaltungselemente: Eine fortwährende Überprüfung der etablierten Module ist erforderlich, damit Änderungen aufgrund des technischen Fortschritts, veränderter Kundenanforderungen etc. in die Modularisierung einfließen. Diese Schleife zur Überprüfung ist beim Aufbau eines standardisierten Vorgehens zur Handhabung von Outsourcing-Vorhaben zu integrieren. Unterstützend für die Überprüfung sind ebenso ein funktionierendes Logistikcontrolling sowie Benchmarking-Projekte, um Erfahrungen aus dem realen Praxiseinsatz in den Modulen berücksichtigen zu können.

- Phase -Projekt, Anwendung der Gestaltungselemente: Zur Erstellung eines Angebotes zu einem Outsourcing-Vorhaben, gleich ob eine Neu- oder Erweiterungsplanung erfolgt, sind die seitens eines -Auftragnehmers etablierten Module derart zu einem Outsourcing-System zu konfigurieren, dass dieses den Anforderungen und Erwartungen des -Auftraggebers entspricht. Fehlen für spezifische Anforderungen einzelne Module im Unternehmen, ist jeweilig abzuwägen, ob eine Einzellösung zu planen oder ein neues Modul zu entwerfen ist.

- Phase -Projekt, Teilnahme Angebotsbewertung: Vorstellbar und wünschenswert ist ein Einbezug des -Auftragnehmers in die Angebotsbewertung durch den -Auftraggeber, da hierbei auftretende Fragen umgehend geklärt und ggf. Fehlinterpretationen vermieden werden können. Die betriebliche Praxis zeigt ein derartiges Vorgehen jedoch gewöhnlich als Ausnahmefall.

- Phase -Prozess, kontinuierliche Verbesserung: Der Einbezug aller Mitarbeiter in die permanente Überprüfung und Verbesserung eines Outsourcing-Systems ist wesentlich für die Effektivität eines -Systems. Entscheidend für die Wirksamkeit eines derartigen Konzeptes sind der Führungsstil des Managements im Unternehmen und die damit etablierte Unternehmenskultur.

- Phase -Prozess, Anreizsystem: Innerhalb eines Outsourcing-Vorhabens ist ein Anreizsystem zu schaffen, welches die Mitarbeiter motiviert, das Outsourcing-System wirtschaftlich zu betreiben und durch konstruktive Verbesserungsvorschläge dieses zu optimieren. Ebenfalls ist hierzu eine eindeutige Zielformulierung sowohl des -Auftraggebers als auch äquivalent des -Auftragnehmers erforderlich. Das Anreizsystem hat bestmöglich dem vertraglich zwischen den Outsourcing-Partnern vereinbarten Vergütungsmodell und dieses den Unternehmenszielen des -Auftraggebers zu entsprechen, um Zielkonflikte zu minimieren bzw. bestenfalls gänzlich zu verhindern.

Beurteilung der Standardisierung – Vorgehensmodell für Outsourcing-Vorhaben in der Logistik – im Hinblick auf Outsourcing-Vorhaben im Allgemeinen:

- Phase -Konzeption / -Projekt, Fokus des -Vorhabens: Entscheidend für die reibungslose Umsetzung eines Outsourcing-Vorhabens über alle Phasen hinweg, ist eine frühzeitige Bestimmung, welches Ziel mit einem -Vorhaben zu verfolgen ist. Beispielsweise ist eindeutig zu differenzieren, ob eine reine Kostensenkung beabsichtigt, oder eine qualitative Leistungsverbesserung angestrebt wird. Die Ziele sind passend zueinander frühzeitig abzugrenzen und gegenüber dem / den potentiellen -Auftragnehmer(n) zu formulieren. Dies ermöglicht eine den Anforderungen des -Auftraggebers entsprechende Gestaltung / Konfiguration des Outsourcing-Systems.
- Phase -Projekt, Einbezug -Auftragnehmer: Der Einbezug der einzelnen -Auftragnehmer kann Vorteile bieten. In der betrieblichen Praxis ist vielfach das vorhandene Fach- und Erfahrungswissens des -Auftragnehmers hinsichtlich der Durchführung von Outsourcing-Vorhaben wesentlich fundierter, als dieses des Outsourcing-Auftraggebers. Aufgrund dessen besteht beim Einbezug von -Auftragnehmern in die Angebotsbewertung bzw. bei einer Modifikation des entworfenen Grobkonzeptes des -Auftraggebers die Gefahr einer suboptimalen Gestaltung des Outsourcing-Systems aufgrund von Vertriebszielen des -Auftragnehmers.

Vorhandenes Methodenwissen bzw. bereits verwendete Werkzeuge:

- Prozessketteninstrumentarium
  - Anwendung im Unternehmen
- Quality Function Deployment (QFD)
  - Keine Anwendung im Unternehmen
- Fehler-Möglichkeiten- und Einfluss-Analyse (FMEA)
  - Anwendung im Unternehmen
- Fehlerbaum-Analyse (FTA)
  - Keine Anwendung im Unternehmen

- Statistische Prozess Kontrolle (SPC)
    - Anwendung im Unternehmen
- Qualitätsmanagementsoftware
    - Keine spezielle Anwendung im Unternehmen
- Weiterhin vorhandenes Methodenwissen bzw. bereits verwendete Werkzeuge
    - SixSigma - 6σ
    - Sarbanes-Oxley (SOX)